Thomas Jörg Staiger

Controlling eines projektorientierten Prozeßmanagements am Beispiel des Anlagenbaus

Mit 106 Abbildungen und 11 Tabellen

Springer

Dr.-Ing. Thomas Jörg Staiger
Fraunhofer-Institut für Produktionstechnik und Automatisierung (IPA), Stuttgart

Prof. Dr.-Ing. Dr. h. c. E. Westkämper
o. Professor an der Universität Stuttgart
Fraunhofer-Institut für Produktionstechnik und Automatisierung (IPA), Stuttgart

Prof. Dr.-Ing. habil. Prof. E. h. Dr. h. c. H.-J. Bullinger
o. Professor an der Universität Stuttgart
Fraunhofer-Institut für Arbeitswirtschaft und Organisation (IAO), Stuttgart

D 93

ISBN 978-3-540-64082-0   ISBN 978-3-642-47911-3 (eBook)
DOI 10.1007/978-3-642-47911-3

Dieses Werk ist urheberrechtlich geschützt. Die dadurch begründeten Rechte, insbesondere die der Übersetzung, des Nachdrucks, des Vortrags, der Entnahme von Abbildungen und Tabellen, der Funksendung, der Mikroverfilmung oder der Vervielfältigung auf anderen Wegen und der Speicherung in Datenverarbeitungsanlagen, bleiben, auch bei nur auszugsweiser Verwertung, vorbehalten. Eine Vervielfältigung dieses Werkes oder von Teilen dieses Werkes ist auch im Einzelfall nur in den Grenzen der gesetzlichen Bestimmungen des Urheberrechtsgesetzes der Bundesrepublik Deutschland vom 9. September 1965 in der jeweils gültigen Fassung zulässig. Sie ist grundsätzlich vergütungspflichtig. Zuwiderhandlungen unterliegen den Strafbestimmungen des Urheberrechtsgesetzes.
© Springer-Verlag, Berlin, Heidelberg 1998.

Die Wiedergabe von Gebrauchsnamen, Handelsnamen, Warenbezeichnungen usw. in diesem Werk berechtigt auch ohne besondere Kennzeichnung nicht zu der Annahme, daß solche Namen im Sinne der Warenzeichen- und Markenschutz-Gesetzgebung als frei zu betrachten wären und daher von jedermann benutzt werden dürften.

Sollte in diesem Werk direkt oder indirekt auf Gesetze, Vorschriften oder Richtlinien (z. B. DIN, VDI, VDE) Bezug genommen oder aus ihnen zitiert worden sein, so kann der Verlag keine Gewähr für die Richtigkeit, Vollständigkeit oder Aktualität übernehmen. Es empfiehlt sich, gegebenenfalls für die eigenen Arbeiten die vollständigen Vorschriften oder Richtlinien in der jeweils gültigen Fassung hinzuzuziehen.

Gesamtherstellung: Copydruck GmbH, Heimsheim
SPIN 10665828   62/3020—5 4 3 2 1 0

Controlling eines projektorientierten Prozeßmanagements am Beispiel des Anlagenbaus

Von der Fakultät Konstruktions- und Fertigungstechnik

der Universität Stuttgart zur Erlangung

der Würde eines Doktor-Ingenieurs (Dr.-Ing.)

genehmigte Abhandlung

vorgelegt von

Dipl.-Ing. Thomas Jörg Staiger

Hauptberichter: Univ.-Prof. Dr.-Ing. Dr. h.c. E. Westkämper

Mitberichter: Univ.-Prof. Dr.-Ing. Ch. Weber

Tag der Einreichung: 12. Februar 1997

Tag der mündlichen Prüfung: 27. Oktober 1997

Geleitwort der Herausgeber

Über den Erfolg und das Bestehen von Unternehmen in einer marktwirtschaftlichen Ordnung entscheidet letztendlich der Absatzmarkt. Das bedeutet, möglichst frühzeitig absatzmarktorientierte Anforderungen sowie deren Veränderungen zu erkennen und darauf zu reagieren.

Neue Technologien und Werkstoffe ermöglichen neue Produkte und eröffnen neue Märkte. Die neuen Produktions- und Informationstechnologien verwandeln signifikant und nachhaltig unsere industrielle Arbeitswelt. Politische und gesellschaftliche Veränderungen signalisieren und begleiten dabei einen Wertewandel, der auch in unseren Industriebetrieben deutlichen Niederschlag findet.

Die Aufgaben des Produktionsmanagements sind vielfältiger und anspruchsvoller geworden. Die Integration des europäischen Marktes, die Globalisierung vieler Industrien, die zunehmende Innovationsgeschwindigkeit, die Entwicklung zur Freizeitgesellschaft und die übergreifenden ökologischen und sozialen Probleme, zu deren Lösung die Wirtschaft ihren Beitrag leisten muß, erfordern von den Führungskräften erweiterte Perspektiven und Antworten, die über den Fokus traditionellen Produktionsmanagements deutlich hinausgehen.

Neue Formen der Arbeitsorganisation im indirekten und direkten Bereich sind heute schon feste Bestandteile innovativer Unternehmen. Die Entkopplung der Arbeitszeit von der Betriebszeit, integrierte Planungsansätze sowie der Aufbau dezentraler Strukturen sind nur einige der Konzepte, welche die aktuellen Entwicklungsrichtungen kennzeichnen. Erfreulich ist der Trend, immer mehr den Menschen in den Mittelpunkt der Arbeitsgestaltung zu stellen - die traditionell eher technokratisch akzentuierten Ansätze weichen einer stärkeren Human- und Organisationsorientierung. Qualifizierungsprogramme, Training und andere Formen der Mitarbeiterentwicklung gewinnen als Differenzierungsmerkmal und als Zukunftsinvestition in *Human Resources* an strategischer Bedeutung.

Von wissenschaftlicher Seite muß dieses Bemühen durch die Entwicklung von Methoden und Vorgehensweisen zur systematischen Analyse und Verbesserung des Systems Produktionsbetrieb einschließlich der erforderlichen Dienstleistungsfunktionen unterstützt werden. Die Ingenieure sind hier gefordert, in enger Zusammenarbeit mit anderen Disziplinen, z. B. der Informatik, der Wirtschaftswissenschaften und der Arbeitswissenschaft, Lösungen zu erarbeiten, die den veränderten Randbedingungen Rechnung tragen.

Die von den Herausgebern langjährig geleiteten Institute, das

- Institut für Industrielle Fertigung und Fabrikbetrieb der Universität Stuttgart (IFF),

- Institut für Arbeitswissenschaft und Technologiemanagement (IAT),

- Fraunhofer-Institut für Produktionstechnik und Automatisierung (IPA),

- Fraunhofer-Institut für Arbeitswirtschaft und Organisation (IAO) arbeiten in grundlegender und angewandter Forschung intensiv an den oben aufgezeigten Entwicklungen mit. Die Ausstattung der Labors und die Qualifikation der Mitarbeiter haben bereits in der Vergangenheit zu Forschungsergebnissen geführt, die für die Praxis von großem Wert waren. Zur Umsetzung gewonnener Erkenntnisse wird die Schriftenreihe „IPA-IAO - Forschung und Praxis" herausgegeben. Der vorliegende Band setzt diese Reihe fort. Eine Übersicht über bisher erschienene Titel wird am Schluß dieses Buches gegeben.

Dem Verfasser sei für die geleistete Arbeit gedankt, dem Springer-Verlag für die Aufnahme dieser Schriftenreihe in seine Angebotspalette und der Druckerei für saubere und zügige Ausführung. Möge das Buch von der Fachwelt gut aufgenommen werden.

E. Westkämper H.-J. Bullinger

Vorwort

Die vorliegende Arbeit entstand während meiner Tätigkeit als wissenschaftlicher Mitarbeiter am Institut für Industrielle Fertigung und Fabrikbetrieb der Universität Stuttgart (IFF) und am Fraunhofer-Institut für Produktionstechnik und Automatisierung (IPA).

Mein besonderer Dank gilt den Leitern des Instituts, Herrn Univ.-Prof. Dr. h.c. mult. Dr.-Ing. H. J. Warnecke und Herrn Univ.-Prof. Dr.-Ing. Dr. h.c. E. Westkämper, für ihre großzügige Unterstützung und Förderung, die entscheidend zur erfolgreichen Durchführung meiner Arbeit beigetragen haben.

Herrn Univ.-Prof. Dr.-Ing. Ch. Weber, Leiter des Instituts für Konstruktionstechnik/CAD der Universität des Saarlandes, danke ich für die eingehende Durchsicht der Arbeit und die wertvollen Hinweise, die sich daraus ergeben haben.

Aus dem großen Kreis der Kollegen aus dem Institut, die mich durch ihre Mitarbeit und anregende Kritik unterstützt haben, möchte ich die Herren Dr. K. Melchior, Dipl.-Ing. Ch. Mai, Dr.-Ing. U. Lübbe, Dr.-Ing. W. Rauh und Dipl.-Ing. A. Robeck erwähnen. Ihnen allen, sowie Herrn Dipl.-Kfm. A. Knosp, der mich bei der Dokumentationserstellung unterstützte, und Frau M. Behrend, die den Rechtschreibfehlern und den stilistischen Ungereimtheiten auf der Spur war, gilt mein besonderer Dank.

Einen wichtigen Part zum Gelingen dieser Arbeit haben das Feldmaterial der Firma IEF Werner, Furtwangen, und die vielen fruchtbaren Diskussionen mit den Unternehmenspartnern der Projektgemeinschaft 6.5 des Verbundprojektes „Qualitätssicherung bei der Integration umfangreicher Systeme" beigetragen. Besonders erwähnen möchte ich in diesem Zusammenhang Herrn Dipl.-Ing. R. Werner.

Meinen Eltern, Manfred und Irma Staiger, möchte ich herzlich danken, daß sie mir bei meinem bisherigen Lebensweg alle Freiheiten gewährt und mich immer unterstützt haben. Meinen Schwiegereltern, Dieter und Barbara Roth, möchte ich ebenfalls herzlich Dank sagen, daß sie mir schon so lange mit Rat und Tat zur Seite stehen.

Die Durchführung dieser Arbeit ließ mir oft wenig Zeit für meine Familie. Ganz besonders danken möchte ich meiner Frau Ulli für die wunderbare Unterstützung und ihr Verständnis während der ganzen Zeit. Ihr widme ich diese Arbeit.

Stuttgart, im Oktober 1997   Thomas J. Staiger

Inhaltsverzeichnis

Verwendete Abkürzungen und Formelzeichen

ADL	Arthur D. Little
ASQC	American Society for Quality Control
BEF	Beeinflußungsfaktor
BF	Bewertungsfaktor
BG	Bewertungsgewicht
BMFT	Bundesministerium für Forschung und Technik
CIM	Computer Integrated Manufacturing
DIN	Deutsches Institut für Normung e.V.
DLZ	Durchlaufzeit
EOQC	European Organisation für Quality Control
EPSM	Erweiterte Prozeß-Struktur-Matrix
FG	Führungsgröße
FMEA	Failure Mode and Effect Analysis
g_i	Kriteriengewicht
HP	Hauptprozeß
I-W	Ist-Wert
K	Kennzahlen-Element
KG	Kriteriengewicht
k_{ij}	Zielbeitrag
KMU	Kleine und mittelständische Unternehmen
KZ	Kennzahl
KZS	Kennzahlensystem
PEM	Prozeß-Einfluß-Matrix
PG	Projektgemeinschaft
PRB	Prozeß-Regelungs-Blatt
PRE	Prozeß-Regelungs-Element
QFD	Quality Function Deployment
QM	Qualitätsmanagement
R_i	Vollständigkeitsfaktor
$r_{i,k}$	Relevanzfaktor
SPC	Statistical Process Control
TOL	Toleranz

VDI	Verein Deutscher Ingenieure
Z	Ziel-Element
Z-W	Ziel-Wert
ZB	Zielbeitrag
ZK	Zielkriterium

1 Einleitung

Research and experience have demonstrated, that the most effective,
least costly way to change human behaviour is through measurement.
Steven M. Hronec

1.1 Problemstellung

In den letzten Jahren ist die Abwicklung von Aufträgen im Anlagenbau in zunehmendem Maße schwieriger geworden. Folgende Gründe können dafür genannt werden [DÖR-95]:

- stark zunehmende technische und kommerzielle Komplexität, z.B. durch deutlich gestiegene Anteile der Automatisierungstechnik,

- beträchtliche Zunahme der Abwicklungsrisiken, aufgrund komplexerer, innovativer Technik, vertragsrechtlicher Bedingungen, gesetzlicher Vorschriften und Normen, vielfältiger Informations-, Kommunikations- und Koordinationsprobleme der beteiligten Stellen und Unternehmen,

- die zunehmend steigenden Anforderungen bzgl. Qualität und Abwicklungstransparenz sowie

- die zunehmende Auslandsverlagerung der Fertigung sowie der Entwicklung und des Engineerings [VDI-95].

Erschwerend kommt hinzu, daß in den meisten Fällen die Unternehmensorganisation nicht auf die ganzheitliche Bewältigung dieser umfangreichen Vorhaben ausgerichtet ist, sondern meistens auf eine noch stärker verfeinerte Funktionsverantwortung in tief strukturierter Unternehmenshierarchie [DÖR-95]. Mit diesen traditionellen, nach Funktionen ausgerichteten Organisationskonzepten läßt sich die Wettbewerbsfähigkeit nur unzureichend verbessern [SEM-93].

Die rezessive Entwicklung in den meisten Industrieländern hat gezeigt, daß mit Strategien für wachsende Märkte und bewährten Methoden, nicht mehr die erwarteten Verbesserungserfolge zu erzielen sind [EVE-95b]. Rationalisierung und Kostensenkungsprogramm verbessern nur kurzfristig die Bilanzen der Unternehmen. Langfristige Wettbewerbssicherung wird kaum erreicht. Um einen langfristigen Unternehmenserfolg zu erzielen, müssen folgende wesentliche Beziehungen von einem Unternehmen optimal gesteuert werden [GAI-94]:

- Die Ressourcen-/Leistungsbeziehung, die sich durch Einsatz von Produktionsmitteln (Produktionsfaktoren) in Relation zum Output definiert.

- Die Unternehmen-/Marktbeziehung, die den Grad der Erfüllung der Kundenerwartungen durch das Unternehmen aufzeigt.

Die Verbesserung dieser Beziehungen kann zukünftig nicht zufällig als Reaktion auf störende, situative Einflüsse geschehen, sondern muß durch einen selbstreferentiellen, ständigen Verbesserungsprozeß vorangetrieben werden. Die Unternehmen müssen agieren und nicht länger nur reagieren [GAI-94]

Handlungsschwerpunkt hierbei müssen die Unternehmensprozesse sein [NAG-93, ZIN-94]. Diese gilt es zu optimieren, indem sie zum einen auf den externen Kunden ausgerichtet und zum anderen leistungsfähiger gestaltet werden. Das einmalige Gestalten der Prozesse genügt jedoch nicht mehr. Es müssen Controllingmechanismen installiert werden, die es erlauben Veränderungen der Marktsituation und der Kundenbedürfnisse zu erkennen, um daraufhin die Prozesse an die veränderten Randbedingungen anzupassen

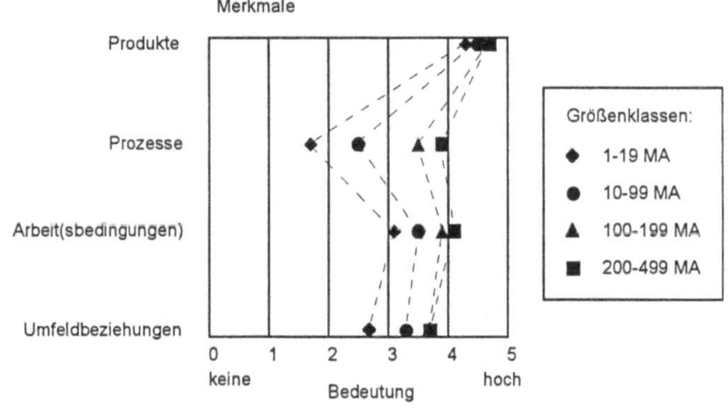

Abb. 1.1: Aspekte von Qualität und deren Wichtigkeit, nach Großenklassen

Eine Untersuchung, bei der 3382 Unternehmen aller Größenklassen aus 28 Branchen befragt wurden [ZIN-94], zeigt, daß sich dieses Verständnis, daß Produktqualität erst durch die Qualität der Prozesse gesichert werden kann, noch nicht durchgesetzt hat <u>Abb. 1.1</u> zeigt die ermittelte Bewertung von verschiedenen Qualitätsaspekten und deren Einschätzung bzgl der Wichtigkeit in Bezug auf Qualität [ZIN-94]. Vor allem bei kleinen und mittelständischen Unternehmen muß die insgesamt recht niedrige Bedeutung des Themas „Prozesse" thematisiert werden. Diese Problematik verschärft sich im Anlagenbau. Bei der Herstellung von Anlagen werden immer die gleichen Prozeßhülsen durchlaufen. Ein einmaliger Prozeßdurchlauf kann als Projekt zusammengefaßt werden. Die Interessen bei der Projektabwicklung konzentrieren sich auf die Umsetzung der Projektziele, die rein ergebnis- bzw. produktbezogen sind. Die Prozeßqualität und das Zusammenwirken der Prozesse spielt häufig eine untergeordnete Rolle, da die Projektverantwortlichen nur kurzfristig und nicht über das Projekt hinaus denken. Dies wirkt sich insofern aus, als die Ressourcen fast ausschließlich zur Erreichung der

Projektziele eingesetzt werden und nicht als Investition zur langfristigen Verbesserung der Unternehmensprozessse.

Eine auf die Kundenanforderungen gerichtete Verbesserung von Prozessen kann durch die Vorgabe von Prozeßzielen, möglichst in quantifizierter Form, erfolgen. In diesem Zusammenhang muß die in den Unternehmen kaum praktizierte Bewertung und zielgerichtete Steuerung der Prozesse als Schwachstelle identifiziert werden.

Dies liegt u.a. daran, daß wirkungsvolle und praktikable Controllingkonzepte, die das Managen der Prozeßqualität unterstützen, bisher nicht existieren. So werden nur bei 13 % der befragten Unternehmen Prozeßkennzahlen erfaßt. Für das Kostenmanagement stellt das Finanz- und Rechnungswesen ein ausgeklügeltes Instrumentarium zur Verfügung. Für die Überwachung und Steuerung von Terminen bieten Logistik und Materialwirtschaft eine Vielzahl von Methoden. Herkömmliche, vorwiegend kostenbezogene Controllinginstrumente sind nicht geeignet, Prozesse bzgl. der Zielgrößen Zeit, Kosten und Qualität zu steuern. Konsequente Prozeßorientierung erfordert die Einführung modifizierter oder neuer Controllingkonzepte [GAI-94].

1.2   Zielsetzung

Das standige Anpassen und Verbessern der Unternehmensprozesse erfordert geeignete Controllinginstrumente, die eine Aussage über die Leistungsfähigkeit der Prozesse zulassen. Diese Arbeit soll einen Beitrag zum qualitätsorientierten Controlling von Unternehmensprozessen leisten, indem eine systematische Vorgehensweise zur Bewertung und Verbesserung von Prozessen konzipiert und in der Praxis erprobt wird. Das Bewerten der Prozesse soll dabei nicht nur durch traditionelle finanzielle Meßgrößen erfolgen, sondern auch durch nichtmonetäre Prozeßmeßgrößen

Das hierfür zu entwickelnde Controlling-Konzept soll die folgenden Aufgaben erfüllen:

- Aufzeigen und Analysieren der Kundenanforderungen
- Ermitteln der für die Prozesse relevanten Unternehmensziele
- Ausrichten der Prozesse auf die Kundenanforderungen und Unternehmensziele durch entsprechende Zielvorgaben
- Bewerten der für die Erreichung der Zielvorgaben relevanten Prozesse
- Auswahl der wichtigsten Prozesse
- Identifikation der prozeßspezifischen Einflußgrosen
- Aufzeigen der Abhängigkeiten zwischen Prozeßzielen und Einflußgrosen
- Einschätzen des Niveaus der Einflußgrößen

- Auswahl der für die jeweiligen Prozeßziele relevanten Einflußgrößen, die durch geeignete Verbesserungsmaßnahmen optimiert werden können

Die Anwendung des Controlling-Konzeptes liefert als Ergebnis ein Modell für ein prozeßorientiertes Kennzahlensystem, das sowohl die Bewertungsmaßstäbe für die Leistungserbringung enthält, als auch die für die Leistungserbringung relevanten Einflußgrößen beschreibt. Das Belegen dieser Kennzahlen mit Sollwerten erlaubt das Formulieren von Zielgrößen für die Prozesse.

Das Erstellen des Kennzahlenmodells soll am Beispiel eines mittelstandischen Anlagenbauers erfolgen, da im Anlagenbau das Projektinteresse das Prozeßinteresse eindeutig dominiert und die Bedeutung der Prozeßorientierung häufig unterschätzt wird.

1.3 Vorgehensweise

Basierend auf der Ausgangssituation im Anlagenbau wird ein Rahmenkonzept für das Prozeßcontrolling entwickelt, das die spezifischen Gegebenheiten des Anlagenbaus berücksichtigt Hierbei gilt es vor allem den Zusammenhang zwischen 'Projekt' und 'Prozeß' zu klären. Ausgehend von einem zu entwickelnden Rahmenkonzept werden in einem nächsten Schritt die für das Controlling-Konzept relevanten theoretischen Grundlagen zu den Themen 'Kennzahlen zur Prozeßbewertung' und 'Zielsysteme' ermittelt.

Für die Entwicklung des Controlling-Konzeptes soll zunächst ein Prozeßmodell für den Anlagenbau erstellt werden, das die Prozesse innerhalb der noch zu definierenden Systemgrenzen referenzhaft beschreibt. Basierend auf diesem Prozeßmodell wird schrittweise eine Systematik für den Aufbau des Controllingsystems beschrieben. Bei jedem Teilschritt wird auf geeignete Methoden verwiesen oder neue bzw. angepaßte Methoden und Hilfsmittel beschrieben.

Abschließend soll das Controlling-Konzept beispielhaft bei einem mittelständischen Unternehmen des Anlagenbaus umgesetzt werden.

2 Ausgangssituation im Anlagenbau

2.1 Anlagen als komplexe Unikate

Nach DIN 31051 ist eine Anlage die Gesamtheit der technischen Mittel eines Systems [31051]. Durch diese Definition werden lediglich die Systemgrenzen einer Anlage festgelegt, jedoch nicht präzisiert, welche Funktion eine Anlage hat und aus welchen Teilen sie besteht. ENGELHARDT definiert industrielle Systeme als Gesamtkomplexe, in denen basierend auf einer integrierten Technologie, mehrere Produktionsprozesse hintereinander geschaltet sind [ENG-81]. Die DIN 40150 bezeichnet ein System „als Gesamtheit der zur selbständigen Erfüllung eines Aufgabenkomplexes erforderlichen technischen und/oder organisatorischen Mittel" [40150]. Aus diesen Definitionen kann abgeleitet werden, daß das System die Gesamtheit der technischen sowie organisatorischen Mittel umfaßt und die Anlage die technische Teilmenge des Systems darstellt. KRÜGER beschreibt Anlagen als „technisch-organisatorische Betrachtungseinheiten, die dazu dienen, Erzeugnisse herzustellen, Dienstleistungen zu erbringen oder andere, für die Gesellschaft wichtige Aufgaben zu erfüllen" [KRÜ-95] Er vermischt damit die in DIN 31051 vorgenommene Differenzierung in technische und organisatorische Aspekte des Systems und stellte die Anlage auf die Stufe des Systems. KRÜGER regt weiterhin an, daß der Anlagenbegriff nicht zu eng verstanden und in unterschiedlicher Breite gebraucht werden sollte. BACKHAUS fokussiert die Anlagendefinition auf den Absatzmarkt und definiert industrielle Anlagen als „Leistungsangebote, die ein durch die Vermarktungsfähigkeit abgegrenztes, von einem oder mehreren Anbietern in einem Angebot erstelltes, kundenindividuelles Hardware- oder Hardware-/Software-Bündel zur Fertigung weiterer Güter darstellen" [BAC-92].

Die abstrakten und uneinheitlichen Begriffsdefinitionen machen eine weitere Charakterisierung des Begriffs „Anlage", wie er im Rahmen dieser Arbeit verwendet werden soll, notwendig Zur näheren Beschreibung soll die Anlage durch die Merkmale 'Komplexität des Produktes (Anlage)' und 'Stückzahl' eingegrenzt werden.

Die Komplexität bei der Projektabwicklung wird stark durch die Komplexität des technischen Systems bestimmt, wobei die Komplexität als die Gesamtheit aller notwendigen Eigenschaften eines technischen Systemes, die besonders durch die Anzahl der Funktionen und Funktionsträger bedingt ist. Komplexe Produkte sind mehrteilig und von hoher Strukturtiefe Je tiefer ein technisches System eingeteilt werden kann, desto höher ist im allgemeinen sein Komplexitätsgrad [KON-89, GEN-77].

Die Strukturierung der Anlage kann sowohl durch eine verfahrenstechnisch/technologische

Gliederung als auch durch eine Betrachtungseinheiten-Gliederung (Erzeugnisgliederung) erfolgen. Bei der verfahrenstechnisch/technologischen Gliederung, die in der chemischen Industrie angewandt wird, ist die Gliederung in verschiedene Ebenen aufgeteilt, wobei die Strukturierung innerhalb einer Ebene beispielsweise wie folgt aussehen kann [KRÜ-95]:

Allgemeine Technische Einrichtungen, Energietechnik, Elektrotechnik, Bautechnik, Meß- und Regeltechnik, Verkehrs- und Fördertechnik, Verfahrenstechnik, Werkstattechnik sowie spezielle technische Einrichtungen.

Im Rahmen dieser Arbeit sollen die Erzeugnisse nach ihrer Komplexität eingeteilt werden, was der Betrachtungseinheiten-Gliederung entspricht (Abb. 2.1) und für den Anlagenbau sowie die Maschinenbauindustrie üblich ist [GEN-77].

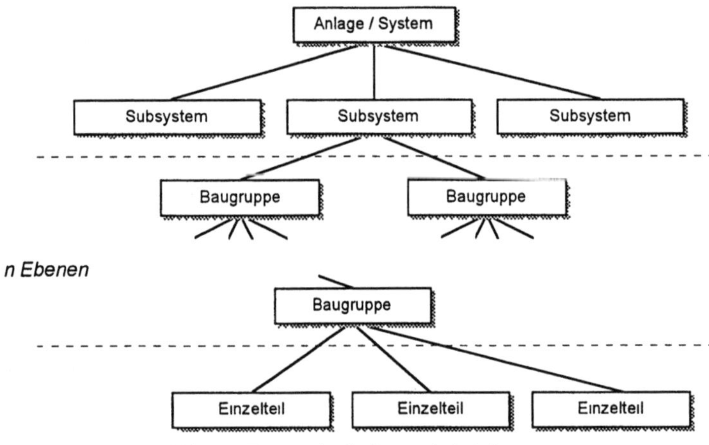

Abb 2.1: Erzeugnisgliederung bei Anlagen

Folgende Strukturstufen seien für die Erzeugnisgliederung von Anlagen festgelegt[1], wobei es n Baugruppen-Ebenen geben kann:

- Subsystem
- Baugruppe
- Einzelteil

Da Anlagen mindestens 4 Strukturstufen aufweisen, hat dies eine entsprechend hohe Komplexität des Produktes zur Folge, die durch den Umfang der Stücklistenpositionen pro Strukturstufe noch erhöht wird.

Anlagen werden häufig mit großer Varianz und/oder mit hohem Anteil an kundenspezifischen

---

[1] Beschreibung der Strukturstufen Siehe Anhang 1 1

Anforderungen produziert. Kunden bestellen Anlagen meistens mit dem Ziel, mit den neuen Produktionseinrichtungen, möglichst in eigener Regie, gewünschte Erzeugnisse in geplanter Menge in Qualität herzustellen [VDI-91a]. Eine Anlage muß demzufolge immer entsprechend der kundenspezifischen Anforderungen angepaßt werden. Aufgrund des spezifischen Verwendungszwecks werden Anlagen daher immer in geringer Stückzahl hergestellt.

Die Stückzahl bei der Produktion und die Übereinstimmung (Homogenität) der Produkte sind wesentliche Kriterien für die Unterteilung der möglichen Produktionsarten, die im folgenden aufgelistet sind [HIR-92, KÜP-79]:

- Unikat- oder Einzelproduktion

- Klein- und Großserienproduktion

- Massenproduktion

Die Abgrenzung dieser Produktionsarten kann durch die in Tab. 2.1 beschriebenen Merkmale vorgenommen werden.

Die Realisierung von Anlagen erfolgt in Form von Projekten[1] und ist durch die Einmaligkeit der Realisierungsbedingungen gekennzeichnet [BRE-94]. Aufgrund der Losgröße Eins[2] und der in Tab. 2.1 dargestellten Merkmale kann der Anlagenbau eindeutig der Unikatproduktion zugeordnet werden. Anzumerken ist allerdings, daß der Anlagenbau nur einen von zahlreichen unikatrelevanten Industriezweigen darstellt [HIR-92].

Im BROCKHAUS steht der Begriff „Unikat" für einzige Ausfertigung. Im Rahmen der industriellen Produktion soll entsprechend dieser Definition ein Produkt als Unikat bezeichnet werden, wenn es in den Ausprägungen und/oder der Kombination der physischen Merkmale und Eigenschaften einzigartig ist. Die Unikatproduktion entspricht einer Einmalproduktion, bei der jeweils nur eine oder sehr wenige Einheiten hergestellt werden [KÜP-79] und steht damit im Gegensatz zu den repetitiven Produktionen, wie z.B. der Einzel- und Kleinserienproduktion und der Massenproduktion.

Nach Betrachtung der Merkmale „Stückzahl" und „Komplexität des Produktes" können Anlagen, wie sie im Rahmen dieser Arbeit verstanden werden sollen, eindeutig als komplexe Unikate bezeichnet werden.

In Abb. 2.2 erfolgt eine Einordnung des Anlagenbaus bzgl. der beschriebenen Merkmale

---

[1] Begriffsdefinition 'Projekt' nach DIN 19246: Vorhaben, das im wesentlichen durch Einmaligkeit der Bedingungen in ihrer Gesamtheit gekennzeichnet ist (z.B. Zielvorgabe, zeitliche, finanzielle, personelle oder andere Begrenzungen, Abgrenzung gegenüber anderer Vorhaben, projektspezifische Organisation) [19246]

[2] In der Praxis werden häufig gleiche oder zumindest ähnliche Anlagen parallel realisiert. Es soll daher im folgenden zwischen einer reinen Unikatproduktion und einer erweiterten Unikatproduktion unterschieden werden. Vgl. hierzu S. 21

Produktionssart Merkmale	Unikatproduktion	Serienproduktion	Massenproduktion
Produktspektrum	Kundenspezifisch mit Neu- oder Anpassungs-konstruktion	Standardprodukte mit Varianten	Standardprodukte mit Varianten
Auftragsauslösungsart	Produktion auf Bestellung mit jeweils eigenständigen Aufträgen (Kundenorientierung)	Produktion auf Bestellung mit Rahmenverträgen	Produktion auf Lager (Marktorientierung)
Planungs- und Steuerungsphilosophien	Produktionskoordinierung und Projektmanagement	Produktionsplanung und -steuerung	Produktionsplanung und -steuerung
Automatisierungsgrad	Handarbeit, Mechanisierung, Teilautomatisierung	Teilautomatisierung bis Vollautomatisierung	Vollautomatisierung
Abwicklung der Produktgestaltung	Simultan	Sequentiell	Sequentiell
Zeitpunkt von Entwicklung und Konstruktion	Parallel zum Produktfortschritt	Vor Produktionsbeginn	Vor Produktionsbeginn
Änderungsaufwand	Über den gesamten Produktlebenslauf	Vor Produktionsbeginn	Vor Produktionsbeginn
Kundeneinfluß	Über den gesamten Produktlebenslauf	Nach Fertigstellung	Nach Fertigstellung
	Anlagenbau		

Tab. 2.1: Spezifische Merkmale der Produktionsarten nach [HIR-92]

Zusammenfassend soll die Anlage im Rahmen dieser Arbeit wie folgt definiert werden:

Eine Anlage ist die Gesamtheit der technischen Mittel eines komplexen Systems mit einer integrierten Technologie, die dazu dient, Erzeugnisse herzustellen oder Dienstleistungen zu erbringen und durch eine kundenindividuelle Anpassungs- oder Neukonstruktion konzipiert wird sowie bzgl. ihrer Ausprägungen und/oder Kombination der physischen Merkmale bzw. Eigenschaften einzigartig ist.

Als Beispiele für Anlagen seien hier Härtereianlagen, Montageanlagen, Galvanikanlagen sowie Funk- und Navigationsanlagen für Flughäfen aufgeführt, deren Erstellung im Rahmen dieser Arbeit untersucht wurde.

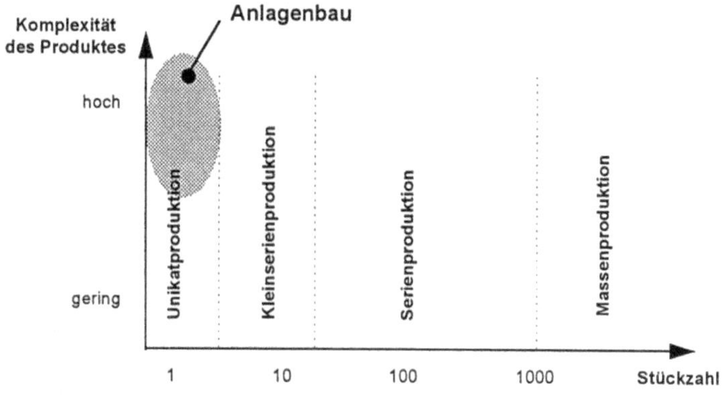

Abb. 2.2: Einordnung des Anlagenbaus

Die Charakterisierung von Anlagen soll mit Hilfe einiger ausgewählter Merkmale geschehen, die einen wesentlichen Einfluß auf die Projektabwicklung von Anlagen haben (<u>Abb 2 3</u>)·

- Projektvolumen

- Komplexität

- Stückzahl

- Neuigkeitsgrad

Die Erstellung der Anlage erfolgt durch ein Projekt, wobei zwischen folgenden Projektgrößen unterschieden werden soll [KRÜ-95]:

- Großprojekte (Größenordnung > 50 Mio DM)

- Mittelprojekte (Größenordnung 5-50 Mio. DM)

- Kleinprojekte (Größenordnung < 5 Mio. DM)

Die Möglichkeit Großprojekte abzuwickeln ist im wesentlichen davon geprägt, ob ein Unternehmen über die entsprechenden Kapazitäten an kompetenten Mitarbeitern für die einzelnen Projektphasen verfügt. Großunternehmen haben oftmals solche Kapazitäten, mittlere oder gar kleinere Unternehmen können Projekte in dieser Größenordnung i.d R nicht ohne Dritte abwickeln.

Die Komplexität kann, wie bereits ausgeführt, mit Hilfe der Anzahl der Strukturstufen und/oder Stucklistenpositionen bestimmt werden Der Begriff der Unikatproduktion soll im Rahmen dieser Arbeit auf eine Stuckzahl oder Losgroße von bis zu fünf Anlagen bei der Projektabwicklung ausgeweitet werden. Es soll daher zwischen einer reinen und einer erweiterten Unikatproduktion unterschieden werden

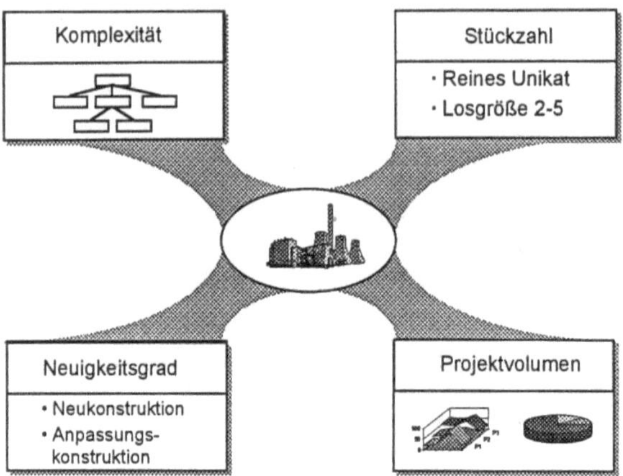

Abb. 2.3: Merkmale von Anlagen

Entscheidender Faktor für den Neuigkeitsgrad ist die von den Kundenanforderungen initiierte Konstruktion. Da sowohl die Komplexität als auch der Umfang der direkten Konstruktionstätigkeiten stark variieren kann, ist für die Begriffsdefinition eine entsprechende Abgrenzung erforderlich [KUH-94]. Die Beschreibung des Konstruktionsprozesses soll mit Hilfe der folgenden Merkmale erfolgen:

- <u>Konstruktionsphasen:</u> Der Vorgang vom Abstrakten zum Konkreten beim Konstruieren erfolgt gewöhnlich in den drei Etappen: Konzipieren, Entwerfen und Ausarbeiten [HUB-76]. Von einer Unikatproduktion soll gesprochen werden, wenn die drei Konstruktionsphasen zumindest teilweise durchlaufen werden, wobei nicht entscheidend ist, ob nur eine Prinziperarbeitung oder auch eine Funktionsfindung im Rahmen des Konzipierens erforderlich ist [KUH-94].

- <u>Konstruktionsarten:</u> In Anlehnung an die VDI-Richtlinie 2210 [VDI2210] kann je nach Aufgabe und Neuigkeitsgrad der Konstruktion zwischen den vier Konstruktionsarten Neukonstruktion, Anpassungskonstruktion, Variantenkonstruktion sowie der Konstruktion nach festem Prinzip unterschieden werden. Von einer Neukonstruktion kann gesprochen werden, wenn eine geforderte Gesamtfunktion durch eine neue Anordnung bekannter oder neuer Elemente bei veränderter oder unveränderter Gestalt zu einer neuen Lösung führt, wobei die Dimension der Elemente nicht unbedingt verändert werden muß Bei einer Anpassungskonstruktion hingegen wird die ursprüngliche Gesamtfunktion des technischen Gebildes nur in unwesentlichen Teilen verändert und ergänzt, indem bei gegebener Grundanordnung der Elemente, einzelne Elemente ihrer Funktion oder Gestalt nach geandert werden. Die Übergänge zwischen diesen beiden Konstruktionsarten sind fließend und können daher nicht eindeutig abgegrenzt werden. Charakteristisch für beide Konstruktionsarten ist jedoch, daß eine Konzeptphase durchlaufen wird, die bei der Variantenkonstruktion und der Konstruktion nach festem Prinzip fehlt. Bei der Anlagenplanung ist die Konzeptphase Teil des Konstruktionsprozesses.

Für die Projektabwicklung zur Realisierung von Anlagen kann daher zwischen einer Neukonstruktion und einer Anpassungskonstruktion unterschieden werden.

2.2   Projekttypologie der Anlagenerstellung

In diesem Kapitel soll aufbauend auf der Definition und Beschreibung von Anlagen, die technische Projektabwicklung von vier Unternehmen des kundenspezifischen Anlagenbaus charakterisiert werden, die einen wesentlichen Einfluß auf den Inhalt dieser Arbeit hatten Alle vier Unternehmen mit 80-250 Mitarbeitern können als KMUs[1] bezeichnet werden, die mit 88,1 % insgesamt einen Großteil des deutschen Maschinen- und Anlagenbaus repräsentieren [VDMA-95].

Zur Beschreibung betrieblicher Erscheinungsformen werden in einer Reihe von Arbeiten als zweckmäßige Methoden die Klassifikation [z.B. KUN-76] und die Typologie [z.B. GRO-72] angewandt. Mit Hilfe dieser Methoden ist eine zielgerichtete Erfassung der Elemente einer empirischen Grundgesamtheit durch Abstraktion und Differenzierung der Erscheinungsformen möglich. Eine Abgrenzung kann in der folgenden Weise vorgenommen werden: Die Klassifikation kann aufgrund ihres Anspruchs, eine zielgerichtete Gesamtheit von Elementen und deren Beziehungen darzustellen, als System bezeichnet werden [SCH-80] Bei der Bildung einer Klasse wird jeweils ein Merkmal berücksichtigt und alle realen Tatbestände mit gleicher Merkmalsausprägung werden dieser Klasse zugeordnet. Die formal-logisch und umfassend bestimmten Merkmalsausprägungen werden dabei exakt abgegrenzt [KÜP-79]. Die Typologie kann aufgrund des ihr fehlenden Ganzheitsanspruchs als systematisierte Methode bezeichnet werden. Sie hat zwar den logischen Charakter einer Klassifikation, ihr fehlt jedoch das strenge Verlangen nach Vollständigkeit und Eindeutigkeit [SCH-80].

Fur die Charakterisierung der technischen Projektabwicklung der Anlagenerstellung erscheint die Methode der Typologie zweckmäßig, da die Vielfalt der betrieblichen Erscheinungsformen eine vollständige Erfassung sehr schwierig, wenn nicht unmöglich erscheinen läßt.

Die Auswahl der Merkmale und der Merkmalsausprägungen basiert auf den Arbeiten von SCHOMBURG [SCH-80] und BUDENBENDER/SAMES [BÜ.SA-93], wobei nur die Merkmale und Merkmalsausprägungen berücksichtigt wurden, die für den Anlagenbau rele-

---

[1] Hier Kleine und mittlere Unternehmen (KMUs) 20 < Anzahl Beschäftigte < 299

vant sind. Weiterhin wurden Merkmale zur Beschreibung des Projektes hinzugefügt.

Kategorie	Nr	Merkmale der Projektabwicklung	Merkmalsausprägungen			
Projekt	1	Projektvolumen (-größe)	Kleinprojekt	Mittleres Projekt	Großprojekt	
	2	Losgröße	Losgröße 1 (Reines Unikat)		Losgröße 2-5	
	3	Art des Projektes	Routineprojekt	Strategieprojekt (i.d.R. Markteinstieg)	Innovations-/ Forschungsprojekt	
	4	Organisation des Projektes	Projekt in der Linie	Einflußprojekt-organisation	Matrixprojekt-organisation	Reine Projekt-organisation
	5	Prozesse bei der Projektabwicklung	Engineering (Entw./Konstr.)	Beschaffung	Fertigung	Montage/ Inbetriebnahme
	6	Kunden-änderungs-einflüsse	Änderungseinflüsse in größerem Umfang	Änderungseinflüsse gelegentlich	Änderungseinflüsse unbedeutend	
Spezifikation	7	Erzeugnisspektrum	Projektbezogene Neukonstruktion	Typisierte Erzeugnisse mit kundenspez. Var.	Standarderzeugnisse mit Varianten	
	8	Vollständigkeit der Spezifikation	Anlage nahezu vollständig spezifiziert	Anlage größtenteils spezifiziert	Anlage wenig spezifiziert	
Design	9	Umfang der Konstruktions-tätikgeiten	Entwicklungs-konstruktion	Neukonstruktion	Anpassungs-konstruktion	
Beschaffung	10	Anzahl der Lieferanten	Wenig Lieferanten (0-30)	Mittlere Anzahl von Lieferanten (30-100)	Viele Lieferanten (>100)	
	11	Integration der System-lieferanten	Intensiv beteiligt	Wenig beteiligt	Nicht beteiligt	
	12	Beschaffungsart	Bedarfsorientiert auf Erzeugnisebene	Teilweise erwartungs-/bedarfsorientiert auf Baugruppenebene	Erwartungsorientiert auf Baugruppen-ebene	
	13	Bervorratungsart (Service)	Keine Bevorratung von Bedarfspositionen	Bevorratung von Bedarfspositionen auf unteren Strukturebenen	Bevorratung von Bedarfspositionen auf oberen Stukturebenen	
Fertigung	14	Ablaufart in der Fertigung	Werkstattfertigung	Inselfertigung	Reihenfertigung	
Montage	15	Montage	Baustellenmontage	Gruppenmontage	Reihenmontage	

Überwiegende Ausprägung in den betrachteten Unternehmen
Teilweise auftretende Ausprägung in den betrachteten Unternehmen

Abb. 2.4: Projekttypologie für den Anlagenbau

Abb. 2.4 zeigt sowohl das gesamte Merkmalsschema[1] als auch das empirisch ermittelte Profil der beteiligten Anlagenbauer, die einen wesentlichen Einfluß auf diese Arbeit hatten.

2.3 Probleme bei der Entwicklung und Herstellung von Anlagen

Die technische und daraus resultierende organisatorische Komplexität sowie der Unikatcha-

---

[1] Beschreibung der Merkmale Siehe Anhang 1 2

rakter der Anlagenrealisierung stellen besondere Anforderungen an das Qualitätsmanagement [BRE-94] und hier im besonderen an die Gestaltung und Koordination der Unternehmensprozesse. Der Anlagenbau gilt seit jeher als Branche mit sehr spezifischen Spielregeln. Dabei stehen die folgenden Anforderungen im Vordergrund, die als typisch für den Anlagenbau gelten können [KA.PF-95]:

- spezifische Gestaltung des Projektes,

- lange Laufzeit des Projektes,

- Stellenwert der Dienstleistungsaktivitäten,

- Komplexität und Dependenz bezüglich Leistungsumfang und Projektbearbeitung sowie

- hohe Anforderungen an technologisches Wissen.

Maschinenbauer mit Serienproduktion oder Komponentenhersteller können wegen der Stabilität und Reproduzierbarkeit der Prozesse sehr viel leichter ihre Prozesse der Projektabwicklung durch bewährte Methoden und Hilfsmittel wie SPC (Statistical Process Control), QFD (Quality Function Deployment) sowie FMEA (Failure Mode and Effect Analysis) [z.B. DGQ-90, FRA-87, HE.BL-92] in den Griff bekommen als die Unternehmen des Anlagenbaus, bei denen das genaue Aussehen und Funktionieren der Anlage erst während der Konstruktionsphase erarbeitet wird. Die Übertragbarkeit dieser Methoden auf die Situation des Anlagenbaus ist nur sehr begrenzt und nur für solche Aspekte möglich, bei denen die Stückzahl und der Komplexitätsgrad der Produkte eine untergeordnete Rolle spielt. Bei einer Studie von *Arthur D. Little (ADL)* wurden für den Anlagenbau die folgenden Problemstellungen deutlich [GOE-92]:

- unvollstandige Spezifikation der Kundenanforderungen für die Konstruktion

- unzureichende Filterung der Komponentenlieferanten

- unsystematische Fehlerprüfung

- Arbeitsdurchführung, die immer wieder von der Planung abweicht.

Die oftmals völlig unzureichende Spezifikation aus dem Verkauf - aufgrund von unzureichender Kommunikation zwischen Verkauf und Technik und/oder unpräziser Kundenvorstellungen - erschwert eine anforderungsgerechte Arbeit in der Konstruktion und Produktion [GOE-92]. Anlagenhersteller haben daher besonders unter den Änderungen von Kundenwünschen wahrend der Auftragsabwicklung zu leiden Die Folgen sind Terminüberschreitungen, für die der Kunde i.d.R wenig Verstandnis aufbringt [BIN-92], und eine Erhohung der Projektkosten [BRE-94], die auch durch ein konsequentes 'claim management' nicht vollständig kompensiert werden kann. Weiterhin spielen die Mitarbeiter eine weitaus wichtigere Rolle als bei der Serienproduktion, da das Know-how vorwiegend in Form von Erfahrungswissen der

Mitarbeiter existiert und zu wenig dokumentiert wird.

Durch die Besonderheit der Anlagen als Unikate mit in der Regel unzureichender Standardisierung, ist es schwierig, die Abläufe so systematisch zu gestalten, daß alle Erfahrungen, die im Auftragsdurchlauf nach der Konstruktion oder bei früheren Projekten gemacht werden, konsequent in die Projektierung und Konstruktion zurückfließen [GOE-92]. Der Qualität des Engineerings kommt daher eine herausragende Bedeutung zu. Voraussetzung für alle Maßnahmen zur Steigerung der Qualität im Engineering ist eine Modularisierung des Produktes und eine Standardisierung der Prozesse, wodurch eine Vereinfachung der Organisation durch standardisierte Prozesse möglich ist. Dies wirkt sich vor allem auf die Durchlaufzeit aus, weil zum einen technische Schnittstellen abgebaut und zum anderen organisatorische Schnittstellen optimiert werden und damit weniger Übertragungsfehler entstehen [TEL-95].

2.4 Qualitätsbegriff bei der Entwicklung und Herstellung von Anlagen

Die *ADL-Studie* [GOE-92] belegt weiterhin, daß bzgl. der kaufentscheidenden Faktoren im Maschinen- und Anlagenbau die Qualität immer ganz vorne steht (Abb 2.5).

Kaufentscheidende Faktoren

Qualität ist *das* Differenzierungskriterium — Maschinen- und Anlagenbau

Wettbewerbsfaktoren	und	ihre Wichtigkeit
Produktqualität		25 %
Service		20 %
Produkteigenschaften		15 %
Problemlösung		15 %
Technische Beratung / Anwendungstechnik		10 %
Lieferzeit		10 %
Produktpalette		5 %
Summe		100 %

Quelle: ADL

Abb. 2.5: Kaufentscheidende Faktoren im Maschinen- und Anlagenbau

Die Faktoren schwanken zwar je nach Kundenindustrie und Anbieterkategorie, aber Zuverlässigkeit, Genauigkeit und Verfügbarkeit der Maschine sind heute immer mehr die Eingangsvoraussetzungen, um überhaupt als Lieferant in Frage zu kommen. Der Preis wird diesen Faktoren nach Abklärung der Technik gegenübergestellt und in der Regel getrennt behandelt. Wer zudem von sich aus hohe Qualitätskriterien erfüllt, setzt damit Maßstäbe und kann sich damit im Wettbewerb eindeutig differenzieren [GOE-92], was sich preisstabilisierend über die Zeit auswirkt [WES-90],

Nach DIN 55350 bzw. ISO 8402, der *European Organisation for Quality Control EOQC* und der *American Society for Quality Control ASQC* wird Qualität wie folgt definiert [HER-93].

Qualität ist die Gesamtheit der Merkmale und Merkmalswerte eines Produktes oder einer Dienstleistung bezüglich ihrer Eignung, festgelegte und vorausgesetzte Erfordernisse zu erfüllen.

Unter der Beschaffenheit soll in diesem Zusammenhang, die Gesamtheit der Merkmale und Merkmalswerte einer Einheit verstanden werden, wobei die Einheit eine Tätigkeit oder das Ergebnis einer Tätigkeit sein können [KOC-89] und die Definition damit sowohl materielle Produkte als auch immaterielle Produkte umfaßt. Die Qualität eines Produktes erschöpft sich nicht in dessen Fehlerfreiheit. Das Produkt ist nur der „materielle" Hintergrund einer Kunden-Lieferanten-Beziehung. Alle Aspekte dieser Beziehung müssen in Zukunft einem erweiterten Qualitätsbegriff gerecht werden [WAR-94]. Im Hinblick auf das umfassende Qualitatsverständnis sind, abgesehen von der Produktpalette, alle von *ADL* ermittelten Wettbewerbsfaktoren der Qualitat zuzurechnen.

Die Qualitatsbewertung einer Unternehmung erfordert daher eine ganzheitliche Betrachtung der Unternehmung [KOT-93], die Unternehmensqualitat. Diese soll in der vorliegenden Arbeit durch die folgenden Qualitätsdimensionen konkretisiert werden:

- Produktqualität, die sowohl materielle als auch immaterielle Produkte umfaßt,
- Prozeßqualität, welche die Prozesse umfaßt, die zur Realisierung einer Anlage durchlaufen werden und
- Projektqualität, die einen einmaligen Prozeßdurchlauf der Projektabwicklung zusammenfaßt.

3 Controlling eines projektorientierten Prozeßmanagements

3.1 Projektorientiertes Prozeßmanagement

3.1.1 Prozeßdefinition und -merkmale

Das allgemeine Prozeßverständnis geht davon aus, daß der Prozeß aus einer Serie von Handlungen, Tätigkeiten, Verrichtungen zur Schaffung von Produkten und Dienstleistungen besteht, die in einem direkten Beziehungszusammenhang stehen, und die in ihrer Summe den betriebswirtschaftlichen, produktionstechnischen, verwaltungstechnischen und finanziellen Erfolg des Unternehmens bestimmen [STR-88]. Der Begriff 'Prozeß' stammt aus dem lateinischen und bedeutet Verlauf, Ablauf, Hergang sowie Entwicklung und stellt daher die Abläufe in den Mittelpunkt [KUN-93]. Nach DIN ISO 8402 ist ein Prozeß „ein Satz von in Wechselbeziehungen stehenden Mitteln und Tätigkeiten, die Eingaben in Ergebnisse umgestalten", wobei zu den Mitteln Personal, Einrichtungen und Anlagen sowie Technologie und Methodologie gehören können [8402]. Nach DAVENPORT ist ein Prozeß „simply a structured, measured set of activities designed to produce a specified output for a particular customer or market. .. a structure for action", ein Aktivitätennetzwerk mit der Zielsetzung, ein definiertes Ergebnis zu generieren [DAV-93]. Für diese Arbeit soll die folgende Prozeßdefinition gelten Der Prozeß produziert aus Input ein Prozeßergebnis (Output) für einen oder mehrere Prozeßkunden und besitzt die folgenden Eigenschaften:[1]

- Dient zur Verwirklichung eines Ziels.
- Hat einen definierten Start und ein definiertes Ende.
- Input und Output können sowohl immaterieller (Informationen) als auch materieller (Produkte) Art sein.
- Hat eine meßbare Eingabe (Input).
- Erzeugt eine meßbare Ausgabe (Output).
- Das Prozeßergebnis kann sowohl für einen externen als auch für einen internen Kunden sein.
- Bei der Generierung des Prozeßergebnisses werden Ressourcen verbraucht.
- Kann in Teilprozesse und bei weiterer Dekomposition in ein Netzwerk von Tätigkeiten zerlegt werden, wobei die Tätigkeiten nicht zwingend geradlinig aneinandergereiht werden müssen. Verzweigungen und Wiederholungen sind typisch. Eine hierarchische Strukturierung ist möglich.

---

[1] Vgl hierzu DAVENPORT [DAV-93], HAIST/FROMM [HA FR-91], HARRINGTON [HAR-91], PALL [PAL-87], STRIENING [STR-88], ZACHAU [ZAC-94]

Weiterhin wird in der Literatur häufig die Wertschöpfung (Added Value) als notwendige Eigenschaft von Prozessen gesehen.[1] Der Autor teilt diesbezüglich die Meinung von ZACHAU [ZAC-94], daß dies nicht sinnvoll erscheint, da es eine ganze Reihe von Prozessen gibt, die vorwiegend unterstützenden Charakter haben. So ist der Projektsteuerungsprozeß[2] nicht direkt wertschöpfend, jedoch unbedingt notwendig, um einen qualitätsgerechten wertschöpfenden Projektabwicklungsprozeß zu erzielen.

Prozesse können mit Hilfe der folgenden Merkmale typologisiert werden (<u>Abb. 3.1</u>):

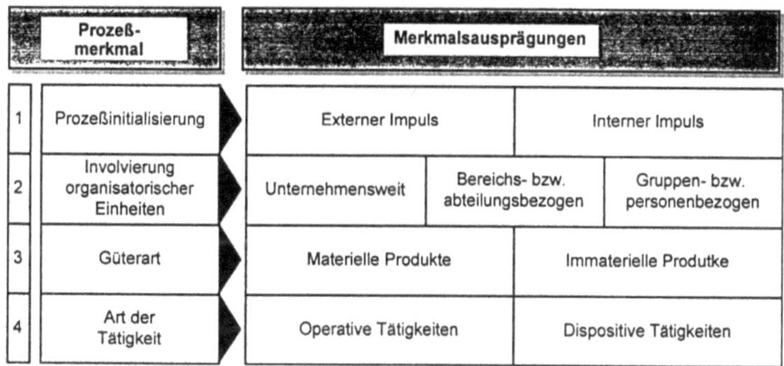

	Prozeßmerkmal	Merkmalsausprägungen		
1	Prozeßinitialisierung	Externer Impuls	Interner Impuls	
2	Involvierung organisatorischer Einheiten	Unternehmensweit	Bereichs- bzw. abteilungsbezogen	Gruppen- bzw. personenbezogen
3	Güterart	Materielle Produkte	Immaterielle Produtke	
4	Art der Tätigkeit	Operative Tätigkeiten	Dispositive Tätigkeiten	

Abb. 3.1: Prozeßmerkmale und deren Ausprägungen

<u>Prozeßinitialisierung:</u> Beschreibt das Verhältnis zum Initiator des Prozesses. Es kann zwischen unternehmensinternen und -externen Impulsen unterschieden werden.

<u>Involvierung organisatorischer Elnheiten:</u> Charakterisiert den Umfang der Involvierung organisatorischer Unternehmenseinheiten beim Prozeßablauf. Hierbei wird zwischen unternehmensweiten, abteilungs- bzw. bereichsbezogenen und personen- bzw. gruppenbezogenen Prozessen differenziert. Unternehmensübergreifende Prozesse sollen hier nicht betrachtet werden.

<u>Güterart:</u> Nach dem Merkmal Güterart sind materielle und immaterielle Produkte zu unterscheiden. Materielle Güter oder Sachgüter sind beispielsweise Maschinen, Werkzeuge und Stoffe. Ihnen steht die Klasse der immateriellen oder unkörperlichen Güter gegenüber, zu denen Dienste und Informationen gehören [KÜP-79].

<u>Art der Tätigkeiten:</u> Beschreibt die Tätigkeiten des Prozesses, wobei zwischen vorwiegend operativen und dispositiven Tätigkeiten unterschieden wird. Operative Prozesse zeichnen sich durch eine gute Strukturierbarkeit sowie repetitive Tätigkeiten ohne eigene Entscheidungsbefugnis aus. Dispositive Prozesse umfassen Tätigkeiten, die schlecht strukturierbar sind, über

---

[1] Vgl. hierzu beispielsweise DAVENPORT [DAV-93], DIN 8402 [8402], STRIENING [STR-88]

[2] Die Planung und Steuerung der Projektabwicklungsprozesse Vgl. hierzu auch Anhang 4

eigene Entscheidungskompetenz verfügen und typischerweise Managern vorbehalten sind [STR-88]. Nur für operative Prozesse soll die Wertschöpfung als notwendige Eigenschaft gelten.

3.1.2 Gründe für die Prozeßorientierung

Viele Unternehmen befinden sich in einer Krise, obwohl die Umsatzziele erreicht wurden, jedoch die geplanten Gewinne nicht erzielt werden konnten. Vor einigen Jahren war die Wahl der richtigen Strategie der Erfolgsfaktor schlechthin. Wettbewerbsvorteile durch strategisches Handeln werden geringer, da zum einen die Märkte durch zunehmende Internationalisierung immer homogener werden und vom Kunden sehr viel schwieriger Unterschiede erkannt werden können und weil zum anderen sehr viele Unternehmen strategisch denken und dies konsequent umsetzen. Daher werden die Faktoren Preis, der sich nur noch durch interne Kostenvorteile erheblich reduzieren läßt, und Kundenorientierung immer wichtiger. Dies macht eine tiefgreifende Veränderung der Strukturen notwendig, bei der die Prozesse auf die wertschöpfenden Tätigkeiten zurückgeführt werden müssen [GAI-94].

Bei Betrachtung der Realität in den Unternehmen muß festgestellt werden, daß anstelle einer Integration der Abläufe an überkommenen, funktionalen und arbeitsteiligen Strukturen festgehalten wird, die durch komplizierte Abläufe mit künstlichen Bereichsgrenzen und Hierarchien gekennzeichnet sind [WES-90]. Aus dieser Erkenntnis heraus, daß eine verrichtungsorientierte Arbeitssegmentierung produktivitätshemmend ist [BUL-93b], und der Erfahrung, daß bei der Beibehaltung von funktionalen Arbeitsteilungen keine wesentlichen Verbesserungen der Produktivität möglich sind [DAV-93], entwickelte sich die prozeßorientierte Betrachtung von Abläufen [BUL-93a]. Prozeßorientierung soll als möglicher Ansatz verstanden werden, der die Zusammenhänge zwischen Ablauf, Information, Produkt- und Auftragsdaten in einen Gesamtzusammenhang stellt [EVE-94]. Prozeßorientierung bedeutet, unabhängig von der institutionalisierten Aufbauorganisation die zu erfüllenden Aufgaben in den Mittelpunkt der Betrachtungen zu stellen und gleichzeitig sowohl direkt wertschöpfende Tätigkeiten, wie Konstruieren und Montieren, in Verbindung mit indirekt wertschöpfenden, gleichwohl aber leistungsprozeßbezogen notwendigen Prozessen zu verstehen [TRÄ-90]. Prozeßorientierte Unternehmensorganisation [EVE-95b]

- ist keine neue Strategie,
- stellt keine Ersatzmethode dar,
- unterstützt die Identifikation von sogenannten Kern- und Geschäftsprozessen,
- macht den Ressourcenverzehr nach dem Verursachungsprinzip transparent und
- ist ein wichtiger Baustein im Instrumentarium der Organisationsmethoden.

Mit Prozeßorientierung lassen sich Qualitätssteigerungen erzielen, die nicht ausschließlich mit verstärkter Kontrolle und erhöhter Bürokratie erkauft werden müssen, wie dies in den meisten Ansätzen zur Umsetzung der Normenreihe DIN EN ISO 9000 geschieht [GAI-94]. Durch Verbesserung der Abläufe sollen Potentiale nutzbar gemacht werden, die bisher weder durch Automatisierung und CIM noch durch hierarchische Neugliederungen (Lean Management) erschlossen werden konnten [KA.FÜ-95]. Allein die prozeßorientierte Betrachtung des Unternehmens, d.h. das Transparent-Machen von crossfunktionalen Abläufen im Unternehmen, deckt bereits eine Vielzahl von Rationalisierungsansätzen[1] auf [GAI-94].

Weiterhin fördert die prozeßorientierte Organisationsform die Identifikation der beteiligten Mitarbeiter mit ihrer Aufgabe und schafft Freiräume für selbständiges, verantwortungsbewußtes Handeln [WAR-92b], indem Abläufe sichtbar gemacht werden und Effizienzsteigerungen quantifiziert und den Mitarbeitern mitgeteilt werden [STR-88].

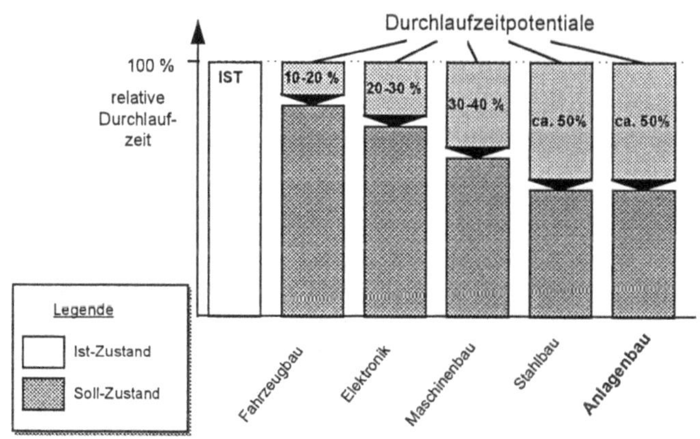

Abb. 3.2: Branchenspezifische Durchlaufzeitpotentiale

Gerade bei Unternehmen der Einzel- und Kleinserienproduktion, insbesondere im Anlagenbau, sind durch die Planung und Organisation der Projektabwicklung Durchlaufzeitverkürzungen von bis zu 50 % möglich (Abb. 3.2) [EVE-95a].

Ziel der prozessualen Betrachtung ist die kontinuierliche Verbesserung der Prozesse an Stelle von punktuellen Maßnahmen, um somit den Fehlleistungsaufwand[2] zu reduzieren Dies geschieht durch die Verfolgung der folgenden abgeleiteten Ziele [STR-88]:

---

[1] Z B Ineffizienzen durch Doppelarbeit, Schnittstellenprobleme oder Liegezeiten

[2] Begriffsdefinition „Fehlleistungsaufwand" Kap 5.2 4

- Verlagerung der kostenwirksamen Aktivitäten der Fehlerkorrektur hin zur Vorbeugung
- Senkung des Gesamtkostenumfangs
- Erhöhung der Produktivität
- Verbesserung der Produkte
- Erhöhung der Kundenzufriedenheit
- Optimierung der Abläufe

Viele Unternehmen entdecken Prozeßorientierung und Prozeßoptimierung als wichtiges Element zur rationellen Gestaltung der Unternehmensorganisation [EVE-95b] und als einen mächtigen Ansatz zur Rationalisierung, jedoch scheitern auch viele Verbesserungsprojekte, da die Verbesserungspotentiale oftmals nur auf der Metaplantafel umgesetzt werden [GAI-94].

Es genügt nicht, Prozesse zu definieren und diese zu beschreiben, sondern die Prozeßstruktur muß mit allen Konsequenzen organisatorisch integriert werden. Durch die Überlagerung der herkömmlichen, funktionalen Organisation mit der Prozeßorganisation entstehen Zielkonflikte zwischen den Verantwortlichen der Unternehmensbereiche, die eine Optimierung innerhalb der Organisationseinheit anstreben, und den horizontalen Prozessen, da die Suboptimierung der vertikal orientieren Unternehmensbereiche die Leistungsfähigkeit der Prozesse nachhaltig beeinträchtigt. Prozesse bedürfen jedoch der Planung, Modellierung und Pflege; kurz formuliert: Es wird ein Prozeßmanagement benötigt [WE.ZE-95].

3.1.3 Prozeßmanagement

Der Begriff „Prozeßmanagement" wurde von Autoren des deutschen Sprachraums eingeführt, weil ihnen die existierende Übersetzung ins Deutsche für den englischen Begriff „Quality Control" als zuwenig aussagekräftig und treffend war [STR-89b] und „Qualitätskontrolle" einen völlig falschen Begriffsinhalt wiedergeben würde [KRU-93]. Prozeßmanagement ist begrifflich nicht eindeutig festgelegt [GAI-94] und es werden in der Literatur unterschiedliche Ansätze und Vorgehensweisen diskutiert.

Stichworte wie 'Prozeßorganisation' oder 'Prozeßmanagement' sind kein völlig neues Phänomen. Seit Beginn der Organisationslehre ist neben der Aufbauorganisation die Ablauforganisation bekannt [FRA-95], die die Zielsetzung verfolgt, den Fluß von Gütern und Informationen zu strukturieren [KIE-93b]. Die Ablauforganisation wird demzufolge auch als raumzeitliche, zielgerichtete Strukturierung von Unternehmensprozessen bezeichnet [SCH-74b] und wird in neueren wissenschaftlichen Beiträgen mit Prozeßstrukturierung gleichgesetzt [GAI-93]. Innerhalb der Diskussion um ablauforganisatorische Probleme hat sich die jahrzehntelange Fokussierung auf rein fertigungsorientierte Fragestellungen in den letzten Jahren hin zu unternehmensweiten Betrachtungen entwickelt.

Die systematische Auseinandersetzung mit dem Prozeßphänomen führt zum Prozeßmanagement, wobei der Begriff in zweierlei Ausprägungen verwendet werden kann [FRA-95]:

- Im funktionalen Sinn wird unter Prozeßmanagement die zielgerichtete Gestaltung und Optimierung eines Unternehmens verstanden, wobei als mögliche Ziele 'Produktivitätssteigerung', 'Erhöhung der Produktqualität', 'Durchlaufzeitreduzierung' oder ähnliches in Frage kommen.

- Im institutionellen Sinn wird unter Prozeßmanagement die Summe der Personen verstanden, die für einen Prozeß verantwortlich sind. Dies führt zu einer Bennenung von 'Prozeß-Ownern', um die Macht, die bei einer funktionsorientierten Denkweise auf verschiedene Abteilungen verteilt war, auf eine Person zu verlagern, die die Prozesse verantwortlich steuert. Diese auf die horizontale Strukturierung der Organisation gerichtete Sichtweise wird insbesondere in den Schriften von STRIENING und FRIES [z B. STR-88, FRI-94] betont.

Im Rahmen dieser Arbeit wird das Prozeßmanagement im funktionalen Sinn betrachtet Entsprechend der Vorgehensweise bei der ablauforganisatorischen Gestaltung und Optimierung der Prozesse kann in der Literatur zwischen zwei Formen des funktionalen Prozeßmanagements unterschieden werden [DAV-93, GAI-93, FRA-95]:

- Strategie der kontinuierlichen Verbesserung in kleinen Schritten, die ihren Ursprung im Kaizen hat sowie

- die radikale Umstrukturierung oder Prozeßinnovation.

Die Prozeß-Innovation, die häufig mit „Business Process Reengineering" oder lediglich mit „Reengineering" bezeichnet wird, hat ihren wesentlichen Ursprung in den USA. Der Begriff „Reengineering" wurde 1990 in Aufsätzen von HAMMER [HAM-90] und DAVEN-PORT/SHORT [DA. SH-90] zur Beschreibung eines neuen Ansatzes für Reorganisationsmaßnahmen verwendet. HAMMER weist darauf hin, daß nachhaltige Produktivitätssteigerungen beim Einsatz von Informationstechnologien nur durch wesentliche Veränderungen der Organisation erreicht werden können. Voraussetzung für diese organisatorischen Veränderungen ist das Hinterfragen alle Grundannahmen und Restriktionen, um somit neue Formen der Arbeitsorganisation zu ermöglichen [KRI-94]. Ziel des Reengineering ist nicht die Optimierung bestehender Abläufe, sondern die Zielsetzung spiegelt sich treffend in der Frage: „Wenn ich dieses Unternehmen heute mit meinem jetzigen Wissen und dem gegenwärtigen Stand der Technik neu gründen müßte, wie würde es dann aussehen?" [KLO-94].

Das Reengineering kann in vier Phasen eingeteilt werden [HA.CH-94, KA.FÜ-95]:

1. Projektdefinition und organisatorische Unternehmensintegration,

2. Kennenlernen der bestehenden Prozesse,

3. Konzeption des Prozesses sowie

4. Implementierung des neuen Prozesses.

Erste Erfahrungen mit dem Reengineering haben gezeigt, daß ein Großteil der Projekte nicht mit dem gewünschten Erfolg enden. HALL, ROSENTHAL und WADE haben zahlreiche Reengineering-Projekte untersucht und sowohl die wichtigsten Erfolgs- als auch Mißerfolgs- faktoren identifiziert [HAL-94], die in Abb. 3 3 zusammengefaßt sind.

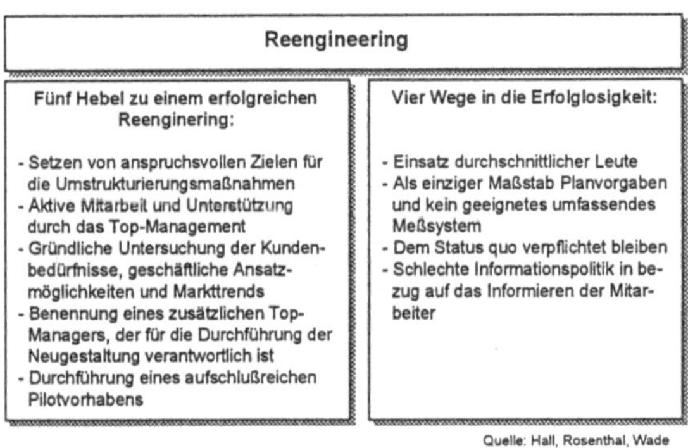

Abb. 3.3: Erfolgs- und Mißerfolgsfaktoren des Reengineering

Die kontinuierliche Verbesserung in kleinen Schritten (Kaizen) wird vor allem in östlichen Kulturen praktiziert, während westliche Unternehmen als Anhänger der sprunghaften Verbes- serung gelten [GAI-94].

1986 veröffentlichte IMAI „Kaizen", das weitreichende Auswirkungen auf Unternehmen in allen Ländern der Welt hatte [JAP-94] und von IMAI als der Schlüssel zum Wettbewerbs- vorteil der Japaner bezeichnet wird [IMA-92]. Laut IMAI bedeutet Kaizen Verbesserung, vor allem kontinuierliche Verbesserung, die sich beträchtlich von einer Innovation unterscheidet. Wahrend Innovation auf einen Fortschritt großer Tragweite hindeutet, beinhaltet die Kaizen- Verbesserung eine stetige, allmähliche Ansammlung geringfügiger Verbesserungen seitens der Mitarbeiter eines Unternehmens [JAP-94].

Merkmal \ Konzept	Kontinuierliche Verbesserung, KAIZEN	Innovation, Reengineering
Ausgangspunkt	Existierende Prozesse	„Grüne Wiese"
Veränderungsgrad	Gering	Radikal
Änderungshäufigkeit	Kontinuierlich, einmalig	Einmalig
Effekt	Langfristig und andauernd, aber undramatisch	Kurzfristig, aber dramatisch
Tempo	Kleine Schritte	Große Schritte
Zeitlicher Rahmen	Kontinuierlich und steigend	Unterbrochen und befristet
Erfolgschance	Gleichbleibend hoch	Unbeständig und risikoreich
Protagonisten	Jeder Firmenangestellte	Wenige „Auserwählte"
Vorgehensweise	Kollektivgeist, Gruppenarbeit, Systematik	„Ellbogenverfahren", individuelle Ideen und Anstrengungen
Devise	Erhaltung und Verbesserung	Abbruch und Neuaufbau
Erfolgsrezept	Konventionelles Know-how und jeweiliger Stand der Technik	Technologische Errungenschaften, neue Erfindungen, neue Theorie
Praktische Voraussetzungen	Kleines Investment, großer Einsatz zur Erhaltung	Großes Investment, geringer Einsatz zur Erhaltung
Benötigter Zeitraum	Lang	Kurz
Erfolgsorientierung	Menschen	Technik
Bewertungskriterien	Leistungen und Verfahren für bessere Ergebnisse	Profitresultate
Risiko	Moderat	Hoch
Vorteil	Hervorragend geeignet für eine langsam ansteigende Wirtschaft	Hauptsächlich geeignet für eine rasch ansteigende Wirtschaft

Tab. 3.1: Kontinuierliche Verbesserung versus Innovation

Kaizen geht von der Annahme aus, daß die Art zu leben einer ständigen Verbesserung bedarf. Kaizen ist kein theoretisches Konzept, sondern japanische Lebensweise und so tief im Bewußtsein der Manager und Arbeiter verankert, daß diese oft nicht einmal merken, daß sie Kaizen denken [IMA-92]. Kaizen stellt im industriellen Bereich die stetige, inkrementelle Verbesserung bestehender Prozesse mit Hilfe einfacher Qualitätsinstrumente in den Vordergrund [FRI-94], wobei unter einfachen Qualitätsinstrumenten beispielsweise die statistische Prozeßkontrolle SPC oder die „Seven QC Tools" zu verstehen sind.

In Tab 3.1 werden die beiden Ansätze in Anlehnung an DAVENPORT und IMAI mit Hilfe einiger wesentlicher Merkmale gegenübergestellt [DAV-93, IMA-92].

Nachdem beide Ansätze zur Optimierung von Prozessen vorgestellt wurden, stellt sich die Frage, in welchem Verhältnis die Vorgehensweisen kontinuierliche Verbesserung und Reengineering zueinander stehen.

Der *Manufacturing Roundtable* der *Boston University* beschäftigte sich mit dieser Frage, indem sowohl die Literatur analysiert als auch zahlreiche Reengingeering-Projekte untersucht wurden und formulierte folgende Unterschiede bzw. Beziehungen [DIX-95]:

- Zu den Projekten des Reengineering gehört immer ein „Verändern der Richtung". Es wurden Verbesserungen größeren Stils angestrebt, aber wichtiger noch, eine andere Zielrichtung. Das Grundlegende an den Verbesserungsbemühungen im Falle von Reengineering besteht in dieser veränderten Richtung, weniger in der Veränderung der Prozesse an sich.

- Die Untersuchung bestätigte nicht, daß eine Krise die Hauptantriebskraft für ein Reengineering gewesen ist. Bei dem Großteil der Projekte hatte das Management eine Vision für das Unternehmen entwickelt, der nahezukommen durch die derzeitigen operativen Fähigkeiten unmöglich war. Mit den Methoden ständiger kleiner Verbesserungen allein glaubte man den Graben zwischen den künftigen Erfordernissen und den gegenwärtigen Leistungsmöglichkeiten nicht mehr überbrücken zu können. Diese chanceninduzierten Projekte - im Gegensatz zu kriseninduzierten Projekten - waren immer dann besonders erfolgreich, wenn eine starke Konzentration auf den Kunden vorlag.

- Die unmittelbare Mitwirkung des Topmanagements unterscheidet Reengineering von kontinuierlicher Verbesserung. Zwar sind bei beiden Ansätzen Unterstützung und Engagement von seiten der Topmanager gefordert, doch beim Reengineering müssen sie sich auch am Planen und Implementieren des Projektes beteiligen.

- Die Theoretiker des Qualitätsmanagements (DEMING, FEIGENBAUM, HARRINGTON) schließen ein Nebeneinander von kontinuierlicher Verbesserung und Reengineering nicht aus, wobei die Ansätze an den gegenüberliegenden Enden eines Verbesserungskontinuums liegen. HARRINGTON entwickelt die Vorstellung sich abwechselnder Perioden, in denen entweder schrittweise verbessert oder eine tiefgreifende Prozeßverbesserung erfolgt. In der Literatur steht jedoch wenig darüber, wie die beiden Ansätze gleichzeitig stehen oder sich wechselseitig beeinflussen können.

Fur die Konzeption eines Controllingsystems stellt sich die jedoch die Frage, welcher Verbesserungsansatz, der radikale oder der kontinuierliche, gewählt wird bzw. welche Ansätze zugelassen werden. Aus der Sicht von Reengineeringanhängern sind Prozeßinnovationen nötig, um damit auch eine Verbesserung um Größenordnungen zu erzielen. Ein Vorgehen in kleinen Schritten, wie es bei der Kaizenphilosophie im Vordergrund steht, wird abgelehnt, da es die derzeitigen, zumeist massiven Probleme nicht lösen kann [KA.FÜ-95]. Kaizen ist jedoch nicht das Gegenstück zur Innovation, sondern die Ergänzung [HE.KU-96, IMA-92] und die beiden Ansätze können durch das Prozeßmanagement miteinander verbunden werden [GAI-

94]. Ein langfristig erfolgreiches Prozeßmanagment zur Optimierung der Schlüsselprozesse muß beide Ansätze berücksichtigen, da Reengineering die restrukturierten Prozesse nicht stabilisiert sowie die betroffenen Mitarbeiter zuwenig Teil haben läßt und diese auch nicht ausreichend befähigt [KA.FÜ-95]. Weiterhin kann nicht davon ausgegangen werden, daß die vorhandene Organisationsstruktur keine Stärken aufweist [WIT-95].

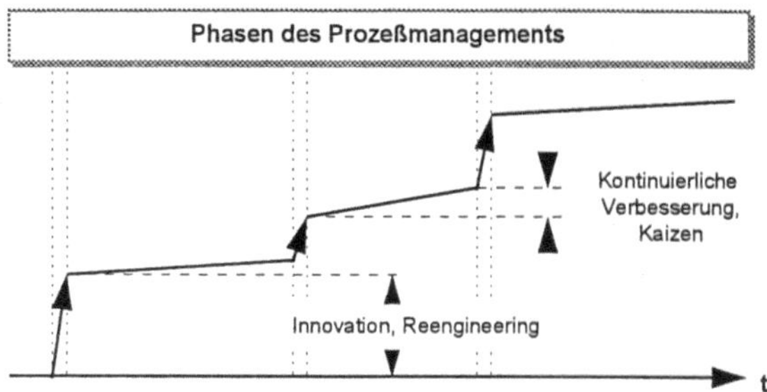

Abb. 3.4: Prozeßoptimierung mit Innovation und kontinuierlicher Verbesserung [IMA-92]

Prozeßmanagement zielt auf die organisatorische Entwicklung des Unternehmens ab. Neben der einmaligen Erneuerung des gesamten Unternehmens (Reengineering) - dem Etablieren von Prozeßdenken, Prozeßorganisation und Prozeßmanagement selbst - umfaßt es permanentes Prozeßcontrolling, d.h. eine gesteuerte kontinuierliche Prozeßverbesserung [GAI-94] Durch Innovation wird der Prozeß gehoben und durch Kaizen wird das Niveau stabilisiert und ständig weiter verbessert, bis zur nächsten Prozeß-Innovation (Abb. 3.4).

Zusammenfassend soll das Prozeßmanagement im Rahmen dieser Arbeit in Anlehnung an GAITANIDES, HARRINGTON und KRUMMENACHER wie folgt definiert werden:

Prozeßmanagement ist darauf ausgerichtet, Prozesse zu gestalten und dafür zu sorgen, daß diese beherrscht ablaufen, wobei der Gestaltungsprozeß sowohl durch Prozeß-Innovation als auch durch Verbesserung in kleinen Schritten erfolgen kann. Es umfaßt planerische, organisatorische und kontrollierende Maßnahmen zur zielorientierten Steuerung der Wertschöpfungskette eines Unternehmens hinsichtlich Qualität, Zeit, Kosten und Kundenzufriedenheit. Prozeßmanagement strebt die drei folgenden Ziele an:

- Effektive Prozesse, d h das Produzieren der gewunschten Ergebnisse,
- effiziente Prozesse, d h die Minimierung des Ressourceneinsatzes sowie
- anpassungsfähige und flexible Prozesse, um diese sich ändernden Kunden- bzw. Marktbedurfnissen anpassen zu können.

Diese Ziele können nur erreicht werden, wenn die Prozeßparameter Qualität, Zeit und Kosten sowie der Ergebnisparameter Kundenzufriedenheit für die Steuerung der Prozesse zu einem Gesamtkonzept zusammengeführt werden. Nur eine ganzheitliche Steuerung der Prozesse berücksichtigt alle vom Kunden wahrgenommenen Qualitäts- bzw. Leistungsmerkmale und erfüllt damit die wichtigste Voraussetzung zur Erlangung von Wettbewerbsvorteilen durch Kundenorientierung. Dieses Konzept erfordert ein Umdenken beim Controlling von Prozessen. Kennzeichnendes Merkmal dieser ganzheitlichen Prozeßsteuerung ist die Schaffung von Prozeßstruktur- und Prozeßleistungstransparenz.

3.1.4 Projektorientiertes Prozeßmanagement im Anlagenbau

Prozesse im Anlagenbau sind ähnlich den Verwaltungsprozessen, die STRIENING [STR-88] betrachtet. Sie sind dadurch gekennzeichnet, daß

- es keinen Ausschuß gibt, sondern immer nur Nachbesserung und
- die Nachbesserung keine seltene Ausnahme ist, sondern einen großen Teil einnimmt, den es zu reduzieren gilt.

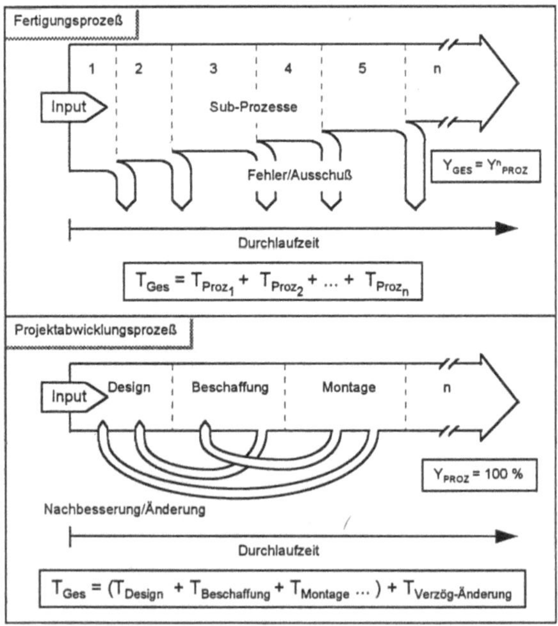

Abb. 3.5: Fertigungsprozeß versus Projektabwicklungsprozeß[1]

---

[1] In Anlehnung an STRIENING [STR-88]

Bei einem Fertigungsprozeß ergeben sich bei Ausklammerung des Wartezeitphänomens zwei wesentliche Produktivitätsmaßstäbe. Zum einen der Yield in Relation zum Input und zum anderen die Durchlaufzeit als Addition der Durchlaufzeiten eines jeden Subprozesses [STR-88]. Abb. 3.5 läßt dies erkennen.

Beim Projektabwicklungsprozeß ist genauso wie bei den Verwaltungsprozessen davon auszugehen, daß fast immer ein Output von 100 % erzielt werden kann. Es stellt sich also nicht die Frage nach dem Ausschuß, sondern die Frage nach der erforderlichen Bearbeitungszeit tritt in den Mittelpunkt. Die Beantwortung dieser Frage ist von der Qualität der einzelnen Prozesse abhängig, wobei die Anzahl der Nachbesserungen oder Änderungen die Zeit für die gesamte Projektabwicklung stark beeinflußt. Ziel muß es also sein, sowohl Anzahl als auch Konsequenzen der Änderungen zu reduzieren.

Was die Art der Aufgaben betrifft, unterscheiden sich die Prozesse im Anlagenbau sowohl von den Fertigungs- als auch von den Verwaltungsprozessen. STRIENING unterscheidet zwischen [STR-88]

- innovativen und

- repetitiven Aufgaben.

Abhängig vom Innovationsgrad der Anlage sind die Tätigkeiten bei der Konstruktion und Entwicklung von Anlagen ebenfalls innovativ und können keinesfalls als repetitiv bezeichnet werden. Der übliche Einsatzbereich des Prozeßmanagements wird jedoch auf Prozesse mit vorwiegend repetitiven Tätigkeiten mit wenigen Entscheidungen eingegrenzt (Abb. 3.6).

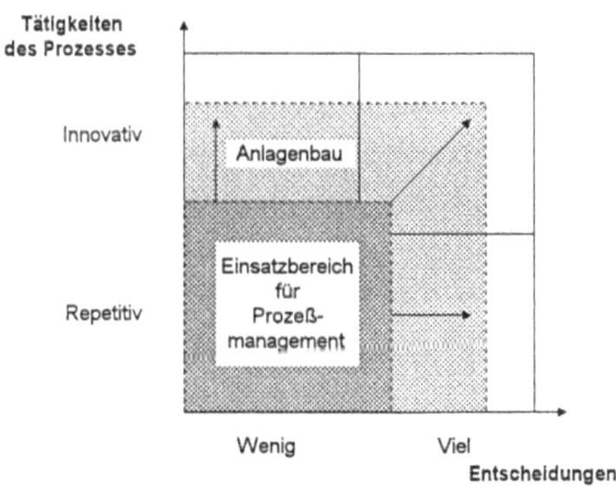

Abb. 3.6: Einsatzbereich für das Prozeßmanagement[1]

Bei der Herstellung von Unikaten im Sinne von Anlagen mit einem z T. hohen Innovations-

---

[1] In Anlehung an STRIENING [STR-88]

grad und vielen Entscheidungen während der Projektabwicklung müßte der Einsatzbereich des Prozeßmanagements erheblich erweitert werden. Der Autor folgt diesbezüglich der These von STRIENING, daß bei einer fortschreitenden disziplinierten und konsequenten Prozeßgestaltung eine immer weitergehende Einbeziehung sogenannter unstrukturierter Tätigkeiten in das Prozeßmanagement möglich ist. Diese These ist jedoch nur haltbar, wenn es gelingt, die Prozesse und Subprozesse nicht nur qualitativ zu beschreiben, sondern auch einer quantitativen und operationalen Analyse zu unterziehen [STR-88].

Bei der Betrachtung der Qualität im Anlagenbau können die drei folgenden Dimensionen für Qualität identifiziert werden (Abb. 3.7):

- die Produkt- bzw. Anlagenqualität, die vom externen Kunden am stärksten wahrgenommen wird, sowie die beiden eher „unternehmensinternen Qualitätsdimensionen"
- Projektqualität bei der Realisierung der Anlage und
- Prozeßqualität der bei der Anlagenerstellung relevanten Unternehmensprozesse.

Die Bewertung der Qualität soll in allen drei Fällen durch Gegenüberstellung der jeweiligen Anforderungen mit dem erreichten Istzustand erfolgen, wobei lediglich das Betrachtungsobjekt unterschiedlich ist.

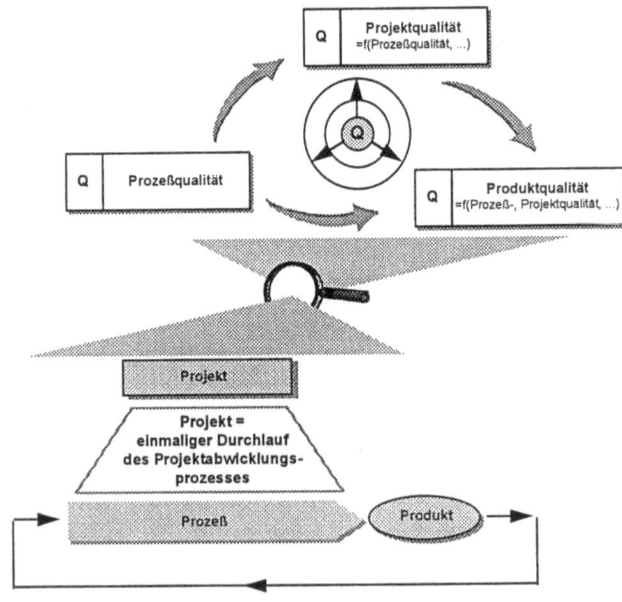

Abb. 3.7: Qualitätsdimensionen im Anlagenbau

Die beiden internen Qualitätsdimensionen sind nicht unabhängig zu betrachten, da hier das Projekt als einmaliger Durchlauf der qualitätsrelevanten Unternehmensprozesse verstanden wird und die Projektqualität damit direkt abhängig von der Prozeßqualität ist. Die Produktqualität ist sowohl abhängig von der Prozeßqualität als auch von der Projektqualität, woraus sich die Konsequenz ergibt, daß bei einer angestrebten Qualitätsoptimierung der Stellhebel direkt an der Prozeßqualität angesetzt werden muß.

Das hierfür notwendige Prozeßmanagement-Konzept soll als *Projektorientiertes Prozeßmanagement* bezeichnet werden, bei dem

- ein einmaliger Durchlauf der Projektabwicklungsprozesse durch ein Projekt zusammengefaßt wird,

- die Regelung bei Störungen vorwiegend projektübergreifend erfolgen kann sowie

- Qualitätsindikatoren bezogen auf ein Projekt erfaßt und mit denen anderer Projekte verglichen werden.

3.2 Controlling

3.2.1 Begriffsbestimmung

Der Begriff 'Controlling' ist weder in der anglo-amerikanischen noch in der deutschen Literatur abschließend definiert [HAR-82]. Controlling wurde in der deutschen Literatur lange Zeit im Sinne von Kontrolle gesehen. Das Gleichsetzen mit dem deutschen Wort 'Kontrolle' ist jedoch nicht zweckmäßig, da Controlling neben Kontrolle noch weitere Elemente beinhaltet. Nach und nach ist das Controlling um den Aspekt der Planung erweitert worden. Vor allem aus der Praxis entwickelte sich die Forderung an das Controlling, Frühwarnsysteme zur Verfügung zu stellen und die Informationen empfängergerecht zu verdichten [REI-88]. Controlling darf auch nicht von dem Verb 'to control' abgeleitet werden, da die eigentliche Steuerung nicht unbedingt zum Aufgabengebiet des Controllers gehört. In der englischsprachigen Literatur wird für die Aufgaben des 'Controllers' die Bezeichnung 'Controllership' verwendet. Sie steht für die koordinierende Funktion der Informations- und Planungsunterstützung [HOR-91a], die die Grundlage des Controlling-Verständnisses im Rahmen dieser Arbeit sein soll.

Controlling als Koordinationsaufgabe der Unternehmensführung hat seinen Ursprung in der industriellen Entwicklung der USA in der 2. Hälfte des 19. Jahrhunderts, da zunehmende Aufgaben im Rechnungswesen durch ansteigende steuerliche Belastungen und kompliziertere Finanzierungsformen eine angepaßte Organisation in den Unternehmen erforderten [HOR-91a]. Controlling hat sich seitdem zu einem funktionsübergreifenden Steuerungsinstrument entwickelt, das den unternehmerischen Entscheidungsprozeß durch zielgerichtete Informationserarbeitung und -verarbeitung unterstützt [PRE-91]. Erweitert man das Controlling noch um die Koordinationsfunktion, kann das Controlling nach HORVÁTH als Subsystem der Führung, das Planung, Kontrolle und Informationsversorgung koordiniert, verstanden werden [HOR-91a].

Die bisherige Hinführung zum Controlling geht von bestimmten Aufgaben des Controlling, nicht jedoch von einer geschlossenen Controllingkonzeption aus. Die Entwicklung einer solchen Controllingkonzeption setzt voraus, daß man von den betrieblichen Funktionen kommend, funktionsbezogene und funktionsübergreifende Entscheidungsbereiche des Controlling festlegt und alle Systemteile zielbezogen durch ein Informationssystem (Kennzahlensystem) verbindet [REI-93].

3.2.2 Struktur des Controlling

Das Controlling besteht aus einer Vielzahl heterogener Komponenten, die definiert und strukturiert werden müssen. Hierzu zählen Controllingziele, Controllingaufgaben, eine Controllingkonzeption, ein Controllingsystem und eine Controllinginstitution [REI-93], deren Abhängigkeiten in <u>Abb. 3.8</u> dargestellt sind und im folgenden erläutert werden:

<u>Controllingziele:</u> Diejenigen Ziele[1], die sowohl Grundlage als auch Ursache für den Aufbau eines Controllingsystems darstellen, werden als Controllingziele bezeichnet [REI-88].

<u>Controllingaufgaben:</u> Zur Erfüllung der Controllingziele dienen die Controllingaufgaben, die als Solleistung zu verstehen sind [RIC-87]. Welche Aufgaben vom Controlling zu erfüllen sind, soll aufgrund der in den einzelnen Bereichen zu erbringenden Zielbeiträge deduktiv abgeleitet werden. Ergänzend ist es notwendig, die deduktiv gewonnenen Aufgaben vom betriebswirtschaftlichen Erfahrungsbereich ausgehend empirisch-induktiv zu überprüfen und ggf. zu modifizieren [REI-93].

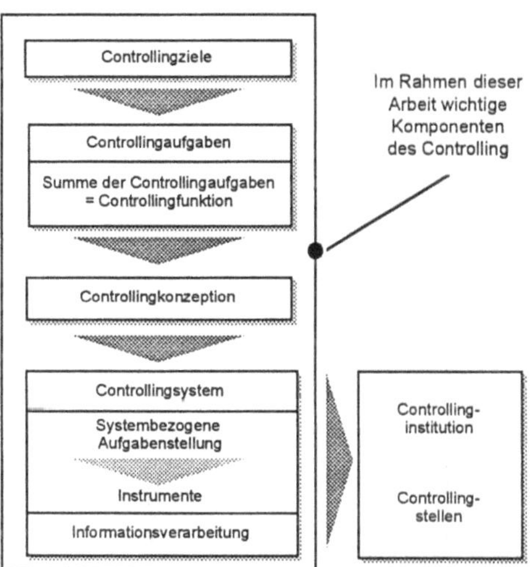

Abb. 3.8: Die Struktur des Controlling nach REICHMANN

<u>Controllingkonzeption:</u> Die Controllingkonzeption ist ein methodischer Ansatz, der den Bezugsrahmen definiert und die Randbedingungen für die konkrete Ausgestaltung in einem Controllingsystem festlegt. Die Controllingkonzeption kann in entscheidungs- und informationsbezogene Elemente aufgeteilt werden [REI-88].

Fur die entscheidungsbezogenen Elemente ist es erforderlich, die jeweiligen Analysebereiche entscheidungsorientiert, d.h. im Hinblick auf die Phasen des Entscheidungsprozesses, die in

---

[1] Grundlagen zu Ziele Siehe Kapitel 4 2 1

<u>Abb. 3.9</u> nach HAHN [HAH-71] dargestellt sind, zu strukturieren. Die Controllingaufgaben sind im Hinblick auf den Entscheidungsprozeß auf Planungs- und Kontrollaufgaben ausgerichtet, womit die Voraussetzung geschaffen wird, verschiedene Entscheidungs- und Unternehmensbereiche zu koordinieren [REI-93].

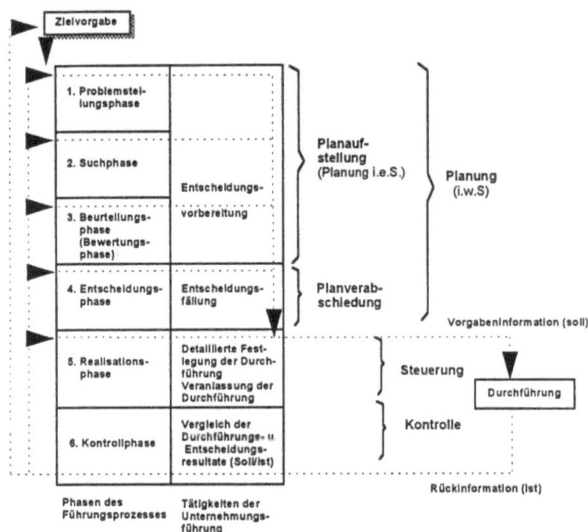

Abb. 3.9: Phasen des Entscheidungsprozesses nach HAHN

Die informationsbezogenen Elemente, die den zweiten wesentlichen Bestandteil der Controllingkonzeption darstellen, ergeben sich im Rahmen der Controllingkonzeption aus der konkreten Aufgabenstellung [REI-88].

<u>Controllingsystem:</u> Das Controllingsystem stellt die Konkretisierung der allgemeinen Konzeption durch die Festlegung der folgenden Konzeptionsparameter dar [REI-93]:

- Festlegung der Aufgabenstellung,
- Eingrenzung der zu analysierenden Unternehmensbereiche,
- Auswahl der Informationsbasis,
- Ermittlung und Festlegung der Rechengrößen sowie die
- Bestimmung der Systemelemente.

Innerhalb der Unternehmung lassen sich ein Führungs- und ein Ausführungssystem (Prozeß der Leistungserstellung) unterscheiden Die Controllingfunktion ist dabei innerhalb des Führungssystems angesiedelt, also innerhalb des Systems, das die Steuerung und Gestaltung des Handelns anderer Personen zum Gegenstand hat (<u>Abb. 3.10</u>) [HOR-91a].

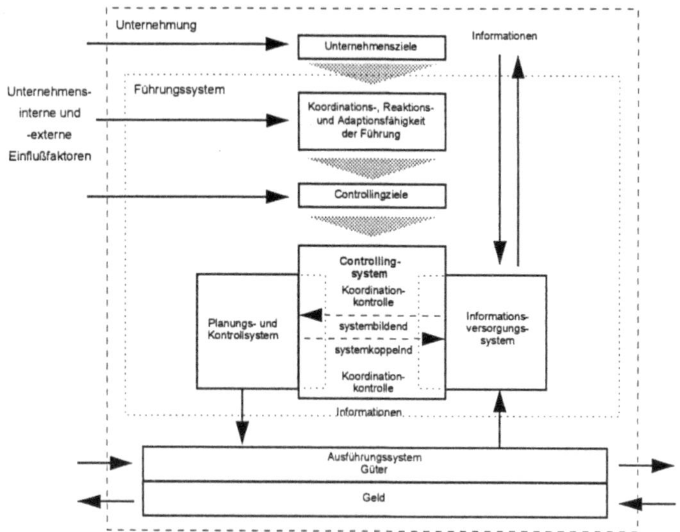

Abb. 3.10. Einordnung des Controllingsystems nach HORVÁTH

Controllingorganisation. Unter Controllingorganisation[1] wird die Gesamtheit der organisatorischen Einheiten subsumiert, die die im Rahmen des Controllingsystems konkretisierten Aufgaben auszuführen haben [HOR-91a, REI-93].

Auf Basis der beschriebenen Controllingkonzeption und unter Berücksichtigung der Komponenten des Controllings definiert REICHMANN den folgenden systemgestützten Controllingbegriff [REI-93]:

Controlling ist die zielbezogene Unterstützung von Führungsaufgaben, die der systemgestutzten Informationsbeschaffung und Informationsverarbeitung zur Planerstellung, Koordination und Kontrolle dient; es ist mithin eine Systematik zur Verbesserung der Entscheidungsqualität auf allen Führungsstufen der Unternehmung.

Schwerpunkt im Rahmen dieser Arbeit wird die Entwicklung eines prozeßorientierten Controllingsystems auf der Basis einer Controllingkonzeption sein.

---

[1] Auch als Controllinginstitution bezeichnet Vgl hierzu REICHMANN [REI-93]

3.2.3   Anforderungen an zukünftige Controlling-Konzepte:

Bestehende Controllingkonzepte, i.d.R. in Form von traditionellen Kostenrechnungssystemen betonen Stabilität, Kontrolle und Effizienz von einzelnen Maschinen, Mitarbeitern und Abteilungen [KAP-95]. Sie sind gekennzeichnet durch [KAP-96, WIL-96]:

- reine Ergebnis- und Kostenorientierung,

- fehlende Prozeßorientierung,

- Vergangenheitsorientierung,

- Vorgaben durch Vorgesetzte bzw. höhere Hierarchiestufen,

- Fremdkontrolle der Leistungen,

- Selektion der Informationsempfänger sowie

- Aufbau von Informationsmonopolen

und bewirken damit

- eine mangelnde Identifizierung der Mitarbeiter mit den vorgegebenen Zielen,

- Informationsdefizite sowie

- eine mangelnde Transparenz der Effizienz und Effektivität von Prozessen.

Das Aufkommen des Prozeß- und Wertkettengedankens hat wesentlich zu einer veränderten Denkhaltung beigetragen. Die Instrumente des betrieblichen Planungs-, Steuerungs- und Kontrollsystems müssen in Zukunft verstärkt auf die horizontalen Prozesse Rücksicht nehmen [KUN-93]. Die Einführung neuer Organisationformen in den Unternehmen stellt Controlling und die hierfür verantwortlichen Personen vor neue Herausforderungen. Dies sollte als Chance dienen, die Unternehmenssteuerung auf eine neuere und breitere Basis zu stellen [BEC-95]. Die klassische Rechnungswesen-Orientierung des Controlling muß also um eine Markt- und Prozeßorientierung ergänzt werden. Eine wesentliche Grundlage hierfür ist die Ableitung von Kennzahlen, die die Prozeßqualität und damit den Erfüllungsgrad der marktorientierten Prozeß- oder Teilprozeßziele meßbar machen. Diese Kennzahlen sind in den Controlling-Regelkreis und in das klassische Berichtswesen einzubinden [SEM-93]. Eine besondere Bedeutung kommt also im Rahmen der neueren Entwicklung von Controllingkonzeptionen den Kennzahlen zu [REI-88].

REICHMANN formuliert folgende allgemeine Anforderungen an Controllingkonzeptionen [REI-88], die es zu realisieren gilt:

- richtiges Maß an Informationen

- Informationen müssen den Entscheidungsebenen angepaßt werden

- Informationen müssen zum richtigen Zeitpunkt verfügbar sein
- Informationen müssen im richtigen Verdichtungsgrad bereitgestellt werden

Die Informationsinhalte müssen vor allem darauf ausgerichtet sein, die Kernprozesse zu beurteilen sowie Umfeldveränderungen frühzeitig zu erkennen, um somit die langfristige Überlebensfähigkeit eines Unternehmens zu sichern.

HORVÁTH, SEIDENSCHWARZ und SOMMERFELDT haben 1993 vor dem Hintergrund einer Japanreise zehn Gebote für den deutschen Controller abgeleitet, um das Controlling-Verständnis für zukünftige Controlling-Konzepte zu beschreiben [HOR-93]:

- Controlling beginnt beim Kunden
- Controlling muß in den Köpfen der Mitarbeiter stattfinden
- Starte sofort und verbessere laufend - vor allem Prozesse
- Steuerungsgrößen muß jeder verstehen
- Einfachheit muß selbstverständlich sein
- Nicht nur die Führung, jeder muß informiert sein
- Controller muß Abteilungsgrenzen uberwinden
- Controlling darf nicht am Werkstor enden
- Controlling muß der Strategie des Unternehmens dienen
- Mehr Flexibiliät durch kürzere Planungszyklen

Auf dem Weg von einer funktionsorientiert-vertikalen Organisation verwandelt sich der Controller in ein wichtiges Bindeglied, zwischen den traditionellen Funktionsbereichen. Dies verlangt nicht mehr allein spezialisten- und funktionsspezifisches Wissen in Form eines Produktions-, Marketing- oder Logistikcontrolling, sondern es wird zunehmend ein bereichs- und funktionsübergreifendes Know-how gefordert. Für das Unternehmenscontrolling ergeben sich hieraus folgende Aufgaben [BEC-95, HOR-95]:

- Einstellen auf neue Informations- und Datenstrukturen, insbesondere eine prozeßorientierte Strukturierung des Controllings,
- Aufbau dezentraler Controlling-Einheiten mit teilautonomer Wahrnehmung von Controllingaufgaben bis hin zum Selbstcontrolling sowie die
- Neustrukturierung des betrieblichen Leistungs- und Kostencontrollings, wobei die Unternehmensprozesse durch marktorientierte Zielpreise und -kosten dimensioniert sowie durch direkte Meßgrößen gesteuert werden.

Nach WILDEMANN resultieren diese Veränderungen (Abb 3.11) im Gegensatz zu einem traditionellen Controlling-Verständnis in einem systemorientierten Controlling-Verstandnis

[WIL-95c], das im nächsten Kapitel näher erläutert wird.

Die Entwicklung des systemorientierten Controlling ist als Antwort auf veränderte Umweltbedingungen zu verstehen. Da sich die Prämissen bestehender Modelle verändert haben, sind auch die inhaltlichen und methodischen Anforderungen an das Controlling der Wertschöpfungskette einem Wandel unterzogen [WIL-95c]. Während das Controlling in der Vergangenheit vor allem von einseitigem Kostendenken [PF.WE-92] und linearen Ursache-Wirkungsketten geprägt war, hat es zukünftig in stärkerem Umfang mehrdimensionale Kosten- und Leistungsgrößen zu beurteilen und zur Lösung komplexer Verhaltensmechanismen und Problemstrukturen beizutragen [WIL-95c].

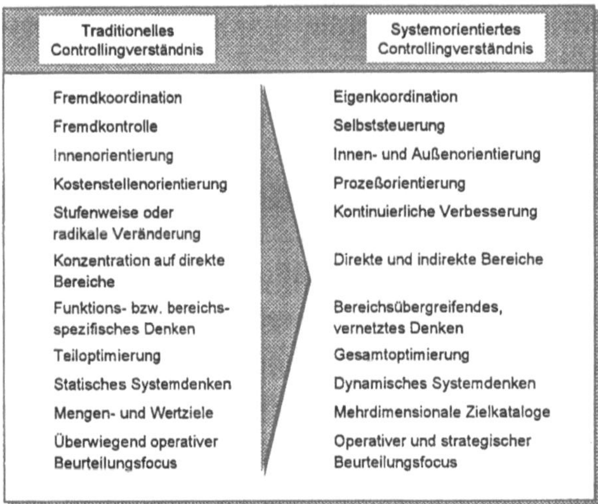

Abb. 3.11: Wandel im Controlling-Verständnis

3.2.4 Einordnung des Prozeßcontrolling

Eine dauerhafte und langfristig erfolgreiche Verbesserung der organisatorischen Leistungsfähigkeit läßt sich nur erzielen, wenn die marktorientierte Unternehmensorganisation und die in ihr ablaufenden Unternehmensprozesse permanent optimiert werden. Die Grundlage hierfür liefert eine prozeßorientierte Kosten-, Zeit- und Leistungskontrolle auf der Basis eines prozeßorientierten Controllingsystems [SEM-93].

Im Mittelpunkt einer kybernetischen, prozeßorientierten Controllingkonzeption steht das Regelkreismodell [WIL-95C]. Die Kybernetik untersucht Probleme der Anpassung, der Lenkung (Steuerung und Regelung) von Systemen [BAE-74]. Sie befaßt sich mit der informationellen

Lenkung in zielorientierten dynamischen Systemen [BRA-78], wobei zwischen zwei grundlegenden Formen der Lenkung, nämlich der

- Steuerung (Vorkopplung) und der

- Regelung (Rückkopplung)

unterschieden werden muß [SCH-87].

Bei der Steuerung (Abb. 3.12, links) wird versucht, eine Eingangsgröße (Ereignis, das ein Ergebnis bzw. einen Sollwert beeinflussen kann) bei ihrem Auftreten durch Maßnahmen zu kompensieren [BAE-74]. Es handelt sich hier um eine offene Steuerkette.

Im Gegensatz zur Steuerung handelt es sich bei der Regelung um eine geschlossene Steuerungskette (Regelkreis) (Abb. 3.12, rechts). Informationen über den Ist-Zustand werden analysiert, um bei einer Abweichung vom Sollwert Korrekturmaßnahmen einzuleiten. Ziel ist es, die Regelgröße trotz aller Störungen in einer bestimmten Bandbreite zu halten oder auf das Niveau des Sollwerts zurückzuführen und damit eine Anpassung vorzunehmen [BAE-74]. Ein bestechender Vorteil dieser Betrachtungsweise ist die offensichtlich wirkende Analogie zwischen einem Regelkreis mit seinen verschiedenen Stellgrößen und dem Produktionsbetrieb mit seinen Bearbeitungsvorgängen, die genau wie jeder Regelkreis dem Einfluß von Störgrößen unterworfen sind [WAR-89].

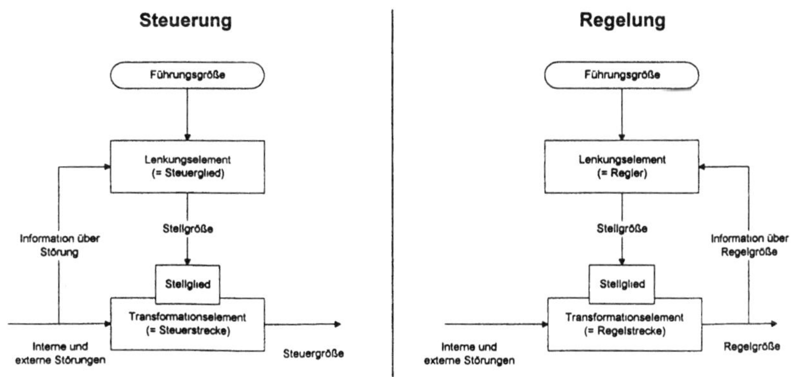

Abb. 3.12: Grundschemata der Steuerung und Regelung [BRA-78]

Bei diesem Ansatz geht man von einer prozeßorientierten Sichtweise aus, bei der die Wirkungsbeziehungen zwischen Input und Output von Prozessen analysiert werden, ohne den inneren Aufbau des jeweiligen Systems zu konkretisieren („Black Box") [WIL-95C]. Die Anpassung der Prozesse erfolgt durch das Konzept der Regelung, da dieses outputorientiert ist und sich auf tatsächlich eingetretene Störungen oder veränderte Randbedingungen stützt und nicht auf erwartete, wie dies bei der Steuerung der Fall ist. Dadurch besitzt die Regelung den Vorteil, daß man weit weniger Information benötigt, um das System zu kontrollieren, als dies bei der Steuerung der Fall ist [WIL-95C]. Es ist bei einer ersten Betrachtung auch nicht notwendig, die Ursache einer Abweichung zu kennen [UL.PR-90]. Beim prozeßorientierten Controlling verkettet der Informationsfluß die verschiedenen Stufen eines Prozesses in horizontalen Regelkreisen miteinander, die die Prozeßteams mit allen Informationen, die diese für die Planung und Steuerung ihres Prozesses benötigen, versorgen. Die Informationen sind dabei spezifisch auf den Prozeß mit seinen Inhalten, Engpässen und Zielen abgestellt und werden von den Teams in der Prozeßkette kommuniziert [FIS-96].

Der Schwerpunkt der Controllingaufgaben liegt bei einem systemorientierten Controlling im „Management von Soll-Ist-Abweichungen", was folgende konkrete Aufgaben zur Konsequenz hat [BEC-95, WIL-95C]:

- Frühzeitiges Erkennen der Notwendigkeit zur Gegensteuerung durch die Erfassung der Plan- und Istdaten sowie die Darstellung von Abweichungen

- Sicherstellung ausreichender Zeiträume zur Gegensteuerung

- Rechtzeitige Ermittlung und Anregung von effektiven Maßnahmen zur Beseitigung der Abweichungen

- Mitwirkung und Hilfestellung bei der Zielaufgliederung zum Zwecke der Sollvorgabe

Zur umfassenden Unternehmenssteuerung mit dem Ziel der langfristigen Existenzsicherung ist die Steuerung auf operativer und strategischer Ebene unabdingbare Voraussetzung. Daraus läßt sich die Forderung ableiten, operatives und strategisches Controlling als integriertes Gesamtsystem zu betrachten [WIL-95c]. Das strategische Controlling hat die Aufgabe, die kritischen Erfolgsfaktoren am Markt zu ermitteln und in Abhängigkeit der Wettbewerbsstrategie entsprechende Zielvorgaben abzuleiten. Das operative Prozeßcontrolling agiert innerhalb der im Rahmen des strategischen Controlling geschaffenen Strukturen und hat die Aufgabe, die Prozesse im Unternehmen zu organisieren. Die im operativen Controlling relevanten Steuerungsgrößen Erfolg und Liquidität sind zur Steuerung der Prozesse häufig unzureichend. Es bedarf daher einer Ergänzung von Faktoren, die für die Erzielung von Gewinn und die Sicherheit einer ausreichenden Liquidität verantwortlich sind [WIL-95C], wobei in diesem Zusammenhang insbesondere nichtfinanzielle Meßgrößen zur Leistungsmessung zunehmend an Bedeutung gewinnen [KAP-88].

3.3 Rahmenkonzept für das Controlling eines projektorientierten Prozeßmanagements

Das Planen, Steuern und Regeln kann nur in Verbindung mit vorher festgelegten Zielen erfolgen, d.h. Controlling verlangt von der Unternehmensleitung eine klare, verbindliche und erreichbare Zielsetzung durch eindeutige Zielformulierung. Dieses ist in der Praxis nicht nur bei Klein- und Mittelbetrieben, sondern auch bei Großbetrieben nicht immer feststellbar, aber zwingend notwendig.

Eine dauerhafte und nachhaltige Verbesserung der organisatorischen Leistungsfähigkeit läßt sich nur dann erzielen, wenn die markt- und kundenorientierte Unternehmensorganisation und die in ihr ablaufenden Prozesse ständig optimiert werden. Die Basis hierfür liefert eine prozeßorientierte Kosten- und Leistungskontrolle auf der Grundlage eines prozeßorientierten Controllingsystems. Die Unternehmensorganisation kann nur dann den jeweiligen Marktanforderungen entsprechen, wenn der einmalige Kraftakt einer Abkehr vom funktionsorientierten Organisationskonzept flankiert wird von der Installation entsprechender Kontroll- und Steuerungsmechanismen, die es ermöglichen, Kosten und die entsprechenden Leistungen transparent zu machen [SEM-93].

Bei der Steuerung von technischen Prozessen hat sich in den letzten Jahren im Dialog zwischen Automatisierungs- und Verfahrenstechnik die „Prozeßführung" als neues Wort etabliert. Unter der Prozeßführung soll ein Konzept verstanden werden, bei dem die Durchführung der Produktion in technischen Prozessen als ganzheitliche Aufgabe gesehen wird und alle Aktivitäten eines Prozesses auf die vorgegebenen Ziele ausrichtet [SCH-95]. Es ist naheliegend das Konzept der technischen Prozeßführung auf Unternehmensprozesse zu übertragen, um damit das Prozeßcontrolling konzeptionell auszugestalten. Aufgabe der Prozeßführung ist in diesem Zusammenhang die Bewertung und Weiterentwicklung der Prozesse mit Hilfe von wichtigen Kriterien. Die Prozeßführung plant und kontrolliert die Schlüsselgrößen des Prozesses wie beispielsweise die Durchlaufzeit, formuliert Planwerte, erfaßt das tatsächlich erreichte Ist und leitet daraus Maßnahmen zur Anpassung und Optimierung des Prozesses ab. Die Prozeßführung sichert die Qualität des Prozesses und sorgt dafür, daß die Soll-Organisation gelebt und weiterentwickelt wird. Ziel der Prozeßführung ist die permanente Weiterentwicklung der Effektivität und Effizienz eines Prozesses [ÖST-95a]. Die Prozeßführung kann in eine methodische Komponente, dem Controllingsystem, und die organisatorische Komponente, die das Controllingsystem in die Unternehmensorganisation integriert, zerlegt werden. Schwerpunkt dieser Arbeit ist die Ausgestaltung der methodischen Komponenten.

Bei Entwicklung einer Systematik zur Regelung von Prozessen darf die Betrachtung nicht beim zu regelnden Prozeß beginnen, sondern es muß das Umfeld im Sinne der kritischen Erfolgsfaktoren betrachtet und analysiert werden. Das Konzept der kritischen Erfolgsfaktoren besagt, daß wenige Faktoren den Erfolg eines Unternehmens oder eines Prozesses ausmachen [ÖST-95a]. Dieses Konzept fordert dazu auf, die gesamten Ressourcenaspekte auf die bedeutsamsten Erfolgsfaktoren zu verdichten. Dazu soll möglichst die Perspektive des Marktes bzw. des Abnehmers eingenommen werden [PÜM-92, ROC-79].

Dies bedeutet, daß der Prozeß von der Initiierung durch den Kunden bis zur Reaktion des Unternehmens dem Kunden gegenüber als Ganzes optimiert und die Gefahr der Suboptimierung von Teilprozessen reduziert wird.

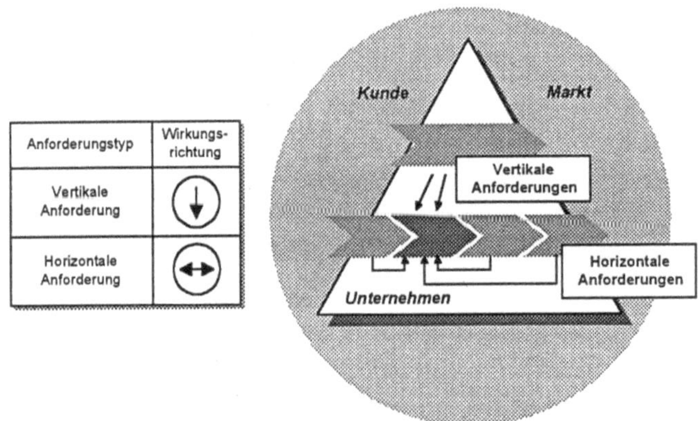

Abb. 3.13: Das Anforderungsumfeld eines Prozesses

Bevor der Prozeß detailliert betrachtet wird, muß das zumeist komplexe Prozeßumfeld bzgl. seiner Ziele analysiert werden, damit die Anforderungen an den Prozeß bekannt sind Die Ziele des Prozeßumfelds, können durch zwei Zielrichtungen beschrieben werden (Abb 3.13):

- Vertikale Anforderungen und

- horizontale Anforderungen.

Vertikale Anforderungen sind Anforderungen, die aus den kritischen Erfolgsfaktoren abgeleitet werden. Ein kritischer Erfolgsfaktor ist in diesem Zusammenhang ein erfolgsentscheidendes Merkmal eines Prozesses. Diese lassen sich in Abhängigkeit der Ebene des betrachteten Prozesses entweder aus den Prozeßzielen der übergeordneten Prozeßebene oder bei den Prozessen der höchsten Aggregationsstufe aus den strategischen Zielen ableiten.

Die Anforderungen werden in einer Top-down-Vorgehensweise für jede Prozeßebene durch Führungsgrößen beschrieben. Führungsgrößen sind operationalisierte Merkmale eines Prozesses und können sowohl finanzieller als auch nicht-finanzieller Art sein [ÖST-95a]. Das daraus abgeleitete Prozeßziel ist eine angestrebte Ausprägung einer Führungsgröße zu einem definierten Zeitpunkt. Die Zielerreichung wird durch einen Vergleich zwischen Prozeßziel und Führungsgröße gemessen [HE.BR-95]. Dieser Regelkreis mit immer neuen Zielvorgaben wird solange durchlaufen, bis sich entweder die strategische Ausrichtung oder die Kundenanforderungen ändern. Dann werden neue Erfolgsfaktoren bestimmt und entsprechende Führungsgrößen abgeleitet (Abb. 3.14)

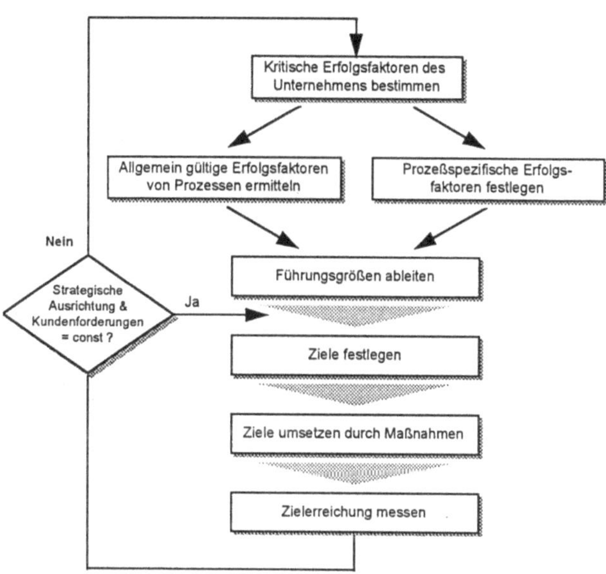

Abb. 3.14: Regelkreis der Prozeßführung[1]

Horizontale Anforderungen lassen sich aus den Erwartungen und Forderungen der nachfolgenden Prozesse derselben Prozeßebene ableiten. Dies geschieht durch die Analyse der Kunden-Lieferanten-Beziehungen zwischen dem betrachteten Prozeß und den Prozessen, die Leistungen von dem Prozeß erhalten. Horizontale Ziele wirken vorwiegend in Richtung vorgelagerter Prozesse.

Gegenstand dieser Arbeit ist ein dualer Ansatz für die Ermittlung von Prozeßkennzahlen, der die zwei folgenden Ansätze berücksichtigt·

---

[1] In Anlehung an ÖSTERLE [OST-95a]

- Zum einen einen ziel- bzw. anforderungsorientierten Ansatz, dessen Verständnis oben erläutert wurde und

- zum anderen einen problem- bzw. potentialorientierten Ansatz.

Der ziel- bzw. anforderungsorientierte Ansatz analysiert in einer systematischen Weise das Prozeßumfeld und leitet daraus die wichtigsten prozeßexternen Anforderungen an den betrachteten Prozeß ab. Dies geschieht durch die Ermittlung der horizontalen und vertikalen Anforderungen.

Der problemorientierte Ansatz hingegen ist prozeßintern orientiert und leitet aus den existierenden Problemen und der daraus resultierenden Fehlleistung oder aus den erkannten Verbesserungspotentialen Anforderungen an den Prozeß ab.

In <u>Abb. 3.15</u> sind die beiden Ansätze dem Prozeß-Regelkreis zugeordnet. Der problemorientierte Ansätze hat die Aufgabe, die wesentlichen Störungen bzw. Probleme zu analysieren, die Ursachen dafür zu identifizieren und diese zu eliminieren.

Aus dem anforderungsorientierten Ansatz lassen sich direkt Fuhrungsgrößen für den Prozeß ableiten. Die Durchführung des Soll-Ist-Vergleiches der Führungsgrößen ist Aufgabe des für den Prozeß verantwortlichen Prozeßteams, das von einem Prozeßverantwortlichen[1] geleitet wird. Weiterhin muß das Prozeßteam bei nicht tolerierbaren Abweichungen zwischen Vorgabe- und Ist-Wert Einfluß auf den Prozeß nehmen, im technischen Sinn Stellglieder aktivieren, indem entsprechende Maßnahmen zur Korrektur eingeleitet werden sowie deren Umsetzung und Wirksamkeit überwacht werden.

Sollten die Problemursachen nicht im jeweiligen Prozeß zu korrigieren sein, weil die Störungen durch eine mangelhafte Leistung von anderen Prozessen verursacht werden, muß das Prozeßteam entsprechende Anforderungen an den dafür relevanten Lieferanten formulieren und kommunizieren.

Das Prozeßcontrolling soll mit Hilfe von quantifizierbaren Größen oder Kennzahlen erfolgen, damit sowohl die Formulierung von Zielen als auch der realisierte Zielerreichungsgrad nachvollziehbar ist. Die Messung der Leistung von Individuen oder organisatorischen Einheiten ist elementarer Bestandteil der Unternehmensführung. Damit sollen den Mitarbeitern eindeutige Zielvorgaben an die Hand gegeben werden, damit die Mitarbeiter die für sie relevanten Ziele kennen und dadurch motiviert werden, diese Ziele zu erreichen [FRI-94]. PALL formuliert in diesem Zusammenhang treffend „What can be measured gets done" [PAL-87].

---

[1] Zur Institution „Prozeßverantwortlicher" vgl. beispielsweise STRIENING [STR-89a]

Ziel des Controlling-Konzeptes ist es daher, alle relevanten Sachverhalte durch Bildung von Prozeßkennzahlen zu unterstützen, um damit die Prozeß-, Produkt- und Projektqualität zu regeln. Sollte es nicht möglich sein, sinnvolle und aussagekräftige Kennzahlen zu bilden, so müssen die nicht direkt quantifizierbaren Größen präzisiert und mit Hilfe von Indikatoren[1] beschrieben werden.

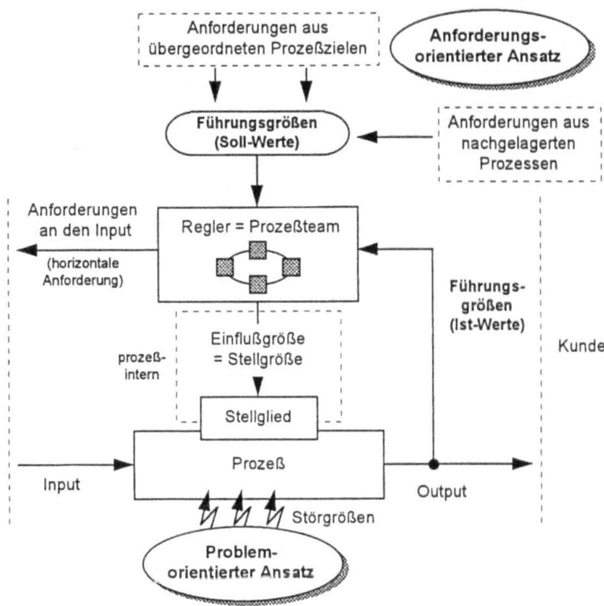

Abb. 3.15: Controlling-Regelkreis mit den beiden Ansätzen zur Ermittlung von Prozeßkennzahlen

Bei Prozeßkennzahlen kann prinzipiell zwischen zwei Typen von Kennzahlen unterschieden werden:

- Fuhrungskennzahlen und

- Einflußkennzahlen

Die Führungskennzahlen beschreiben die Anforderungen und die Leistung des Prozesses und spiegeln die Konsequenzen der produzierten Prozeßleistung wider. Beispielhafte Größen hierfur sind die Kundenzufriedenheit, die Prozeßkosten oder die Durchlaufzeit

---

[1] Nach AGGTELEKY/BAJNA Ein quantifizierbarer Begriff, der sich unter bestimmten Gegebenheiten analog verhalt, wie die nicht quantifizierbare Große [AG BA-92]

Für die aktive Unternehmenssteuerung sind jedoch auch die Einflußgrößen wichtig, die zum gewünschten Ergebnis führen [BEC-95]. Bei einer reinen Anwendung von Führungskennzahlen kann die Abweichung nur spät erkannt und damit erst zeitverzögert reagiert werden. Wesentlicher Baustein des Unternehmenserfolges ist ein kontinuierliches Lernen der Organisation und ihrer Mitglieder [GAR-93]. Damit die Devise 'Agieren statt Reagieren' umgesetzt werden kann, muß das Unternehmen lernen, die Einflußgrößen der wichtigsten Unternehmensprozesse über Regelkreise ebenfalls richtig zu beeinflussen. Die Regelung der Einflußgrößen auf ihre Sollwerte führt zu einem Qualitätsbegriff, der neben der Produkt-, Prozeß- und Projektqualität auch die Qualität der Einflußgrößen umfaßt [WES-91].

Verbesserungsprojekte ohne begleitende Kennzahlen bringen selten gute Ergebnisse, da sowohl eine eindeutige Zielsetzung fehlt, als auch die Zielerreichung nicht verfolgt und gesteuert werden kann [FRE-93]. Deshalb müssen ausgehend von den Kennzahlen belastbare und kontinuierlich ermittelbare Zielgrößen identifiziert und quantifiziert werden, die verdichtet den strategischen Zielen entsprechen. Diese Zielgrößen müssen für alle Mitarbeiter transparent und nachvollziehbar sein [BEC-95].

Aufgabe des Prozeßcontrollings ist basierend auf den bisherigen Feststellungen:

- Schaffung der Transparenz für das Management und die Mitarbeiter bzgl. der Prozeßanforderungen und deren Erfüllung.

- Zurverfügungstellung von Informationen, möglichst in Form von Kennzahlen, zur Beurteilung der Prozesse.

- Erkennen von Verbesserungspotentialen.

- Koordination der Prozeßoptimierung.

- Bereitstellung von Hilfsmitteln und Methoden zur Optimierung der Prozesse.

Das projektorientierte Prozeßcontrolling darf jedoch nicht mit dem Projekt-Controlling verwechselt werden. Das Projekt-Controlling hat nach DIN 69905 das Erreichen der Projektziele[1] durch folgende Aufgaben sicherzustellen [69905]:

- Soll/Ist-Vergleich, Feststellung der Abweichungen, Bewertung der Konsequenzen und Vorschlagen von Korrekturmaßnahmen;

- Mitwirken bei der Maßnahmenplanung ihrer Durchführung.

Das Projekt-Controlling operiert im Rahmen des jeweiligen Projektes und verfolgt nur die jeweiligen Projektdaten, um die Projektziele zu erfüllen. Die Maßnahmen im Rahmen des

---

[1] Definition Gesamtheit von Einzelzielen, bezogen auf Projektgegenstand (Produkt) und Projektablauf, die durch das Projekt erreicht werden sollen [69905]

Projekt-Controllings beziehen sich i.d.R. ebenfalls auf Aktivitäten mit vorwiegend kurzfristigem Charakter, um gefährdete Projektziele zu realisieren. Die Bewertung des Projektes hinsichtlich Zielerreichung und erforderlichen Maßnahmen erfolgt in regelmäßigen Abständen.

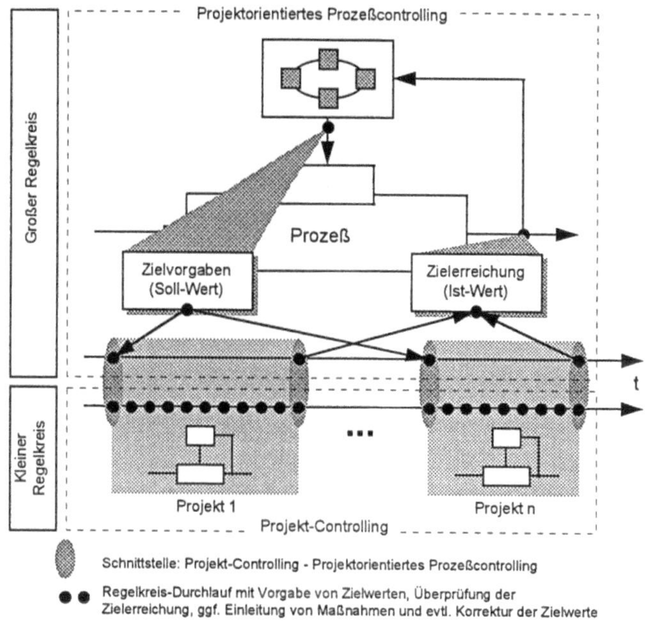

Abb. 3.16: Schnittstelle Projekt-Controlling - Projektorientiertes Prozeßcontrolling

Das projektorientierte Prozeßcontrolling hingegen liefert Zielvorgaben für ein zu realisierendes Projekt und bewertet die Zielerreichung nach Projektabschluß, wenn die Prozesse einmal durchlaufen sind. Es soll daher beim projektorientierten Prozeßcontrolling vom großen Regelkreis gesprochen werden, im Gegensatz zum kleinen Regelkreis des Projekt-Controllings (Abb 3 16) Die Schnittstelle zwischen beiden Systemen sind die Zielvorgaben für das Projekt bzw. die Prozesse und die abschließende Bewertung des Projektes, bei der eine gemeinsame Schnittmenge von Kriterien existiert und das projektorientierte Prozeßcontrolling die Informationen des Projekt-Controllings nutzt Das bedeutet, daß das Projekt-Controlling ggf. teilweise an die Kriterien des Prozeßcontrolling angepaßt bzw. um diese erweitert wird.

4 Wissenschaftliche Grundlagen

4.1 Einsatz von Kennzahlen zur Prozeßbewertung

4.1.1 Kennzahlen

Kennzahlen verweisen immer auf einen Erkenntnisgewinn über einen mehr oder weniger exakt abgegrenzten Gegenstandsbereich, wobei sowohl technische, volkswirtschaftliche als auch betriebswirtschaftliche Fragestellungen behandelt werden.

In der Literatur sind zahlreiche Begriffsdefinitionen für Kennzahlen zu finden, die teilweise sehr uneinheitlich sind [SIE-92]. Im Rahmen dieser Arbeit soll die Definition von REICHMANN Anwendung finden [RE.LA-76], da hierbei Kennzahlen umfassend definiert und nicht auf bestimmte Arten von Zahlen eingeschränkt werden:

Kennzahlen werden als jene Zahlen betrachtet, die quantitativ erfaßbare Sachverhalte in konzentrierter Form erfassen.

Die wichtigsten Eigenschaften einer Kennzahl sind [REI-93]:

- der Informationscharakter, d.h. es soll ein Urteil über einen bestimmten Sachverhalte ermöglicht werden,

- die Quantifizierbarkeit, d.h. die Messung dieses Sachverhalts mit Hilfe einer Werteskala sowie die

- spezifische Form der Information, deren Ziel es ist, komplizierte Strukturen und Prozesse auf einfachere Weise zu beschreiben.

Für die Typologisierung von Einzelkennzahlen gibt es ebenfalls verschiedene Ansätze, wobei hier der Vorschlag von GEISS aufgegriffen und ergänzt wird. In <u>Abb. 4.1</u> sind die für diese Arbeit relevanten Merkmalsausprägungen grau hinterlegt. Im folgenden werden die ausgewählten Merkmale beschrieben:

<u>Informationsbasis:</u> Die Informationsquellen für Primärdaten, wobei nicht immer eine eindeutige Zuordnung möglich ist, wenn Zähler- und Nennerkomponente auf unterschiedliche Informationsquellen zurückzuführen sind.

<u>Statistische Form:</u> Beschreibt den formalen Charakter des Kennzahlenaufbaus. Prinzipiell wird zwischen absoluten Zahlen und Verhältniszahlen unterschieden.

<u>Abb. 4.2</u> [SIE-92] zeigt alle Arten von Kennzahlen bzgl. der statistischen Form im Überblick. Absolute Zahlen geben unmittelbar Auskunft über die Größe eines Tatbestandes, unabhängig von anderen Zahlengrössen, wobei zwischen Einzelwerten, Summen, Differenzen und Mittelwerten unterschieden wird [GRO-91].

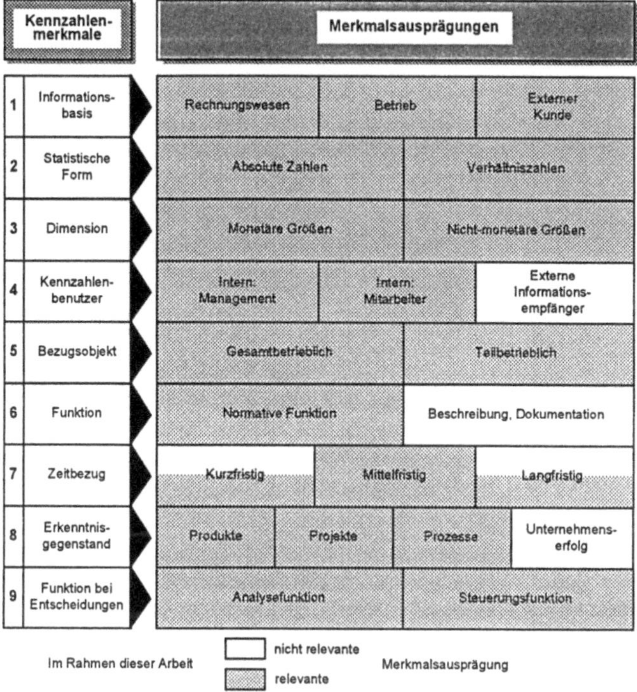

Abb. 4.1: Typologisierung der Einzelkennzahlen

Bei Verhältniszahlen werden zwei Größen zueinander in Beziehung gesetzt. „Dabei tritt der zu messende Wert in den Zähler, der als Maß dienende in den Nenner. Daraus ergibt sich auch eine bestimmte Konsequenz. Die Zählergröße wird zwar an der anderen gemessen, d.h. in Einheiten dieser letzteren ausgedrückt, jedoch beherrscht die Zählergröße die Kennzahl ganz eindeutig." [WIS-67].

Bei Gliederungszahlen ist der Beobachtungsgegenstand im Zähler ein Teil der Bezugszahl im Nenner und verdeutlicht das Verhältnis zwischen Teil- und Gesamtgröße. Beziehungszahlen sind die wichtigsten Kennzahlen [SIE-92]. Sie werden durch das Verhältnis zweier wesensverschiedener, inhaltlich ungleichartiger Größen gebildet, die sich auf denselben Zeitpunkt bzw. Zeitraum beziehen, wobei zwischen den beiden Größen ein sachlicher Zusammenhang bestehen muß. Bei Meßzahlen werden zwei gleichartige Größen in Beziehung gesetzt, die sich durch ein Merkmal unterscheiden, das zeitlicher, räumlicher oder sachlicher Art sein kann [GRO-91], wobei zwischen zwei Gruppen unterschieden wird:

- die einfachen Meßzahlen sowie

- die Indexzahlen.

Die einfachen Meßzahlen werden gebildet, indem eine Basiszahl bestimmt wird und auf die übrigen Zahlen der Reihe bezogen werden. Indexzahlen charakterisieren mehrere sachlich zusammengehörende Reihen.

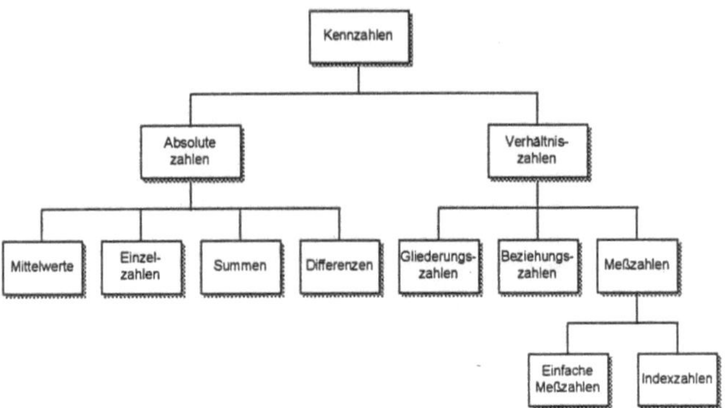

Abb. 4.2: Arten von Kennzahlen bzgl. der statistischen Form

<u>Dimension:</u> Monetäre Größen sind Wertgrößen und nicht-monetäre Größen sind Mengen- und Zeitgrößen. Bei der Beurteilung der Qualität sind vor allem nicht-monetäre Größen von großem Interesse.

<u>Kennzahlenbenutzer:</u> Bei den Kennzahlenbenutzern bieten sich viele Differenzierungsmöglichkeiten. Prinzipiell kann zwischen internen und externen Benutzern unterschieden werden, wobei hier bei den internen Benutzern zwischen dem Management und den Mitarbeitern unterschieden werden soll.

<u>Bezugsobjekt:</u> Beim Bezugsobjekt wird festgelegt, ob die Kennzahlen Aufschluß über das gesamte Unternehmen geben oder nur Teilbereiche betrachtet werden sollen.

<u>Funktion:</u> Bei der Funktion kann grundsätzlich zwischen der normativen Funktion und der beschreibenden bzw. dokumentierenden Funktion unterschieden werden. Bei der Bewertung, Steuerung und Optimierung von Prozessen ist vor allem die normative Funktion, d.h das Setzen von Zielen bzw. die Zieloperationalisierung von Interesse.

<u>Zeitbezug:</u> Grenzt den zeitlichen Rahmen sowohl für die Vergangenheits- als auch für die Plangrößen ein, da die Produkte und damit auch die Prozesse und Projekte aufgrund der sich ändernden Kundenwünsche und Marktbedingungen ebenfalls mittel- bis langfristig angepaßt werden müssen.

<u>Erkenntnisgegenstand:</u> Beschreibt den betrieblichen Sachverhalt, der durch die Kennzahlen in verdichteter Form charakterisiert werden soll.

<u>Funktion bei Entscheidungen:</u> Da Kennzahlen als Führungsinstrumente verstanden werden

und dadurch bei betrieblichen Entscheidungen als Hilfsmittel eingesetzt werden, soll die Funktion bei Entscheidungen ebenfalls betrachtet werden, wobei grundsätzlich zwischen Analyse- und Lenkungs- bzw. Steuerungsfunktion unterschieden werden kann [GRO-91]. Im Rahmen einer ständigen Prozeßverbesserung werden die beiden aus den Funktionen abgeleiteten Phasen ständig durchlaufen, indem mit Hilfe von Kennzahlen der Istzustand ermittelt wird und neue Ziele für die Zukunft gesetzt werden.

In der Literatur wird häufig auf die Bewertung und Steuerung von Prozessen mit Hilfe von quantifizierten Meßgrößen oder Kennzahlen verwiesen.[1] Für Kennzahlen zur Prozeßbewertung wird häufig zwischen den drei folgenden Kategorien unterschieden [FRI-94, HAR-91, PAL-87]:

1. Kennzahlen der Effektivität eines Prozesses,

2. Kennzahlen der Effizienz eines Prozesses,[2]

3. Kennzahlen der Adaptilität, der „Robustness" oder im umgekehrten Fall der Flexibilitat Sie beschreiben, wie der Prozeß auf Veränderungen der Prozeßumgebung reagiert.

Bei der Prozeßbeurteilung ist eine dynamische Messung erforderlich, welche die Entwicklung im Zeitablauf darstellt [STR-88]. PALL formulierte die Notwendigkeit zur Quantifizierung der Prozeßleistung treffend: „What gets measured gets done" [PAL-87]. Prozeßorientierte Kennzahlen richten sich nicht nur an das Management, sondern sie sollen vor allem helfen, die Prozeßbeteiligten auf die Prozeßziele auszurichten, indem die Kennzahlen in die Sprache und auf die Ebene der Mitarbeiter übersetzt werden. Diese Forderung ist nicht im Sinne eines formalen Kontrollsystems zu verstehen, bei dem die einzelnen Mitarbeiter durch Kennzahlen auf vom Management formulierte Ziele hingelenkt werden, sondern Kennzahlen müssen als Instrumente der Prozeßbeteiligten gesehen werden, mit denen sie selbst gesetzte Ziele verfolgen können. Dies kann auf dreifache Weise geschehen [FRI-94, MER-82b]:

- Kennzahlen richten das Bewußtsein der einzelnen Prozeßbeteiligten auf die zu erreichenden Ziele

- Das Feedback durch Kennzahlen erlaubt bei repetitiven Prozessen korrigierende und optimierende Eingriffe am Prozeß vorzunehmen.

- Kennzahlen ermöglichen bei einem systematischen Verbesserungsprozeß auf die Existenz von Problemen eines Prozesses hinzuweisen und deren Verbesserung meßbar zu machen.

---

[1] Vgl hierzu beispielsweise EVERSHEIM [EVE-95b], FRIES [FRI-94], GAITANIDES [GAI-94], HARRINGTON [HAR-91], ÖSTERLE [ÖST-95a], MELAN [MEL-92], STRIENING [STR-88], WILDEMANN [WIL-95a]

[2] Vgl hierzu Begriffsdefinition 'Effizienz' bzw 'Effektivitat' in Kap 5 1 2

4.1.2 Kennzahlensysteme

Die Aussagefähigkeit von Kennzahlen kann erheblich verbessert werden, wenn es gelingt, sie zu einem Kennzahlensystem zu verbinden [GRO-91]. Kennzahlensysteme sind im modernen Management das wichtigste Informations- und Steuerungsmittel [SCH-88b]. Die Meinungen darüber, was als Kennzahlensystem gelten kann und was nicht, gehen jedoch weit auseinander [MÄR-83]. Einigkeit besteht darüber, daß zur Bildung von Kennzahlensystemen mindestens zwei oder mehr Einzelkennzahlen erforderlich sind [MER-82b] und daß eine Ansammlung von Einzelkennzahlen noch kein Kennzahlensystem ergibt [LAC-79].

Für die Kombination von Kennzahlen zu einem Kennzahlensystem kann zwischen zwei Strukturierungsprinzipien unterschieden werden[1] [MÄR-83], die im folgenden beschrieben sind:

<u>1.) Rechentechnisch verknüpfte Kennzahlensysteme</u>

Ein rechentechnisch verknüpftes Kennzahlensystem[2] liegt vor, wenn ausgehend von einer Spitzenkennzahl Kennzahlen mathematisch in weitere Kennzahlen zerlegt werden. Die Zerlegung wird stufenweise so lange fortgesetzt, bis man zu ausreichend durchschaubaren Teilansichten vorgedrungen ist. Auf diese Weise entsteht eine Kennzahlenpyramide, an deren Spitze die besonders wichtige, aber sehr globale Spitzenkennzahl steht [GRO-91]. Diese Kennzahlensysteme auf Unternehmensebene dienen i. a. zur Analyse von Wachstum, Eigenkapitalrentabilität, Ertragskraft sowie Risiko und basieren auf Daten der Bilanz und Gewinn- und Verlustrechnung (GuV) [BOM-92]. Das von der Firma E.I. DuPont verwendete System „DuPont System of Financial Control" ist das bekannteste und verbreitetste Kennzahlensystem dieser Art [STA-69] und stellt die Kapitalrentabilität an die Spitze der Pyramide.[3]

Der Vorteil von rechentechnisch verknüpften Kennzahlensystemen liegt darin, daß sie quantitative Beziehungen zwischen vor- und nachgelagerten Kennzahlen erkennen lassen. Dadurch wird die Ursache-Wirkungs-Analyse erleichtert. Der Nachteil dieser Systeme besteht darin, daß wegen der notwendigen mathematischen Richtigkeit neben Kennzahlen mit hoher Aussagekraft auch zahlreiche Hilfskennzahlen verwendet werden müssen, die selbst keine oder nur eine geringe Aussage liefern und zum Teil auch keinen sachlogischen Zusammenhang aufweisen, mit denen sie rechnerisch verknüpft sind.

---

[1] Auf die von LACHNIT [LAC-79] geprägten Strukturierungsprinzipien des heuristisch strukturierten Kennzahlensystems und des empirisch-statistischen Kennzahlensystems soll hier nicht eingegangen werden

[2] Manche Autoren sprechen auch von „Rechensystemen", z B HENSELER [HEN-79] oder LACHNIT [LAC-79]

[3] Kennzahlensystem der Firma E.I DuPont Anhang 2.1

2.) Ordnungssysteme

Ordnungssysteme sind Kennzahlensysteme, bei denen die für eine bestimmte Fragestellung relevanten Kennzahlen zusammengestellt werden, ohne daß diese Kennzahlen mathematisch verknüpft werden [GRO-91]. Dadurch wird der Tatsache Rechnung getragen, daß ein Unternehmen für die Existenzsicherung mehrere Ziele parallel verfolgen muß und daß es eine Vielzahl wichtiger Sachverhalte im Unternehmen gibt, die sich sachlogisch in Elemente aufspalten lassen, ohne daß man deren Beziehung zueinander quantifizieren könnte, die aber doch allein durch die sachliche Aufspaltung transparenter werden [LAC-76]. Die Beziehungen zwischen den Kennzahlen lassen sich zwar nicht quantifizieren, sie sind aber nach Art und Wirkungsrichtung bekannt [LAC-79]. Bei den neueren Ansätzen für Kennzahlensysteme handelt es sich überwiegend um Ordnungssysteme, die durch ihre sachlogische Verknüpfung der Kennzahlen und die daraus resultierende Flexibilität der Systeme für Planungs- und Steuerungsaufgaben besser geeignet erscheinen. Ein aus der Praxis entwickeltes Kennzahlensystem beschreibt SCHOTT,[1] das mehrere Unternehmensziele berücksichtigt und eine flexible Strukturierung erlaubt. Er empfiehlt in diesem Zusammenhang branchenspezifische und flexible Kennzahlensysteme zu entwickeln, die einen leicht verständlichen Systemkern aufweisen [SCH-88b].

Die Vor- und Nachteile von Ordnungssysteme liegen im wesentlichen genau umgekehrt wie die der rechentechnisch verknüpften Systeme. Der wichtigste Vorteil liegt darin, daß Ordnungssysteme sehr flexibel sind und daß man die Auswahl auf die Kennzahlen beschränken kann, die für eine konzentrierte und ausgewogene Information des Managements notwendig sind [GRO-91]

Da Ordnungssysteme durch die einfache Anpaßbarkeit auf Veränderungen zunehmend an Bedeutung gewinnen soll im Rahmen dieser Arbeit in Anlehnung an KERN [KER-71] dann von einem Kennzahlensystem gesprochen werden, wenn Kennzahlen nach den beiden oben beschriebenen Strukturierungsprinzipien so zusammengestellt sind, daß sie in einer sinnvollen Beziehung zueinander stehen, sich gegenseitig ergänzen und erklären sowie als Gesamtheit den Analysegegenstand möglichst ausgewogen und übersichtlich erfassen.

4.1.3 Existierende Ansätze zur Ermittlung von Prozeßkennzahlen und -systeme

Für die Ermittlung von Prozeßkennzahlen gibt es in der Literatur verschiedene Ansatze, die bezüglich ihrer Herkunft schwerpunktmäßig einer der zwei folgenden Gruppen zugeordnet werden können, wobei alle Ansätze auf die drei Hauptzielgrößen Zeit, Kosten und Qualität

---

[1] Kennzahlensystem nach SCHOTT Anhang 2 2

verweisen:

- Ansätze, die im Rahmen von Konzepten für das Business Process Redesign konzipiert wurden und

- Ansätze, die aus dem Qualitätsmanagement und dem Controlling stammen.

Die wichtigsten Ansätze sollen im folgenden kurz skizziert und bzgl. ihrer Eignung für das zu konzipierende Controllingsystem bewertet werden.

<u>Ansätze im Zusammenhang mit Konzepten für das Business Process Redesign</u>

Für die Neugestaltung von Prozessen wurde in den letzten Jahren sowohl in Beratungshäusern als auch an Forschungsinstituten eine Reihe von Ansätzen und Methoden entwickelt. Die heute existierenden Methoden unterscheiden sich allerdings zum Teil grundlegend. Während es bei einigen Ansätzen mehr um die inkrementelle Weiterentwicklung abteilungsinterner Abläufe geht, zielen andere Ansätze auf die grundlegende Neugestaltung unternehmensübergreifender Prozesse. Ähnlich uneinheitlich ist der Aufbau der Methoden. Geht es bei einigen Methoden vorwiegend um das Vorgehen im Reorganisationsprojekt, spezialisieren sich andere Methoden auf die detaillierte Ausarbeitung von Modellierungstechniken.

Damit eine Auswahl derjenigen Ansätze möglich ist, die einen Beitrag zum Controllingsystem leisten können, werden im folgenden die wichtigsten Anforderungen an die Ansatze formuliert:

- Für die Erreichung einer Gesamtoptimierung im Sinne der Unternehmenszielsetzung ist eine Top-Down-Vorgehensweise unabdingbare Voraussetzung. Ausgehend von der Unternehmensstrategie und den Kundenwünschen müssen die Anforderungen an die Prozesse abgeleitet werden und ggf. über mehrere Prozeßebenen operationalisiert werden.

- Es sollen nicht alle Prozesse im Unternehmen in das Controllingsystem miteinbezogen werden, sondern nur diejenigen Kernprozesse,[1] die durch ihren hohen Zielbeitrag für die Unternehmensstrategie wettbewerbsentscheidend sind.

- Ausgangspunkt für die Ableitung des Kennzahlen- und Zielsystems soll die Geschäftsstrategie sein. Die Geschäftsstrategie soll als Vorgabeschnittstelle verstanden werden und es soll keine Überprüfung oder Vervollständigung der Geschäftsstrategie durch das Controllingsystem erfolgen.

- Aus Sicht des Controllingsystems ist keine vollständige Transparenz des Prozesses in Form einer detaillierten Modellierung notwendig. Es müssen lediglich die Prozesse identifiziert und die wesentlichen Zusammenhänge zwischen den Prozessen bekannt sein.

- Neben der Ausrichtung der Ziele des Controllingsystems auf die Geschäftsstrategie ist es notwendig, die zu realisierenden Ziele auf den externen Kunden auszurichten, indem der Leistungsaustausch mit dem Kunden analysiert wird.

Ein systematischer Überblick über den Stand der Technik des Business Process Redesign wurde von HESS und BRECHT erarbeitet [HE.BR-95]. Zielsetzung der Studie war es, einen detaillierten Überblick über die wichtigsten zur Zeit verfügbaren Methoden zu geben. Nicht berücksichtigt wurden die Methoden, die sich alleine mit der kontinuierlichen Verbesserung befassen. Als Zielgruppe wurden sowohl Praktiker als auch Wissenschaftler festgelegt, um eine Basis für die anwendungsorientierte Fortentwicklung bestehender Ansätze und Methoden zu ermöglichen.

In <u>Tab. 4.1</u> sind die Anforderungen aus Sicht des Controllingsystems, den fünfzehn Ansatzen mit der jeweiligen Erfüllung gegenübergestellt.[2]

Merkmal	Ansatz	Action	BCG	Davenport	Diebold	Eversheim	Ferstl/Sinz	Hammer	Harrington	IBM UBG	Johansson	Malone	McKinsey	Österle	Ploenzke	Scheer	Anforderungen
Vorgehen	Top-Down		x	x				x			x	x	x	x			x
	Bottom-Up					x			x	x						x	x
	Kombination	x			x		x										
Umfang Prozeßarchitektur	Wenige Kernprozesse		x	x				x			x			x			x
	Alle Prozesse				x		x		x							x	x
Rolle der Geschäftsstrategie	Ist Ausgangspunkt						x	x						x		x	x
	Überprüfung			x								x					
	Vervollständigung		x		x										x		
Prozeßanalyse	Für Prozeßführung keine detaillierte Modellierung der Prozesse notwendig		x	x	x			x	x		x		x	x			x
Kundenanalyse	Analyse des Leistungsaustausches mit dem Prozeßkunden	x		x				x			x		x	x			x

Tab. 4.1: Auswahl von geeigneten Ansätzen des Business Process Redesign

Als einzige Ansätze erfüllen die Konzepte von HAMMER [HAM-90] und ÖSTERLE [ÖST-95a] alle genannten Anforderungen.

Ziel des Reengineering nach HAMMER ist die grundlegende Überprüfung und die radikale Neugestaltung der Prozesse eincs Unternehmens, um deutliche Verbesserung zu erreichen. Das *Management and Performance Measurement System* mißt mit Hilfe von *Targets* den Input und Output eines Prozesses und steuert damit die *Organizational Units*. HAMMER beschreibt die Philosophie und Vorgehensweise des Reengineering und wichtige Erfolgsfakto-

---

[1] Nach DAVENPORT die 'Schlüsselprozesse' [DAV-93] oder nach SOMMERLATTE die 'Leistungsprozesse' [SO WE-89] eines Unternehmens

[2] In Anlehnung an HESS/BRECHT [HE BR-95]

ren, wobei die Informationstechnologie eine wesentliche Rolle spielt [HAM-90, HA.CH-94].[1] Methoden und Techniken spielen bei HAMMER eine untergeordnete Rolle und werden auch nicht beschrieben.

Ziel des Ansatzes von ÖSTERLE, die Methode PROMET-BPR, ist die systematische Neugestaltung von Prozessen und der Aufbau eines Prozeßführungssystems, um dadurch die Effektivität, Effizienz und Flexibilität der Prozesse nachhaltig zu erhöhen [HE.BR-95]. PROMET ist eine Methode zur Prozeßentwicklung, die aus verschiedenen Komponenten besteht [ÖST-95a, ÖST-95b]. MENDE konkretisiert die Komponente „Prozeßführung", die für das Controllingsystem relevant ist [MEN-95]. MENDE beschreibt ausgehend vom Konzept der kritischen Erfolgsfaktoren die Vorgehensschritte, wie diese in Form von Interviews und Workshops für die Prozesse durch Kennzahlen operationalisiert werden können Die Kennzahlen für die Erfolgsfaktoren Zeit, Kosten und Qualität werden dabei beispielhaft erläutert. Es fehlt jedoch eine konkrete Ausgestaltung der Vorgehensschritte in Form einer durchgängigen methodischen Unterstützung. Weiterhin beschreibt MENDE die Organisation der Prozeßführung.

<u>Ansätze aus dem Qualitätsmanagement und Controlling</u>

WILDEMANN [WIL-96] beschreibt kein systematisches Vorgehen zur Bestimmung von Prozeßkennzahlen, sondern bietet im wesentlichen prozeßspezifische Beispiele für Kennzahlen an, die aufgrund einer Problemanalyse ausgewählt werden.

FRIES [FRI-94, FR.SE-94] beschreibt zwar eine ganzheitliche Vorgehensweise zur Ermittlung, Analyse und Auswahl von Meßgrößen und zeigt in einem nächsten Schritt die Möglichkeit auf, Abhängigkeiten zwischen diesen Meßgrößen darzustellen; es kann jedoch von keiner Systematik gesprochen werden, die die Prozesse in dem jeweiligen Prozeß-, Unternehmens- oder gar Kundenumfeld betrachtet.

FISCHER und SCHMITZ schlagen für die Bewertung von Prozeßverbesserungen die Anwendung des aus der Naturwissenschaft bekannten Gesetzes der Halbwertszeit bei radioaktivem Zerfall als Analogiemodell vor [FI.SC-94]. Das Konzept leistet keinen Beitrag zur Identifikation von Bewertungsmaßstäben von Prozessen im Sinne der kritischen Erfolgsfaktoren und ist lediglich für die monetäre Bewertung von kontinuierlichen Prozeßverbesserungen über der Zeit anwendbar.

GAITANIDES betont die Wichtigkeit der Prozeßleistungstransparenz mit Hilfe eines ganzheitlichen Meßsystems von Kennzahlen und formuliert Anforderungen an die Entwicklung des Meßsystems [GAI-94]. Weiterhin beschreibt er wie die Dimensionen Durchlaufzeit, Qualität, Prozeßkosten und Kundenzufriedenheit mit Hilfe von Kennzahlen konkretisiert werden

---

[1] Vgl. hierzu Kap 3 1 3

können. Es wird jedoch keine methodische Vorgehensweise zur Ermittlung der prozeßorientierten Kennzahlen vorgestellt.

Für die inhaltliche Gliederung von Prozeßkennzahlensystemen ist derzeit nur der Vorschlag von MENDE [MEN-95] bekannt. Dieser ist aus der „balanced scorecard" von KAPLAN und NORTON zur Beurteilung des gesamten Unternehmens abgeleitet. MENDEs Konzept basiert, wie bereits oben beschrieben, auf dem Ansatz von ÖSTERLE, die kritischen Erfolgsfaktoren abzubilden.

Ansatzpunkt für seinen Ansatz zur inhaltlichen Strukturierung des Kennzahlensystems sind deshalb die allgemeinen Erfolgsfaktoren. Der Ansatz sollte gemäß seinem Vorschlag folgende Arten von Kennzahlen enthalten (<u>Abb. 4.3</u>) [MEN-95]:

- Kennzahlen zu den vier allgemeinen Erfolgsfaktoren der Prozeßleistung: Zeit, Qualität, Flexibilität und Kosten,
- Kennzahlen zum Beitrag des Prozesses zur Rentabilität,
- Kennzahlen zur Innovations- und Weiterentwicklungsfähigkeit,
- Kennzahlen zum Personal und zu Informationssystemen als den zwei wesentlichsten Ressourcen in Prozessen,
- Kennzahlen zu prozeßspezifischen Erfolgsfaktoren.

Zeit	Qualität	Kosten
Flexibilität	Rentabilität	Innovation und Weiterentwicklung
Personal	Informations- systeme	Kennzahlen zu prozeß- spezifischen Erfolgsfaktoren

Abb 4.3: Inhaltliche Gliederung eines Prozeßkennzahlensystems nach MENDE

Die vorgeschlagene Strukturierung von MENDE läßt keine rechentechnische Verknüpfung des Kennzahlensystems zu. Die Strukturierung mit Hilfe der kritischen Erfolgsfaktoren bedeutet, daß der Inhalt nicht stabil sein kann, sondern sich mit den kritischen Erfolgsfaktoren des Prozesses ändern muß.

Bzgl der hierarchischen Gliederung des Kennzahlensystems, die aus der organisatorischen Hierarchie abgeleitet ist, schlägt MENDE drei Kennzahlenebenen vor (<u>Abb 4 4</u>) [MEN-95].

- Einige wenige Kennzahlen dienen der Information übergeordneter Stellen, die überblicksartig darstellen, welchen Beitrag der Prozeß grundsätzlich zum Erreichen übergeordneter Ziele leistet. Die Definition der Kennzahlen dieser Ebene bleiben meist über mehrere Jahre unverändert.

- Die Prozeßführung verfolgt darüber hinaus weitere Kennzahlen, welche die Ziele des Prozesses insgesamt sowie wichtiger Teilbereiche abbildet. Diese Kennzahlen können sowohl kurz- als auch langfristig orientiert sein.

- Auf der untersten Ebene gibt es zwei Arten von Kennzahlen. Kennzahlen zur Planung und Kontrolle der Ziele von Subprozessen, Gruppen und Mitarbeitern sowie Kennzahlen zur Koordination der Kunden-Lieferanten-Schnittstellen.

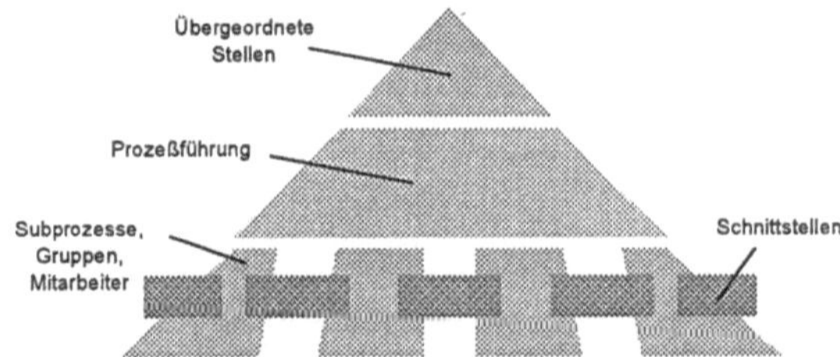

Abb. 4.4: Organisatorische Gliederung eines Prozeßkennzahlensystems nach MENDE

Zusammenfassend kann gesagt werden, daß die verschiedenen Autoren zwar immer wieder die Wichtigkeit von quantifizierten Größen innerhalb eines ganzheitlichen Prozeßansatzes [KAN-92] betonen und verlangen, daß diese Kennzahlen von den Kundenanforderungen [KAN-92, OS.SM-92] und von den strategischen Zielen der Unternehmung abgeleitet werden müssen [KA.MU-91]. Sie geben jedoch weder konkrete Hilfestellung, noch nennen sie Instrumente und Methoden, wie eine Unternehmung die Schlüsselparameter eines Prozesses als Bewertungsmaßstab erkennt und als Kennzahl operationalisiert. In der Regel gehen die Autoren, wie bereits oben beschrieben, von den generellen Forderungen sofort zu Aufzählungen von möglichen Kennzahlen über [FRI-94], wobei die drei Dimensionen Zeit, Kosten und Qualität mehr oder weniger ausführlich definiert, in mögliche Elemente zerlegt und i.d.R. durch einige Beispiele ergänzt werden.

Weiterhin beschränken sich die Ansätze bei der Ermittlung von Prozeßkennzahlen im wesentlichen auf die isolierte Betrachtung einzelner Prozesse und entwickeln keine prozeßbezogene Top-down-Vorgehensweise unter Berücksichtigung der jeweiligen hierarchischen Strukturierung der Prozesse. Hierfür bietet der Ansatz von MENDE zwar eine Hilfestellung, es bleibt jedoch unklar, wie die existierende Prozeßorganisation mit dem Kennzahlensystem verknüpft wird.

4.1.4 Anforderungen an Kennzahlen und -systeme zur Prozeßbewertung

Die Beurteilung von Prozessen soll mit Hilfe von Kennzahlen geschehen, die es erlauben, die Prozeßleistung quantitativ meßbar zu machen. Bei der Entwicklung eines Meßsystems sind grundsätzlich die folgenden Anforderungen zu berücksichtigen (in Anlehnung an: [FRI-94, GAI-94, GRO-91, KER-71, KRO-69]):

- In der Literatur herrscht Übereinstimmung, daß die konsistente, formal eindeutige und genaue Definition eine wichtige Voraussetzung für die Kennzahlenanwendung ist. Nur durch die Erfüllung dieser Anforderungen kann eine Objektivität und Vergleichbarkeit der Kennzahlen ermöglicht und der Interpretationsfreiraum der Kennzahlen minimiert werden.

- Die gewählten Kennzahlen müssen die Leistung des Prozesses tatsächlich erfassen, wobei sowohl die externen Kundenanforderungen als auch unternehmensinterne Ziele[1] zu beachten sind. Das Kennzahlensystem muß die Ziele der betrachteten Prozesse, soweit sie quantifizierbar sind, abbilden.

- Die Kennzahlenbenutzer dürfen nicht aufgrund der Fülle von festgelegten Bewertungsmaßstäben die faktisch erworbene Transparenz wieder verlieren. Es ist daher darauf zu achten, daß alle wesentlichen Prozeßmerkmale erfaßt sind und redundante, unwesentliche oder zu detaillierte Informationen die Komplexität nicht erhöhen und damit die Aussagekraft verringern.

- Eine Kennzahl sollte möglichst realitätsnah die Ausprägungen eines Prozeßmerkmals wiedergeben. Wichtiger als die wissenschaftliche Korrektheit sollte jedoch sein, daß der Trend der Veränderung erkennbar wird.

- Die verschiedenen Dimensionen der Leistung von Unternehmensprozessen lassen sich nicht in einer einzigen Kennzahl zusammenfassen. Es müssen mehrere Zielgruppen gebildet werden.

- Eine Kennzahl sollte sich bei einer Merkmalsveränderung möglichst proportional ändern.

- Die einzelne Kennzahl und die Zusammenhänge zwischen mehreren Kennzahlen müssen für die Anwender leicht verständlich und transparent sein. Kennzahlen sollten daher in der Sprache der jeweiligen Adressaten bzw. Anwender definiert werden. Dies gilt sowohl für die Definition der Kennzahl als auch für die Kennzahl selbst.

- Der Zeitverzug zwischen einer Änderung eines Leistungsmerkmals und der Reaktion der Kennzahl sollte möglichst gering sein.

---

[1] Unternehmensinterne Ziele werden i.d.R. vom Top-Management und den Eigentümern bzw. Anteilseignern festgelegt

- Um Probleme mit dem Betriebsrat zu vermeiden, sollten die Kennzahlen keinen Aufschluß über die Leistung eines einzelnen Mitarbeiters geben.

- Das Kennzahlensystem muß bei Veränderungen von internen und externen Parametern wie Produktmix, Unternehmensstrategie oder Kundenanforderungen anpaßbar sein. Es darf kein statischer, monolithischer Block von festverbundenen Kennzahlen, wie z.B. das Du-Pont-Kennzahlensystem, sein. Die dynamische Anpaßbarkeit des Kennzahlensystems muß eine Restriktion sein.

- Der Aufwand für die Ermittlung, Auswertung und Benutzung der Kennzahlen sollte möglichst gering sein. Nur Faktoren, die den Informationswert des ganzen Systems wesentlich steigern, sollten als Indikator aufgenommen werden. GEISS verweist jedoch darauf, daß dieses Wirtschaftlichkeitskriterium sehr schwer beurteilbar ist [GEI-86].

- Die Architektur des Kennzahlensystems muß sich an betrieblichen und organisatorischen Strukturen orientieren.

- Die Interdependenzen der Unternehmung zwischen Zielen und deren Einflußgrößen sollen im Kennzahlensystem durch eine analoge Abhängigkeitsstruktur abgebildet sein.

- Das Kennzahlensystem hat keinen Vollstandigkeitsanspruch. Es muß jedoch gewährleistet sein, daß die wichtigsten Ziele und Einflußgrößen sowie deren Abhängigkeiten Bestandteil sind.

4.1.5 Grenzen der Anwendung von Kennzahlen und -systemen

Der Aussagewert einzelner Kennzahlen ist begrenzt [BIF-80]. Die Feststellung, daß Kennzahlen Träger von Informationen sind, kann nicht darüber hinwegtäuschen, daß durch eine einzelne quantitative Meßgröße nur begrenzt Informationen vermittelt werden können. Eine isolierte Betrachtung von Kennzahlen zur Beurteilung eines betrieblichen Sachverhalts ist daher nicht ausreichend [MÄR-83]. Der einzelnen Kennzahl fehlt ein erläuternder theoretischer Rahmen, vor deren Hintergrund eine Interpretation erfolgen kann. Gefährlich ist eine inadäquate Interpretation von Einzelkennzahlen [GÄL-79], die dadurch zustande kommen kann, daß lediglich eine einzelne quantitative Information vorliegt, auf deren Grundlage ein Sachverhalt gewertet werden soll [REI-93]. Allerdings kann die Kennzahlenanwendung durch zusätzliche qualitative Erläuterungen, die den jeweiligen Zweck der Einzelkennzahlen verdeutlichen, verbessert werden [GEI-86, REI-93]. Dennoch bleibt festzustellen, daß die durch Einzelkennzahlen gewonnenen Informationen vor allem dann, wenn komplexe Situationen beschrieben und beurteilt werden sollen, sehr schnell an Grenzen stoßen [GEI-86].

Die Gefahren bei der Anwendung von Kennzahlen liegen im allgemeinen in [SIE-92]:

- einer isolierten Betrachtungsweise der aufgestellten Kennzahlen, welche oft zu Fehlinformationen, Fehlinterpretationen und letztlich zu Fehlentscheidungen führen kann, da nur ein Aspekt der unternehmerischen Realität erfaßt wird (Zusammenhänge bleiben unberücksichtigt),

- der notwendigen Auswahl der richtigen Kennzahlen, die für das jeweilige Unternehmen von Nutzen sind,

- einer oft beobachteten Kennzahleninflation, die mehr Verwirrung stiftet, als daß sie den beteiligten Personen nützt,

- der Tatsache, daß Kennzahlen interpretationsbedürftig sind und es beim Anwender liegt, die aufgestellten Kennzahlen richtig zu beurteilen,

- der Verwendung bereits überholter Kennzahlen, die auf nicht aktuellen Daten basieren.

Gleiches gilt in etwas abgeschwächter Form für Kennzahlensysteme. Bei Kennzahlensystemen können zwar mehr Informationen vermittelt werden, dies darf jedoch nicht darüber hinwegtäuschen, daß bei der Anwendung eines Kennzahlensystems der Klärung oder Analyse einer bestimmten Frage Grenzen gesetzt sind [MÄR-83]. Prinzipiell können vier Fehlerarten festgestellt werden, welche die Aussagefähigkeit einer Einzelkennzahl oder eines Kennzahlensystems beeinträchtigen können (Abb 4.5) [MÄR-83, WIS-67]:

- Mängel, die in der Konstruktion der Einzelkennzahl begrundet sind,

- Mängel, die in der Konstruktion des Kennzahlensystems begründet sind,

- Mängel, die in den Eingabedaten begründet sind sowie

- die mangelnde Erfahrung des Anwenders, mit dem Kennzahlensystem richtig umzugehen.

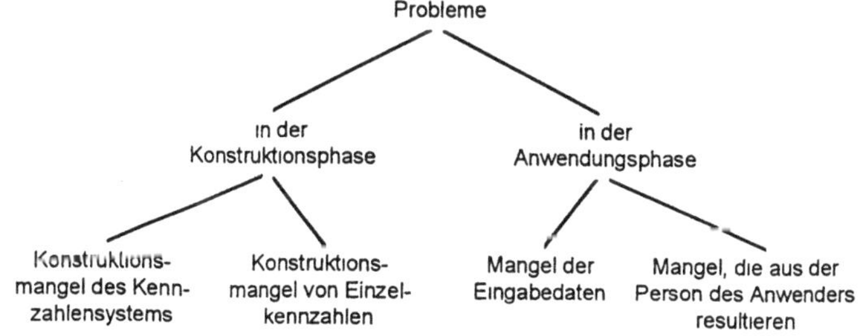

Abb. 4.5: Probleme und ihre Ursachen bei der Anwendung von Kennzahlensystemen

Die angeführten Kritikpunkte sollen nicht dazu dienen, die Anwendung von Kennzahlen abzulehnen. Bei der Konstruktion und Anwendung von Kennzahlen und Kennzahlensystemen sollte man sich dieser Gefahren und Probleme bewußt sein und entsprechend sensibilisiert mit den Kennzahleninformationen umgehen.

4.2 Ziele und Zielsysteme

4.2.1 Grundlagen zu Zielen und Zielsystemen

Die Ziele der Unternehmung bestimmen ihre Tätigkeiten. Da eine Unternehmung nur durch ihre Mitarbeiter agieren kann, müssen die Ziele diesen bekannt sein und von ihnen akzeptiert werden. Während es in der Vergangenheit sinnvoll war, Ziele für einen langen Zeitraum zu formulieren, ist es durch die beschleunigte Entwicklung des internationalen Marktes und des Wettbewerbs immer wichtiger geworden, die Ziele bzgl. ihrer Gültigkeit zu überprüfen und diese dem sich ständig ändernden Umfeld anzupassen. Dies bedeutet, daß der Kommunikationsprozeß für Ziele intensiviert werden muß, damit diese auch den Mitgliedern der Organisation bekannt sind [BER-73, MIL-91].

Jedes Organisationsmitglied hat unscharfe Vorstellungen über das Zielsystem der Unternehmung, wobei schon innerhalb des Managements, das die Ziele vorgeben soll, Zieldifferenzen existieren. Mit zunehmender Distanz zur Unternehmensleitung wächst diese Diskrepanz weiter an. Eine klare Zielformulierung, die den Mitarbeitern vermittelt wird, kann und muß hier Abhilfe schaffen [BOM-92].

Im allgemeinen Sprachgebrauch ist der Zielbegriff unklar [NAG-92]. BIDLINGMAIER versteht unter einem Ziel einen vorgestellten und gewollten zukünftigen Vorgang oder Zustand, eine antizipierte Vorstellung unseres Handelns [BID-64]. Diese angestrebten Zustände sind Handlungsauslöser, d.h. Handlungen stellen das Instrument der Zielerreichung dar. Daraus folgt: Ziele haben auch die Funktion, Handlungen und deren Konsequenzen zu beurteilen. Sie sind damit Entscheidungskriterien, die einerseits die Auswahl bestimmter Handlungen festlegen und andererseits begründen, warum auf die Realisation anderer Alternativen verzichtet wurde [DUN-84]. Bei der Zielformulierung geht es jedoch nur um die Frage, was erreicht werden soll. Dabei sollte beachtet werden, daß nicht die Lösung in der Zielformulierung vorweggenommen wird [NAG-92].

Ein Ziel läßt sich nach HEINEN durch die drei folgenden Dimensionen beschreiben [HEI-85]:

1. Zielinhalt:[1]   Definiert man ein Ziel als erwünschten Zustand, ist hierzu eine operationale Zielformulierung erforderlich.

2. Zielausmaß: Um aus der Zielformulierung eine Handlung ableiten zu können, muß das angestrebte Zielausmaß bekannt sein.

3. Zeitlicher Bezug: Ein in Inhalt und Ausmaß formuliertes Ziel wird erst zu einer Handlung führen, wenn auch der zeitliche Horizont bekannt ist.

---

[1] Als Synonym soll im folgenden auch der Begriff „Zielkriterium" angewandt werden

Die Vorgabe von Zielen und die Überprüfung der Zielerreichung kann mit Hilfe der folgenden Meßordnungen erfolgen, wobei diese sowohl für Einzelziele als auch für einzelne Ziele eines Zielbündels gelten [BIS-73, SCH-74a]:

<u>Nominalskalen:</u> Mit ihrer Hilfe können nur kategoriale Feststellungen getroffen werden, wie gut-schlecht, hoch-tief oder ja-nein.

<u>Unvollständige Rationalskalen:</u> Sie sind Vergleichsskalen, bei denen alternative Möglichkeiten, Zielgrade oder Ereignisse miteinander verglichen werden (Bsp.: Alternative A_2 ist besser als A_1).

<u>Ordinale Skalen:</u> Ordinale Skalen sind reine Rangordnungsskalen, wie sie von der Zensurengebung bekannt sind: z.B. sehr gut = 1, gut = 2, ... ungenügend = 6; oder: Umsatzsteigerung mit Gewinnsteigerung = 3, Gewinnsteigerung ohne Umsatzsteigerung = 2, Umsatzsteigerung ohne Gewinnsteigerung = 1.

<u>Kardinale Skalen:</u> Sie enthalten quantifizierte Meßzahlen der Dimension Geld, Menge oder Zeit, wobei zwischen diskreten Zielwerten (z.B. Durchlaufzeit DLZ = 6,5 h) und stetigen Zielbereichen (z.B. 6 h < DLZ < 8 h) unterschieden wird.

<u>Kombinierte Skalen:</u> Bei kombinierten Skalentypen werden zur Verdeutlichung des Zielerreichungsgrades bestimmte Skalentypen kombiniert.

Für komplexe Gebilde, wie Unternehmen, ist davon auszugehen, daß es nicht nur ein Ziel gibt. Es existiert vielmehr ein Bündel von miteinander verknüpften Zielen, so daß besser von einer „Zielstruktur" gesprochen wird [HAM-92]. Das Zielsystem einer Unternehmung kann als eine geordnete Gesamtheit von Zielelementen, zwischen denen Beziehungen bestehen oder hergestellt werden können, aufgefaßt werden [BI.SC-76]. Abhängigkeiten der Ziele werden häufig durch vertikale bzw. horizontale Beziehungen beschrieben. Diese Zielsysteme sind dann gekennzeichnet durch Oberziele, die in Subziele aufgelöst werden können. Dieser stufenweise Aufbau von Zielsystemen wird dann als Zielhierarchie[1] bezeichnet [REI-93].

Der am häufigsten anzutreffende Zusammenhang zwischen Zielen läßt sich mit der Zweck-Mittel-Beziehung nach HEINEN beschreiben [HEI 66]. In einer mehrfach gestuften Zielhierarchie ist das Erreichen der Ziele einer Zielebene Voraussetzung für die Erreichung der nachsthoheren Zielebene. Darin kommt ihr Mittelcharakter zum Ausdruck (<u>Abb. 4 6</u>) Was für alle einzelnen Ziele gilt, muß auch für das hierarchische System gelten, das sie insgesamt bilden, denn durch die Erreichung sämtlicher Einzelziele soll gleichzeitig die Gesamtzielkonzeption der Unternehmung erfüllt werden [BER-73]. Der Vorgang der Aufspaltung wird solange

---

[1] SCHMIDT versteht unter einer Zielhierarchie „ein nach Merkmalen der konkreten Erfüllung gegliedertes System von Unterzielen der Zielkonzeption" [SCH-69]

fortgesetzt, bis ein Grad der Operationalität von Zielen erreicht ist, der eine unmittelbare Realisation durch ein Mittel ermöglicht. In den meisten Fällen werden jedoch Einzelziele nicht durch einzelne Mittel konkretisiert, sondern es wird häufig eine mehrfache Aufspaltung der Zweck-Mittel-Relation durchgeführt, so daß einem Ziel etwa mehrere Mittel zugeordnet sind [REI-93].

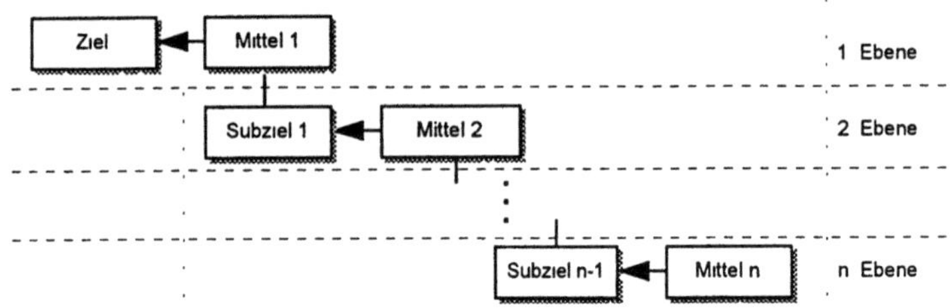

Abb. 4.6: Ziel-Mittel-Beziehung im Zielsystem[1]

4.2.2 Verknüpfen von Zielen mit Kennzahlen

Vorgabe und Verfolgung eines Zieles sowie die Kontrolle der Zielerreichung setzen voraus, daß eine Quantifizierung des Zieles möglich ist und somit die Zielerreichung mit Hilfe einer kardinalen Skala beurteilt werden kann. In der Literatur werden dafür Kennzahlen vorgeschlagen und herangezogen [HEI-85, STA-69, REI-93]. Ist es nicht möglich, das Zielkriterium durch eine geeignete Kennzahl direkt zu quantifizieren, so kann das Zielkriterium durch einen gleichnamigen Indikator[2] beschrieben werden. Dem Indikator wird dabei ein oder mehrere Merkmale zugeordnet, die den Sachverhalt beschreiben. Die indirekte Quantifizierung erfolgt durch eine ordinale Skala, auf der die verschiedenen Merkmalsausprägungen bzw. deren Kombinationen abgebildet sind.

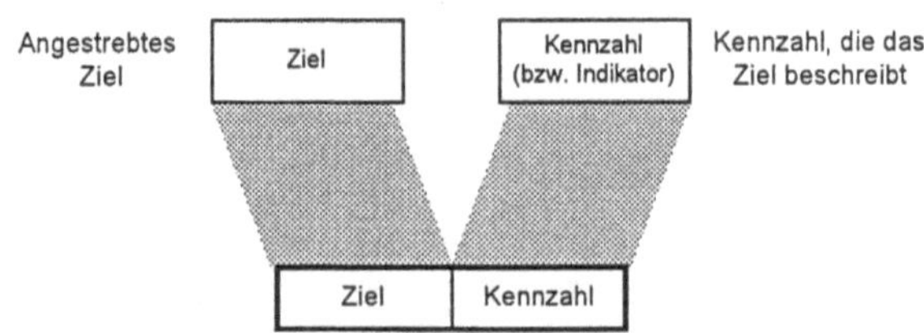

Abb. 4.7: Verknüpfung von Ziel und Kennzahl

Jede Kennzahl, für die ein bestimmter Sollwert vorgegeben wird, kann bereits als Zielformulierung verstanden werden. Angestrebt ist eine Zusammenführung von Ziel und Kennzahl, wie

---

[1] In Anlehnung an REICHMANN [REI-93]

[2] Vgl hierzu Definition 'Indikator' in Kap 3.3

sie in <u>Abb. 4.7</u> dargestellt ist. In Erweiterung dieses Ansatzes ist es sinnvoll, eine Gruppe von verknüpften Zielen durch ein Kennzahlensystem zu beschreiben [BOM-92]. BOMM weist jedoch darauf hin, daß die Beschreibung eines Ziels durch Kennzahlen zu einer Verfälschung des Zielinhalts führen kann, wenn die Inhalte von Ziel und Kennzahl nicht weitestgehend übereinstimmen. Im Idealfall wird jedes Ziel genau durch eine Kennzahl hinreichend genau beschrieben, so daß es keine Redundanzen oder Mehrdeutigkeiten gibt (<u>Abb. 4.8, links</u>). In der Realität ist jedoch häufig ein Ziel nicht durch genau eine Kennzahl ausreichend beschrieben. Umgekehrt haben einzelne Kennzahlen oft bezüglich mehrerer verschiedener Ziele Aussagekraft (<u>Abb. 4.8, rechts</u>). In einem Ziel- und Kennzahlensystem lassen sich Überschneidungen nicht vermeiden. Es sollte jedoch darauf geachtet werden, daß das System so transparent ist, daß die Überschneidungen kenntlich gemacht werden. Sollte ein Ziel nicht durch eine Kennzahl ausreichend beschreibbar sein, müssen mehrere Kennzahlen definiert werden [BOM-92]

Idealfall

Ziele

Z1 Z2 Z3 Z4 Z5 Z6 Z7

	Z1	Z2	Z3	Z4	Z5	Z6	Z7
K1	x						
K2		x					
K3			x				
K4				x			
K5					x		
K6						x	
K7							x

Praxis

Ziele

Z1 Z2 Z3 Z4 Z5 Z6 Z7

	Z1	Z2	Z3	Z4	Z5	Z6	Z7
K1	x			x			
K2		x					
K3		x	x				
K4				x	x		
K5						x	x
K6			x		x	x	
K7							x

(Achsenbeschriftung: Kennzahlen)

x: Kennzahl hat Aussagekraft bezüglich Ziel

Abb. 4.8: Verhältnis zwischen Ziel und Kennzahl

Ziele sollen sich im folgenden von einer Maßskala direkt erfassen lassen und jene Großen, die für praktisch nicht handhabbare Normen stehen, sollen in Anlehnung an GEISS Zieloperationalisierungen heißen [GEI-86]. Aus diesen nicht direkt erfaßbaren Zielkategorien können operationale Zielinhalte abgeleitet werden, um damit zu einer problemorientierten Verhaltenssteuerung im Sinne des Managements by Objectives zu gelangen [BAE-79]

4.2.3 Gewichtung von Zielen

Da Zielen bezogen auf eine Aufgabenstellung ein unterschiedlicher Grad an Bedeutung zukommen kann, mussen sie gewichtet werden konnen. Die Gewichtung von Zielkriterien kann mit zwei Methoden durchgeführt werden [MET-77]:

- Aufstellen einer Zielkriterienhierarchie und stufenweise Gewichtung der Kriterien[1]

- Paarweiser Vergleich aller Kriterien (Ausspielen der Kriterien gegeneinander)

Die beiden Gewichtungsmethoden, insbesondere die Folgerungen für die praktische Anwendung werden bei FRANZIUS [FRA-72] ausführlich beschrieben. Die wichtigsten Unterschiede dieser Gewichtungsmethoden sind in <u>Tabelle 4.2</u> zusammengefaßt.

Merkmale	Ermittlung der Gewichtungsfaktoren von Zielkriterien	
	in der Kriterienhierarchie	beim paarweisen Vergleich
Zeitaufwand	mittel bis groß	mittel
Anforderung an das Urteilsvermögen	mittel bis groß	klein bis mittel
Durchschaubarkeit des Verfahrens	gut	sehr gut
Nachweis von Fehleinschätzungen	kaum möglich	möglich
Abhängigkeit der Gewichtung von der Kriterienzahl	nein	ja
Begrenzung des max. Einflusses des wichtigsten Kriteriums	nein	ja
Vermeidung von Doppelbewertungen auf Grund voneinander abhängiger Kriterien	möglich	schwierig
Anzahl zu vergleichender Kriterien	je Stufe und Gruppe wenige Kriterien	alle Kriterien auf einmal durch paarweise Vergleiche
Begrenzung der Kriterienzahl	keine Begrenzung notwendig	erforderl. durch steigenden Aufwand

Tabelle 4.2: Gegenüberstellung beider Gewichtungsmethoden[2]

Die verfahrensbedingten Nachteile beim paarweisen Vergleich werden in der betrieblichen Praxis häufig durch die Vorteile der einfachen Handhabung und Durschaubarkeit der Methode aufgewogen, wobei bei einer großen Anzahl von Zielkriterien auch eine Kombination beider Gewichtungsmethoden denkbar ist. Das Formulieren und Gewichten der Zielkriterien ist ein Vorgang, bei dem die subjektiven Interessen der Entscheidungsträger eine wesentliche Rolle spielen. Deshalb ist es ratsam, diese Arbeit in einer Gruppe durchzuführen, um eine einseitige Beeinflussung weitgehend auszuschließen. Außerdem ist im Hinblick auf die Vielschichtigkeit von Entscheidungen eine sachgerechte Problemlösung meistens nur durch den Einsatz von Spezialisten, also durch interdisziplinäre Teams, möglich [MET-77].

---

[1] Vgl. hierzu beispielsweise ZANGEMEISTER [ZAN-70]

[2] Nach FRANZIUS [FRA-72]

4.2.4 Strategien als oberste Zielebene

In der Literatur beziehen sich die wichtigsten Zielinhalte sehr häufig auf Erfolg, Rentabilität, Produktivität und Liquidität [HOR-83]. Es soll im Rahmen dieser Arbeit kein Versuch unternommen werden, den Faktor 'Qualität' mit diesen Zielinhalten direkt zu verknüpfen, sondern nur darauf hingewiesen werden, daß diese Größen durch die Produkt- und Prozeßqualität eindeutig beeinflußt werden.[1] Direkt verknüpft werden soll jedoch die Geschäftsfeldstrategie, da sich aus ihr unmittelbar Qualitätsmerkmale für die Produkte bzw. Dienstleistungen ableiten lassen. Als oberste Zielebene soll deshalb im Rahmen dieser Arbeit die Geschäftsfeldstrategie stehen

Ein Ansatz zur Systematisierung von Geschäftsfeldstrategien stellt das Konzept von PORTER dar. Nach PORTER beinhaltet die Wettbewerbsstrategie die Wahl offensiver oder defensiver Maßnahmen, um eine gefestigte Branchenposition zu schaffen und somit einen höheren Ertrag auf das investierte Kapital zu erzielen [FR.NO-92]. Sie kann als die Art und Weise verstanden werden, wie ein Unternehmen versucht, einen durch die Kunden wahrgenommenen Vorteil gegenüber den Konkurrenten im Markt zu realisieren [BA.SC-94b] Die Entwicklung einer Strategie erfolgt durch die Festlegung der drei folgenden strategischen Optionen [SCH-84]:

Ort des Wettbewerbs: Bei dieser Option geht es um die Entscheidung, ob der Kernmarkt oder eine Nische als Ort des Wettbewerbs gewählt wird.

Regeln des Wettbewerbs: Die zweite Option bezieht sich auf die Grundsatzentscheidung, ob der Geschäftsfeldstruktur in ihrer derzeitigen Form gefolgt wird oder ob eine Veränderung der Wettbewerbsregeln angestrebt werden soll.

Schwerpunkt des Wettbewerbs: Die dritte Option verweist auf das wesentliche Merkmal einer Strategie, die strategische Stoßrichtung. Sie ist auch die Option, die im Rahmen dieser Arbeit behandelt werden soll und die Qualitätsstrategie beschreibt.

Grundsätzlich existieren zwei strategische Stoßrichtungen [POR-88]:

- Kostenführerschaft: Die Kostenschwerpunkt-Strategie zielt darauf ab, einen Wettbewerbsvorteil durch einen relativen Kostenvorsprung zu erzielen. Die strategischen Aktivitäten bündeln sich um das Ziel, niedrigere Kosten im Verhältnis zu den Konkurrenten zu erzielen.

- Differenzierung oder Qualitätsführerschaft: Die Differenzierungsstrategie stellt darauf ab, einen Wettbewerbsvorteil gegenuber den Konkurrenten dadurch zu erzielen, daß das angebotene Produkt mit seinen Qualitäts- bzw. Leistungsmerkmalen einen Besonderheitscha-

---

[1] Vgl hierzu beispielsweise die PIMS-Studie [BUZ-89]

rakter erhält und der Nutzungswert für den Kunden wahrnehmbar erhöht wird. Nach POR-
TER gibt es zwei generelle Ansatzpunkte für die Entwicklung von Differenzierungsstrate-
gien [POR-86]: Senkung der Nutzungskosten und/oder Steigerung des Nutzungswertes.

Aus Untersuchungen geht hervor, daß diejenigen Firmen, die sowohl eine günstige Kosten-
struktur als auch eine Differenzierung aufweisen, die erfolgreichsten sind. Voraussetzung zur
erfolgreichen Umsetzung einer derartigen Strategie ist eine starke Marktposition oder Marktführerschaft [PÜM-92]. Im Anlagenbau sind die wenigsten Unternehmen Marktführer; dies ist
allein schon durch die Tatsache begründet, daß 48,8 %[1] der Unternehmen des Anlagenbaus
kleine und mittlere Unternehmen sind und nicht über die notwendigen Ressourcen für eine
Marktführerschaft verfügen. Eine Mischform von diesen beiden Basisstrategien wird deshalb
i.d.R. als wenig erfolgreich angesehen, da allzu oft kein ausgeprägter, verteidigungsfähiger
und von den Kunden wahrnehmbarer Vorteil auf einer der beiden Dimensionen erzielt wird.
Offenbar ist die Beherrschung einer Strategiedimension schon so anspruchsvoll, daß das
gleichzeitige Verfolgen mehrerer Strategiedimensionen die meisten Unternehmen überfordert
[BA.SC-94b]. Die Studie von BACKHAUS und SCHLÜTER[2] zeigt, daß Unternehmen, die
eine Kosten- oder Qualitätsführerschaft verfolgen, in den letzten vier Jahren eine deutlich höhere Gesamtkapitalrentabilität erzielen konnten, als die Unternehmen, welche die Doppelstrategie (gleichzeitig Kosten- und Qualitätsführerschaft) gewählt haben (Abb. 4.9) [BA.SC-94b].

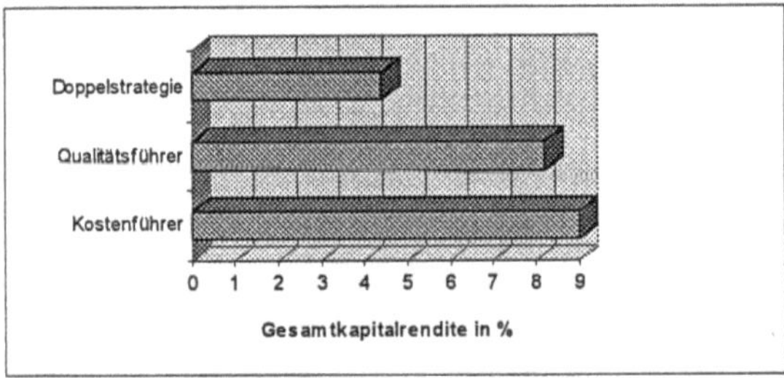

Abb. 4.9: Gesamtkapitalrendite in Abhängigkeit von der verfolgten Wettbewerbsstrategie

Die Studie zeigt, daß vor allem die Merkmale Preis und Produktqualität die Strategietypen
trennen. Zusätzliches Differenzierungspotential besitzt das Merkmal Programmbreite. Während die Kostenführerstrategie eine grundsätzliche Beschränkung auf wenige Produkte unter-
stellt, gilt für Qualitätsführer das Gebot, sich nicht in unübersehbarer Produktvielfalt zu ver-
zetteln. Abb. 4.10 zeigt die untersuchten wettbewerbsrelevanten Merkmale sowohl im Ver-

---

[1] Vgl. hierzu Kap 2 3

[2] Bei der Studie wurden 230 Unternehmen befragt, wobei der Anlagenbau mit einem Anteil von 7 % und die Maschinenbran-
che mit 62 % vertreten war Die Struktur der befragten Unternehmen war deutlich mittelständisch 54 % der Unternehmen
hatten weniger als 250 Mitarbeiter [BA SC-94b] Vgl hierzu auch [BA SC-94a, BA SC-94-c]

gleich zwischen den beiden Strategietypen als auch im Vergleich zum größten Konkurrenten mit der gleichen Strategie.

Auffallend ist, daß die Kostenführer bei allen drei Merkmalen den vergleichsweise geringsten Wert aufweisen. Die Verkaufspreise liegen erwartungsgemäß unter den Preisen der größten Konkurrenten.

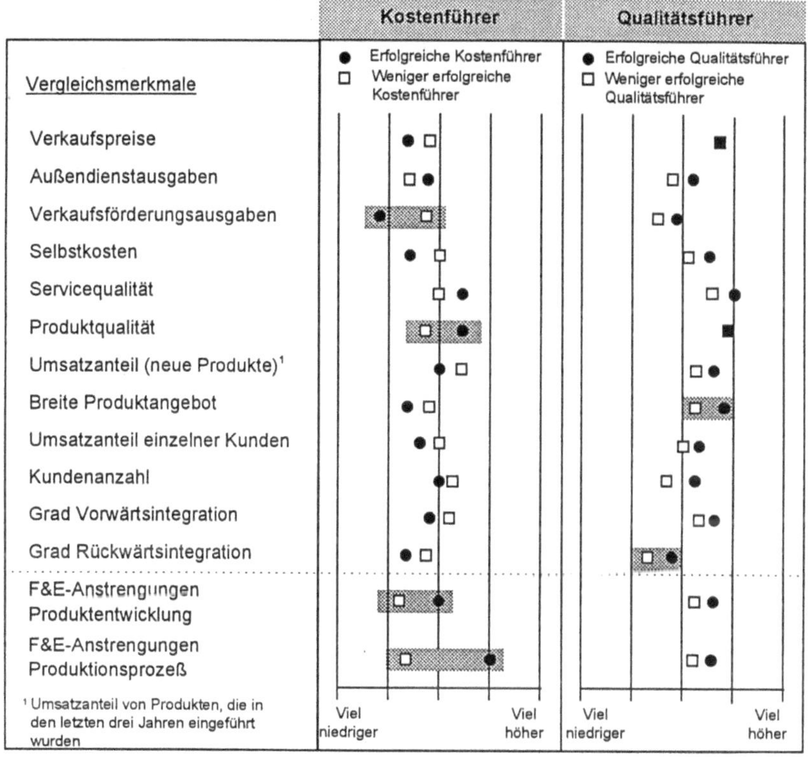

Abb. 4.10: Wettbewerbsrelevante Merkmale im Vergleich zum größten Konkurrenten[1]

Die vom Kunden wahrgenommene Produktqualität ist geringer als die der Qualitätsführer, im Vergleich zu ihren größten Konkurrenten aber haben die Kostenführer durchschnittlich höhere Werte. Die Programmbreite ist geringer als bei den größten Konkurrenten, was die Aussage unterstreicht, daß sich die Kostenführer auf ihre Kernprodukte beschränken. Die Qualitätsführer sind durch die höchsten Preis- und Qualitätswerte im Vergleich zum größten Konkurrenten gekennzeichnet. Wobei die Qualität sowohl die Produktqualitat als auch mit zunehmender

---

[1] In Anlehnung an BACKHAUS/SCHLÜTER

Wichtigkeit die Servicequalität umfaßt. Dies läßt darauf schließen, daß die Qualitätsführer ihren Qualitätsvorsprung auch zur Durchsetzung höherer Preise nutzen können [BA.SC-94b].

Auffallend ist weiterhin, daß erfolgreiche Kostenführer deutlich mehr als ihre größten Konkurrenten in die Verbesserung der Prozesse investieren. Kostenvorteile lassen sich scheinbar nur durch ein ausgezeichnetes Prozeßmanagement erzielen. Neben den niedrigen Selbstkosten fällt zusätzlich der niedrige Wert bei den Ausgaben für Verkaufsförderung der erfolgreichen Kostenführer auf. Offensichtlich verzichten die erfolgreichen Kostenführer weitestgehend auf über Außendienstaktivitäten hinausgehende Vertriebsbemühungen [BA.SC-94b].

Betrachtet man neben der grundsätzlichen strategischen Stoßrichtung noch das vom Unternehmen am Markt angebotene Produkt, so kann in Anlehnung an FRESE/NOETEL [FR.NO-92] die notwendige Kundenorientierung des Unternehmens eingeschätzt werden.

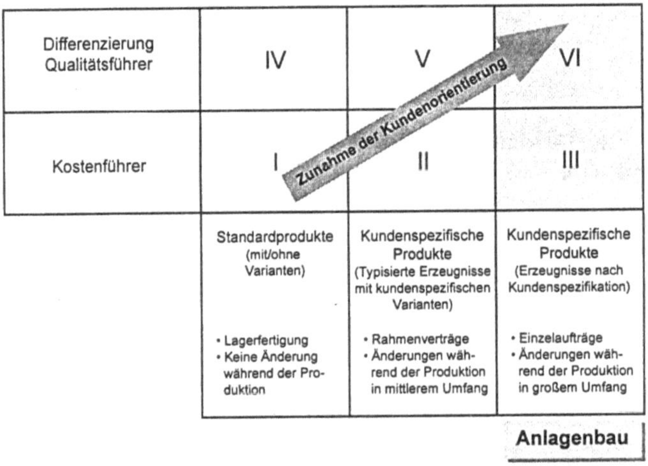

Abb. 4.11: Wettbewerbsstrategie und Kundenorientierung

Wird der Begriff Kundenorientierung lediglich im Hinblick auf die Anforderungen des Absatzmarktes betrachtet, kann man feststellen, daß im Prinzip jeder Strategietyp genau dann kundenorientiert ist, wenn er den Bedürfnissen potentieller Kunden entspricht. Da eine solche Betrachtung immer nur vor dem Hintergrund des relevanten Absatzmarktes zu sehen ist und für die organisatorische Gestaltung keine Aussagekraft besitzt, soll in Anlehnung an FRESE/NOETEL ein an der organisatorischen Gestaltungsproblematik orientierter Begriff der Kundenorientierung gewählt werden. Kundenorientierte Strategien zeichnen sich demnach dadurch aus, daß für die Unternehmen nicht die Effizienz interner Prozesse im Vordergrund steht, sondern eine umfassende Orientierung an Kundenbedürfnissen erfolgt, die an die organisatorische Gestaltung der Unternehmung hohe Anforderungen stellt. Basierend auf dieser

Festlegung zeichnen sich die in <u>Abb. 4.11</u> dargestellten Strategietypen von dem Feld I ausgehend in Richtung des Feldes VI durch eine zunehmende Kundenorientierung aus. Für den Anlagenbau bedeutet dies, daß für beide Strategiedimensionen höchste Ansprüche an die kundenorientierte Gestaltung der Organisation gestellt werden. Die Einzelauftragsfertigung im Anlagenbau nach Kundenspezifikation führt zu einem für den jeweiligen Auftrag befristeten, relativ intensiven Interaktionsprozeß zwischen Kunde und Unternehmen [FR.NO-92]. Dies beginnt in der Akquisitionsphase bei der kundenindividuellen Festlegung der Anlagenspezifikation, geht über die oft enge Zusammenarbeit mit dem Kunden während der Projektabwicklungsphase und endet meistens nicht bei der Abnahme der Anlage, sondern umfaßt auch vertraglich vereinbarte Leistungen wahrend der Nutzungsphase der Anlage.

4.2.5 Unternehmensziele und -strategien im Anlagenbau

Von den bei der Studie von BACKHAUS und SCHLÜTER beteiligten Unternehmen gaben lediglich 7 % an, eine reine Kostenführerschaft zu verfolgen. 56 % bekannten sich zur reinen Qualitätsführerstrategie. Die Doppelstrategie glauben 37 % der Unternehmen zu verfolgen. Betrachtet man einzelne Branchen ergeben sich jedoch deutliche Unterschiede. Besonders im Anlagenbau fällt der überdurchschnittliche Anteil der Unternehmen auf, die die nachteilige Doppelstrategie verfolgen (<u>Abb 4 12</u>).

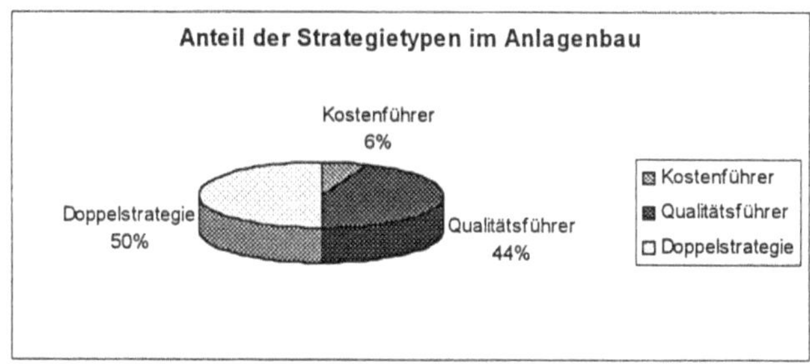

Abb. 4.12: Anteil der Strategietypen im Anlagenbau

Hier fehlen offenbar die klare strategische Ausrichtung und/oder die konsequente Umsetzung der gewählten Strategiedimension Man dreht scheinbar gleichzeitig an mehreren Parametern, verliert dabei jedoch deutlich an Exzellenz auf allen Dimensionen [BA.SC-94b].

Die meisten Anlagenbauer scheinen entweder die Doppelstrategie oder die Qualitatsführerstrategie zu verfolgen, die bzgl der Gesamtkapitalrendite mit 7-8 % im Vergleich zur Kostenführerstrategie mit ca. 25 % deutlich schlechter abschneiden (<u>Abb. 4.13</u>). Offenbar scheint die Kostenführerstrategie die erfolgreichste, aber auch anspruchvollste Strategie im Anlagenbau zu sein.

Daraus leiten sich die folgenden Notwendigkeiten für den Anlagenbau ab:

- Viele Unternehmen des Anlagenbaus müssen sich auf einen Strategietyp fokussieren, um die genannten Nachteile einer Doppelstrategie zu vermeiden.

- Bei Wahl eines Strategietyps muß dieser für die jeweiligen Produkte durch nachvollziehbare und meßbare Vorgaben konkretisiert werden, damit die Strategie durch die im Unternehmen ablaufenden Prozesse und Projekte umgesetzt werden kann.

- Bei Wahl der Kostenführer-Strategie müssen die Produkte und Prozesse z T. grundlegend überdacht werden.

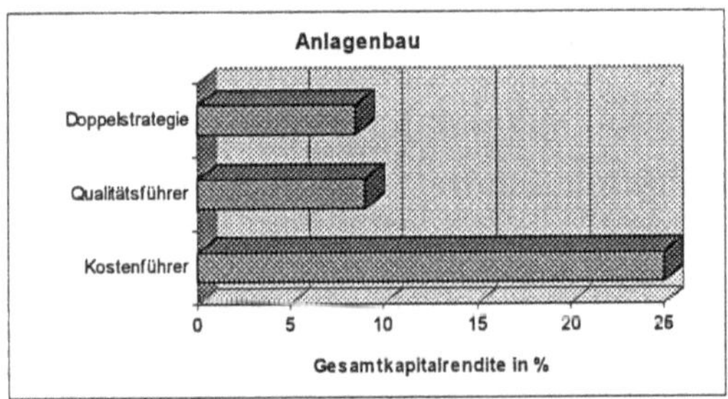

Abb. 4.13: Gesamtkapitalrendite in Abhängigkeit von der Wettbewerbsstrategie im Anlagenbau

5 Entwicklung des prozeßorientierten Kennzahlen- und Zielsystems

5.1 Prozeßmodell

5.1.1 Beschreibung von Prozessen

Betrachtungsgegenstand dieser Arbeit sind Prozesse, die geregelt werden. Um das Objekt 'Prozeß' eindeutig zu identifizieren und seine Systemgrenzen festzulegen, ist es notwendig diese zu beschreiben. Die Beschreibung von Prozessen erfolgt mit Hilfe von Prozeßmodellen. Es existieren jedoch in der Literatur z.T. sehr unterschiedliche Ansätze zur Modellierung von Prozessen [z.B. TRÄ-90, ÖST-95a]. Einigkeit besteht lediglich darin, daß ein Prozeßmodell ein Modell eines Prozesses ist. Damit Prozesse unternehmensübergreifend analysiert und charakterisiert werden können, müssen die Modellierungsmethoden standardisiert sein. Es besteht daher der Bedarf, die Elemente eines Prozeßmodells zu normen [DIN-96].

Aus Sicht des Controllings muß die Beschreibung eines Prozesses die Eingrenzung bzw. Abgrenzung der Prozesse leisten. Da sich kein geeigneter Standard zur Beschreibung von Prozessen etabliert hat, soll die oberste Beschreibungsebene des Prozeßmodells aus den folgenden Modellelementen bestehen:

- dem Prozeßinput,
- dem Prozeßsystem und
- dem Prozeßoutput.

Das Prozeßsystem ist ein offenes System, weil es in Interaktion mit seiner Umgebung tritt. Da sowohl der Begriff des Systems als auch der der Umgebung relativ ist [HUB-73], soll die Abgrenzung des Systems zur Prozeßumgebung mit Hilfe der Schnittstellendefinition erfolgen. Bei der Definition der Schnittstelle kann in Abhängigkeit der Wirkungsrichtung auf das System zwischen dem Prozeßinput und dem Prozeßoutput unterschieden werden.

Der Input des Prozeßsystems ist dabei die Wirkung der Umgebung auf das System, wobei der Prozeßinput zum Inputvektor zusammengefaßt werden kann [HUB-73]. Der Inputvektor umfaßt dabei sowohl den Hauptinput, der i.d.R. die Prozeßoperationen[1] auslost und die für die Bearbeitung wesentlichen Informationen enthält bzw. den zu bearbeitenden Operanden,[2] als auch den Nebeninput, der die für die Ausführung der Operationen notwendigen Hilfsmittel umfaßt.

---

[1] In Anlehnung an HUBKA [HUB-73] Eine Operation ist ein Elementarprozeß, die einen zeitlich ununterbrochenen Teil des gesamten Prozesses darstellt Sie ist eine unabhangige Aufgabe und kann einer Person bzw einem Team zugewiesen werden und wird an einem Arbeitsplatz durchgeführt

[2] In Anlehnung an HUBKA [HUB-73] Durch die Prozeßoperationen wird der Prozeßinput in den Prozeßoutput transformiert Der Gegenstand der Transformation wird dabei als Operand bezeichnet, der sowohl Information als auch Material darstellen kann

Der Output des Prozeßsystems ist die Wirkung des Systems auf die Umgebung, der wiederum durch einen Outputvektor beschrieben werden kann [HUB-73]. Der Output des Systems ist die Menge aller Ausgangsgrößen, die nicht wieder Input anderer Subsysteme innerhalb des Prozeßsystems sind.

Die Beschreibung des Prozeßsystems erfolgt durch die Beschreibung

- der Organisation, die sowohl die Aufbau- als auch die Ablauforganisation[1] umfaßt, und
- durch die Menge der Operatoren.

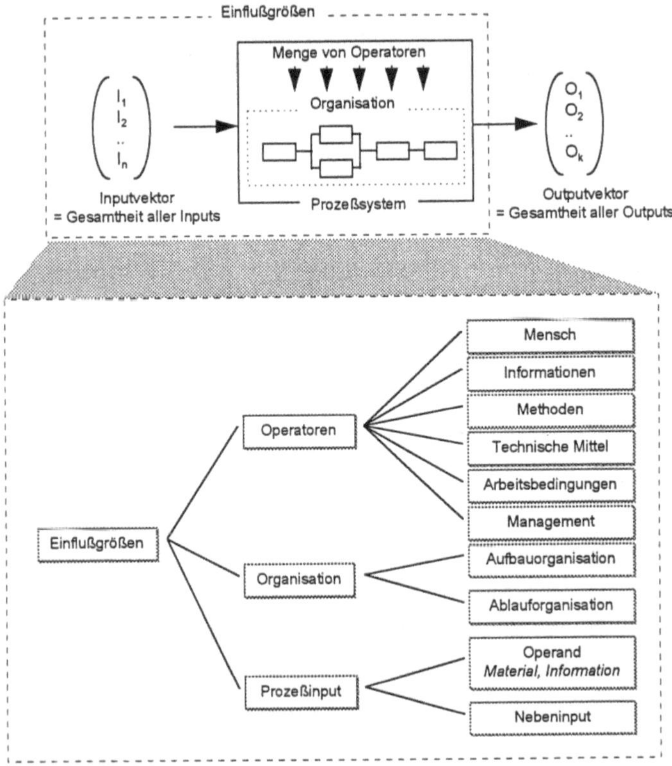

Abb. 5.1: Einflußgrößen eines Prozesses

Als Operatoren sollen in diesem Zusammenhang all diejenigen Faktoren bezeichnet werden, die in Form von Verfahren und Mitteln auf die Prozeßdurchführung einwirken. Bei Unternehmensprozessen, in Erweiterung zu Fertigungsprozessen, kann zwischen den folgenden Operatoren unterschieden werden:

---

[1] Vgl hierzu Kap 3 1 3

- die Informationen, die projektunabhängig im Prozeßsystem zur Verfügung stehen,

- die technischen Mittel, auf die bei den Prozeßoperationen zurückgegriffen werden kann,

- die Methoden, über die für die erfolgreiche Anwendung ausreichendes Methoden-Know-how existiert,

- die Menschen, die die Prozeßoperationen ausführen,

- die Arbeitsbedingungen, die sowohl die materielle Ausgestaltung des Prozeßsystems als auch die sozialen Beziehung innerhalb des Prozeßsystem betreffen und

- das Management, das die Prozeßoperationen koordiniert.

All diejenigen Faktoren, von denen der Prozeßoutput und die für den Prozeß festgelegten Zielgrößen abhängig ist, sollen im folgenden als Einflußgrößen bezeichnet werden. Die Einflußgrößen[1] (auch Einflußfaktoren genannt) sind charakteristische Kennzeichen, welche zur Beschreibung von Einflüssen herangezogen werden. Im Zusammenhang mit Prozessen sind sie Prozeßvariable, welche den Prozeß bzw. die Qualität des Prozesses bestimmen. Abb. 5.1 zeigt alle Einflußgrößen im Überblick.

Es muß hierbei unterschieden werden zwischen

- endogenen (prozeßinternen) und exogenen (prozeßexternen) sowie

- veränderbaren und nicht veränderbaren

Einflußgrößen.

Endogene Einflußgrößen sind Bestandteil des Prozeßsystems und prozeßintern, während exogene Einflußgrößen von außerhalb des Prozeßsystems auf den Prozeß wirken.

Veränderbare Einflußgrößen können, im Gegensatz zu nicht veränderbaren Einflußgrößen, zur Optimierung bzw. Anpassung von Prozessen durch Planung und Umsetzung von geeigneten Maßnahmen verändert werden, damit der Prozeß seinen Anforderungen gerecht werden kann.

5.1.2 Bewertung von Prozessen

Ziel des Prozesses ist es, eine Prozeßleistung zu erbringen, die sowohl den horizontalen als auch den vertikalen Anforderungen[2] gerecht wird. Die Bewertung des Prozesses erfolgt durch die Gegenüberstellung (Soll-Ist-Vergleich) der Anforderungen an den Prozeß und dem Prozeßoutput mit seinen zeitlichen, monetären und qualitativen Eigenschaften Dies geschieht mit Hilfe von Führungskennzahlen Weiterhin kann der Prozeß durch das Niveau der Einflußgrößen beschrieben werden, was mit Hilfe von Einflußkennzahlen geschehen soll.

---

[1] In der Praxis hat sich als Synonym der Begriff „Stellhebel" bewährt, der im folgenden ebenfalls verwendet wird

[2] Vgl hierzu Kap 3 3

Bei Betrachtung der Kriterien, aus denen Führungskennzahlen abgeleitet werden, kann bzgl. der Relevanz bei unterschiedlichen operativen Prozessen unterschieden werden zwischen

- allgemeingültigen und
- prozeßspezifischen Bewertungskriterien.

Die prozeßspezifischen Bewertungskriterien müssen durch eine ganzheitliche Anforderungs-analyse[1] ermittelt werden. Zur Unterstützung der Auswahl von geeigneten Kriterien zur Bewertung von Prozessen soll im folgenden ein allgemeines Bewertungsmodell (Abb. 5.2) entwickelt werden, das die in der Praxis am häufigsten verwendeten allgemeingültigen Bewertungskriterien definiert und mögliche Meßpunkte festlegt.

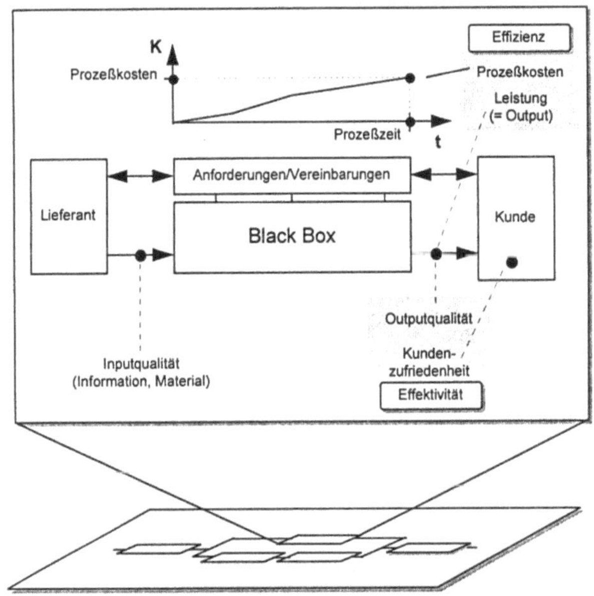

Abb. 5.2: Allgemeines Bewertungsmodell für Prozesse

In der Literatur werden für die Klassifizierung von Bewertungskriterien häufig die Begriffe Effektivität und Effizienz gebraucht. Die Unterscheidung zwischen Effektivität und Effizienz findet sich sowohl in der angloamerikansichen als auch zum Teil in der deutschsprachigen Literatur [z.B. CA.WH-83, HIL-89]. Diese Differenzierung wird jedoch kontrovers diskutiert und von einigen Autoren abgelehnt [z.B. GR.WE-75, FRE-88]. Die Differenzierung zwischen Effektivität und Effizienz drängt sich jedoch wegen der inzwischen eingetretenen Verfestigung in der amerikanischen Managementliteratur [SCH-92] aus Gründen der Kompatibilität

---

[1] Vgl hierzu Kap. 5.2.4-5

auf, da der angloamerikanische Sprachraum auf die Themenfelder Qualitäts- und Prozeßmanagement einen wichtigen und wesentlichen Einfluß hat.

Deshalb soll im Rahmen dieser Arbeit unterschieden werden zwischen

- Effektivitätskriterien als Maßgrößen für die Zielerreichung bezogen auf den Prozeßoutput und
- Effizienzkriterien als Maßgrößen für die Input-Output-Beziehung des Prozeßsystems.

Die folgenden Effektivitätskriterien sind allgemeingültig, wobei unter der Effektivität die ergebnisorientierte Eignung [STR-88] der Aktivitäten des Prozeßsystems verstanden werden soll, die die Erfüllung der Kundenanforderungen durch den Prozeßoutput zur Folge haben [FRI-94]. In diesem Zusammenhang definieren KANTER und BRINKERHOFF Effektivität als „doing the right things" [KA.BR-81].

- Outputqualität: Wie in Kap. 2.4 bereits definiert, betrachtet das Kriterium 'Outputqualität' die Erfüllung der Anforderungen des Kunden durch den Prozeßoutput, wobei der Kunde über die jeweilige Erfüllung entscheidet. Es kann in Abhängigkeit des „Produktes" unterschieden werden zwischen

  der *Produktqualität im engeren Sinne (i.e.S.)* die sich auf die Qualität der materiellen Produkte bezieht, und

  der *Dienstleistungsqualität*, die sich auf die immateriellen Produkte, wie das Verhalten des Lieferanten in wichtigen Sachverhalten gegenüber dem Kunden bezieht,

  wobei sich im Anlagenbau die Gesamtqualität durch die Kombination von Produktqualität i.e.S. und Dienstleistungsqualität ergibt, da das Produkt 'Anlage' sowohl aus materiellen Komponenten als auch aus Dienstleistungskomponenten besteht.

- Kundenzufriedenheit: Das Kriterium 'Kundenzufriedenheit' geht, bezogen auf das Anforderungsprofil des Kunden, weit über das Kriterium 'Qualität' hinaus. Um seine Kunden zufriedenzustellen, reicht es nicht aus, nur auf den Faktor Qualität abzustellen. Nach IMAI möchte der Kunde immer bessere Qualität zu einem niedrigeren Preis zu einem festgelegten Zeitpunkt [IMA-92]. Die Kundenzufriedenheit ist daher eine Funktion mit den Parametern Qualität, Kosten und Zeit, die bei einer, aus Sicht des Kunden, optimalen Balance zur Zufriedenheit des Kunden führt.[1]

- Termintreue: Neben der Outputqualität ist das Kriterium 'Termintreue' das wichtigste Effektivitätskriterium und beschreibt die Einhaltung vereinbarter Termine.

Die Effizienz soll mit der Leistungsfähigkeit im Hinblick auf die Input-Output-Beziehung des

---

[1] Vgl. hierzu Definition 'Kundenzufriedenheit' in Anhang 3.2

Prozeßsystems gleichgesetzt werden. Effizienzkriterien bewerten den Prozeß der Leistungserstellung. KANTER und BRINKERHOFF sprechen in diesem im Zusammenhang von „doing the things right" [KA.BR-81]. Es können die folgenden allgemeingültigen Effizienzkriterien festgelegt werden:

- <u>Wirtschaftlichkeit und Produktivität:</u> Bei der Ausführung der Aktivitäten im Prozeß ist der Einsatz von Produktionsfaktoren notwendig. Da diese in der Regel knapp sind, muß mit diesen gewirtschaftet werden, wobei unter Wirtschaften das Entscheiden über knappe Güter in Betrieben verstanden wird [BEA-88]. Daher muß der Prozeß nach dem Kriterium der Wirtschaftlichkeit gestaltet werden. Wirtschaftlichkeit liegt dann vor [BEA-94],

⇒ wenn mit einem gegebenen Mittelbestand ein maximales Ergebnis erreicht oder

⇒ ein bestimmtes Ergebnis mit einem minimalen Güterverbrauch realisiert wird.

Für die Definition der Wirtschaftlichkeit gibt es die zwei folgenden prinzipiellen Ausprägungen [STR-88]:

$$Wirtschaftlichkeit = \frac{Ertrag}{Aufwand} \; oder \; \frac{Leistung}{Kosten}$$

Wenn als Outputgröße die produzierte Menge und als Inputgröße[1] die Menge an Einsatz- oder Produktionsfaktoren gewählt wird, erhält man einen Wirtschaftlichkeitsbegriff, der auch als Produktivität bezeichnet wird [BEA-94, BUS-85]:

$$Produktivität = \frac{Ausbringungsmenge}{Faktoreinsatzmenge} \; oder \; \frac{Wertschöpfung}{Faktoreinsatzmenge} \times 100$$

wobei die Wertschöpfung wie folgt definiert wird:

$$Wertschöpfung = Umsatz - (Zukauf +/- Bestandsveränderungen)$$

Die Produktivität ist zum einen das Ergebnis einer ökonomischen Aufgabenerfüllung und zum anderen die Antwort auf die Frage, welche Wirkung durch die Erbringung eines Aufwandes für die Unternehmung entsteht [BUS-85]. Welche der Varianten im konkreten Fall zur Anwendung kommt, hängt von der jeweiligen Entscheidungssituation ab. Soll die Effizienz unabhängig von der Bewertung des Einsatzes und des Ergebnisses erfolgen, bietet sich die Produktivität an, da sie nur von einem Mengenverhältnis ausgeht. Diese Kennzahl wird häufig auch als technische Effizienz bezeichnet [BEA-94].

---

[1] Die Inputgröße an Produktionsfaktoren darf nicht mit dem Prozeßinput verwechselt werden

* <u>Prozeßkosten:</u> Die Produkt- bzw. Angebotspreise sind im Anlagenbau fast immer das Entscheidungskriterium. Es ist daher außerordentlich wichtig, die Kalkulation der Anlage in der Realisierungsphase umzusetzen. Dies kann nur dann gelingen, wenn die Material- und Prozeßkostenstruktur ausreichend transparent ist.

  Prozeßkosten sind der in Geldeinheiten bewertete Verzehr an Gütern (Materialverbrauch, Abschreibungen usw.) und Dienstleistungen (Löhne, Sozialkosten, usw.) zur Erstellung und zum Absatz der betrieblichen Erzeugnisse bzw. Produktionsfaktoren und Fremdleistungen, soweit sie zur Aufrechterhaltung der Betriebsbereitschaft dienen [WAR-90]. Die Prozeßkosten schließen jedoch nicht die Kosten für Materialen mit ein, die integraler Bestandteil der Anlage werden.

  Die Ermittlung der Prozeßkosten kann mit Hilfe der Prozeßkostenrechnung erfolgen, die in <u>Anhang 3.5</u> näher erläutert wird.

* Die <u>Leistung</u> eines Prozesses (<u>Prozeßleistung</u>) ist das begriffliche Gegenstuck zu den entstehenden Prozeßkosten und entspricht dem Wert, der durch einen Prozeß hervorgebrachten Sachgüter und Dienstleistungen (materiell und immateriell) [STR-88]. Die Prozeßleistung umfaßt die Ergebnisse, die an interne oder externe Kunden gehen. Empfänger einer Prozeßleistung ist ein anderer Prozeß innerhalb des Unternehmens oder der externe Kunde [ÖST-95a].

* Die <u>Durchlaufzeit</u> von Prozessen ist in vielen Bereichen zentrales Ziel der Prozeßverbesserung. Die Durchlaufzeit ist daher neben den kostenorientierten Kriterien ein wesentliches Kriterium für die Leistungsfähigkeit eines Prozesses. Die Durchlaufzeit umfaßt alle Zeitelemente, die vom Start bis zum Ende eines Prozesses durchgeführt werden müssen [WIL-95a] Die Durchlaufzeit läßt sich aufteilen in Transport- und Liegezeitelemente sowie Einwirkzeitelemente, die aus Transformations- und Bearbeitungszeiten gebildet werden [MÜL-94].

Fur die Bewertung der Prozesse bzgl. der oben beschriebenen Kriterien existieren zahlreiche Methoden. Eine Methode besteht häufig aus einem Modell und einem Aktionsplan Da die Erkenntnisse über die Möglichkeiten und das Vorgehen zur Lösung einer Problemstellung auf kreativem Wege gewonnen werden, ist eine anschließende Formalisierung mit dem Ziel notwendig, die Erkenntnisse auf ihre wesentlichen Merkmale zurückzuführen, sie zu vereinfachen und in eine moglichst leicht und allgemein verwendbare Form - die Methode - zu bringen [AG BA-92]

Diejenigen Methoden zur Bewertung von Prozessen, auf die im Rahmen des Controllingsystems zurückgegriffen wird (Abb. 5.3), sind im Anhang 3.1 bzgl. Zielsetzung, Anwendungsgebiet und Ergebnisse beschrieben.

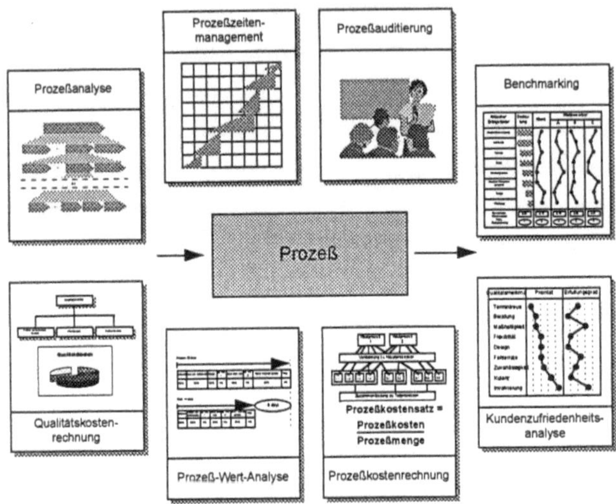

Abb. 5.3: Methoden zur Bewertung von Prozessen

5.1.3 Prozeßarten

Bei allen Ansätzen zur Prozeßbetrachtung werden von allen im Unternehmen ablaufenden Prozessen diejenigen Prozesse herausgegriffen, welche die wesentlichen Aktivitäten des Unternehmens umfassen [GAI-94], wobei die Zielsetzung der Prozeßverbesserung teilweise unterschiedlich ist.[1]

Zielsetzung im Rahmen dieser Arbeit ist die Bewertung und Regelung der Qualität der Unternehmensprozesse. Für die Erhöhung der Kundenzufriedenheit und die Verbesserung der Leistungsfähigkeit des Unternehmens muß es das oberste Ziel sein, diejenigen Prozesse zu optimieren, die der externe Kunde mit einer bestimmten Motivation initiiert (Abb. 5.4) und auf die das Unternehmen mit einer definierten Leistung reagiert.

Der Prozeß von der Aufnahme der Kundenanforderung bis zur Erbringung der vom Kunden gewünschten Leistung soll daher im folgenden als „Kundenprozeß" bezeichnet werden. Die

---

[1] Diese Prozesse werden in der Literatur unterschiedlich benannt „Schlüsselprozesse" bei DAVENPORT [DAV-93], „Geschäftsprozesse" oder „Business Processes" bei STRIENING [STR-88], „Core Processes" bei KAPLAN/MURDOCK [KA.MU-91], „Leistungsprozesse" bei SOMMERLATTE/WEDEKIND [SO WE-89] und „Unternehmensprozesse" bei HAMMER/CHAMPY [HA CH-94]

Verbesserung dieser Kundenprozesse zur Umsetzung der Kundenorientierung muß wichtigstes Ziel unternehmerischen Handelns sein, um langfristig den Erfolg des Unternehmens zu sichern. Ein Kundenprozeß soll wie folgt definiert werden:

Ein Kundenprozeß umfaßt alle Tätigkeiten, die dazu dienen, Kundenanforderungen in ein Produkt oder eine Dienstleistung umzusetzen. Der Kundenprozeß beginnt beim externen Kunden und endet beim externen Kunden, wobei der Prozeß-Output sowohl ein materielles Produkt als auch eine Dienstleistung (immaterielles Produkt) sein kann. Ein Beispiel für einen Kundenprozeß ist die Projekt-abwicklung.

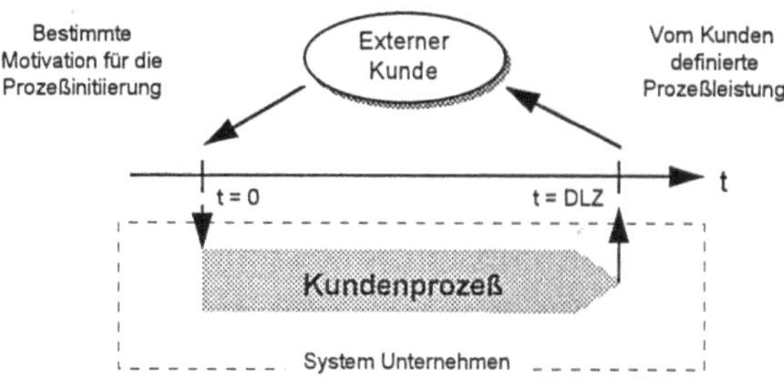

Abb. 5.4: Definition Kundenprozeß

Zur Umsetzung einer konsequenten Kundenorientierung erfolgt die vertikale Strukturierung der Prozesse Top-down, d.h. beginnend von den Anforderungen des externen Kunden wird der Kundenprozeß in Teilprozesse zerlegt und verschiedenen Prozeßebenen zugeordnet, wobei alle Prozesse einer Prozeßebene von der gleichen Art sind. Es soll daher weiterhin zwischen den zwei folgenden Prozeßarten unterschieden werden:

- *Hauptprozeß*: Ein Hauptprozeß ist Teil eines Kundenprozesses und faßt gleichartige Tätigkeiten zusammen, die zu einem wichtigen Ergebnis innerhalb der Wertschöpfungskette führen. Die Gesamtheit dieser Tätigkeiten ist i.d.R. abteilungs- bzw kostenstellenübergreifend organisiert. Ein Hauptprozeß kann sowohl Tätigkeiten in den direkten als auch in den indirekten Bereichen umfassen.

- *Subprozeß*: Ein Subprozeß ist Teil eines Haupt- oder Subprozesses und umfaßt eine oder mehrere Tätigkeiten, die zu einem "Arbeitsgang" gehören und i d.R. an einer Kostenstelle anfallen bzw. innerhalb einer Abteilung ausgeführt werden.

5.1.4 Prozeßarchitektur

Die Prozeßarchitektur umfaßt aufgrund der verschiedenen Prozeßarten mindestens drei Ebenen: Kunden-, Haupt- und Subprozeßebene. Je nach Komplexität der Prozesse kann es notwendig sein, die Subprozeßebene durch eine oder mehrere Subprozeßebenen zu beschreiben

(<u>Abb. 5.5</u>), wobei die Subprozeßebenen mit einer Ordnungsnummer versehen und in Richtung der Konkretisierung fortlaufend gezählt werden.

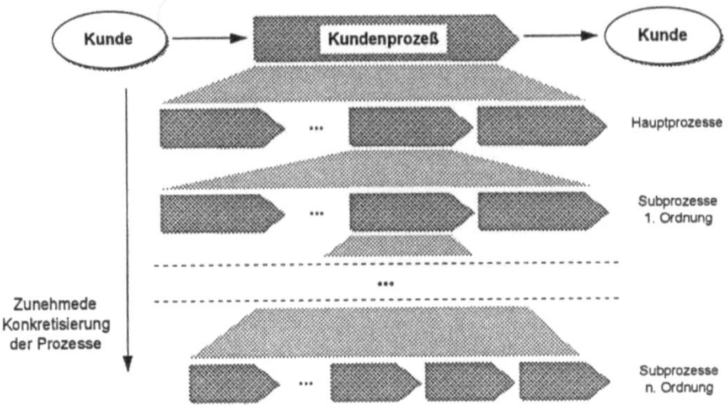

Abb. 5.5: Prozeßarchitektur

Für die erste Betrachtung und Analyse der Unternehmensprozesse im Rahmen der Installation des Controllingsystems hat es sich aus Gründen der Übersichtlichkeit als positiv erwiesen, zunächst ein Drei-Ebenen-Modell anzunehmen, um die Komplexität nicht zu stark zu erhöhen

5.1.5 Modellfestlegungen

In der Literatur sind zwei sich ausschließende Ansätze (Hypothesen) vorzufinden, wie Prozesse in Unternehmen identifiziert und folglich auch beschrieben bzw. modelliert werden können [GAI-94]:

- Jedes Unternehmen hat spezifische Prozesse, die aufgrund der situativen Merkmale der betrieblichen Konstellation von Unternehmen zu Unternehmen verschieden sind [GAI-83, HA.FR.-91, STR-88]. Diese Hypothese würde selbst branchenweite Lösungen ausschließen.

- Prozesse können auf höchster Aggregationsebene idealtypisch definiert werden und verfügen über die gleichen „Prozeßhülsen", die branchen- und unternehmensspezifisch angepaßt und detailliert werden müssen [SO.WE-89]. SOMMERLATTE spricht in diesem Zusammenhang von „aggregierten, differenzierungsfähigen Leistungsprozessen".

Im Rahmen dieser Arbeit wird die letztgenannte Hypothese verfolgt, daß es also möglich ist, bis zu einem bestimmten Detaillierungsniveau branchenspezifische Prozeßhülsen festzulegen, die unternehmensspezifisch ausgestaltet werden müssen. Die Annahme idealtypischer Prozesse hat folgende Vorteile:

- Die vorgegebene Systematik erleichtert die Überwindung tradierter Strukturen [GAI-94],

- Der Grobentwurf eines Prozeßmodells kann bei einem Reorganisationsprojekt hilfreich sein, um den Mitarbeitern das Prozeßdenken näher zu bringen, und ist damit die Basis für den gesamten Projekterfolg [GAI-94],

- Unternehmensübergreifender Erfahrungsaustausch wird wesentlich vereinfacht, wenn einheitliche Strukturen vorgegeben sind, die in dieser oder einer leicht abgewandelten Form bei allen Unternehmen des Anlagenbaus vorzufinden sind.

Voraussetzung für die Umsetzung dieser Hypothese ist die exakte Definition und Abgrenzung der Prozeßhülsen, da sich die Begriffswelten in den Unternehmen erfahrungsgemäß z.T. deutlich unterscheiden. Die Beschreibung der Prozesse soll wie in Kap. 5.1.1 erläutert durch die Prozeßaufgaben sowie den typischen Prozeßinput und -output erfolgen. Bei der Benennung der Prozeßhülsen sollen die Begriffsdefinitionen der relevanten Normen und Richtlinien berücksichtigt werden.

Die Definition und Konkretisierung soll im Rahmen dieser Arbeit innerhalb der noch zu definierenden Systemgrenzen für die in <u>Abb. 5.6</u> skizzierten Prozeßebenen der Kunden- und Hauptprozesse erfolgen.

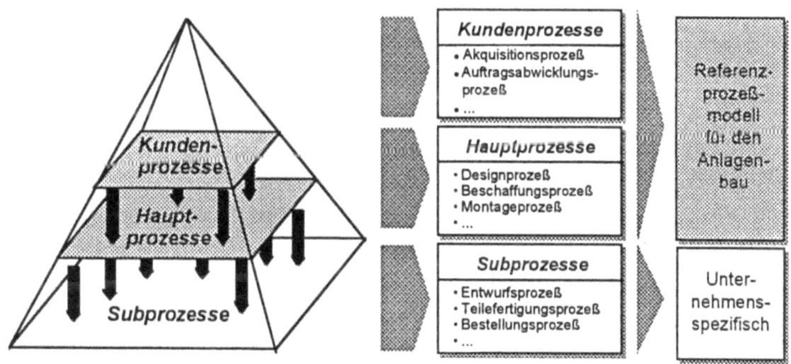

Abb. 5.6: Prozeßmodell mit drei Ebenen

Dazu wird ein verallgemeinertes Referenz-Prozeßmodell entwickelt werden, das die qualitätsrelevanten Prozesse idealtypisch für den Anlagenbau beschreibt. Die darunterliegende und detailliertere Beschreibung der Subprozesse muß unternehmensspezifisch geschehen.

5.1.6 Referenz-Prozeßmodell für die Auftragsabwicklung im Anlagenbau

Die Entwicklung und Erprobung des Controlling-Systems erfolgt innerhalb definierter Systemgrenzen. Diese werden durch den „wichtigsten" Kundenprozeß im Anlagenbau festgelegt.

- 94 -

Die Grundgesamtheit der zur Auswahl stehenden Prozesse bilden die für den Anlagenbau relevanten Kundenprozesse und die von SOMMERLATTE und WEDEKIND vorgeschlagenen Leistungsprozesse [SO.WE-89], die für den Anlagenbau Bedeutung haben.[1] Für die Entwicklung und Herstellung von komplexen Unikaten bzw. Anlagen sind die folgenden Kundenprozesse wichtig: Akquisitionsprozeß, Projektabwicklungsprozeß, Reklamationsprozeß sowie diverse After-Salesprozesse.

	Prozeßkandidaten / Eigenschaften	Strategische Bedeutung	Kern-kompetenz	Potential	Standardi-sierbarkeit	Kunden-bedürfnis
Direkte Kundenprozesse	Akquisitions-Prozeß	●	●	●	◐	✓
	Projektab-wicklungsprozeß	●	●	●	●	✓
	Reklamations-prozeß	●	○	◐	○	✓
	Service-Prozeß	●	◐	◐	◐	✓
Indirekte Leistungsprozesse	Marktkommuni-kations-Prozeß	●	◐	◐	◐	
	Personalschulungs-/ Motivationsprozeß	◐	○	◐	◐	✓
	Rentabilitäts- und Liquiditäts-sicherungs-Prozeß	●	◐	◐	◐	
	Strategieplanungs- und Umsetzungs-Prozeß	◐	◐	◐	◐	

● trifft genau zu   ◐ trifft etwas zu   ○ trifft wenig zu   ✓ erfüllt

Abb. 5.7: Auswahl des Prozeßkandidaten

Die Bewertung der Prozeßkandidaten (Abb. 5.7) erfolgte durch die vier betrachteten Unternehmen des Anlagenbaus mit den von ÖSTERLE entwickelten Kriterien zur Selektion von Prozessen [ÖST-95a]:

- Die strategische Bedeutung kennzeichnet den Einfluß auf die kritischen Erfolgsfaktoren des Unternehmens.

- Die Kernkompetenz ist jene Fähigkeit, die im Mittelpunkt der Leistungserstellung steht und für die das größte Know-how vorhanden ist.

- Das Potential gibt darüber Auskunft, ob sowohl Möglichkeiten zur Kostensenkung als auch zur Ausweitung des Umsatzes bestehen.

- Die Standardisierbarkeit wird durch die allgemeingültige Festlegung der Aufgaben und Abläufe erreicht.

---

[1] Die von SOMMERLATTE vorgeschlagene Liste von Leistungsprozessen trifft für Unternehmen der Serienfertigung zu. Sie enthält Prozesse wie „Produkt-/Leistungsbereitstellungs-Prozeß", „Logistik- und Serviceprozeß" und „Kundenutzen-Optimierung-Prozeß" die für den Anlagenbau nicht relevant sind.

- Bzgl. Kundenorientierung wird abgefragt, ob der Prozeß ein Kundenbedürfnis abdeckt und dafür die volle Verantwortung trägt.

Der wichtigste Kundenprozeß im Anlagenbau ist demzufolge der Projektabwicklungsprozeß, da mit diesem

- die Kernkompetenz des Unternehmens angeboten wird,

- die meisten Qualitätsmerkmale erzeugt werden und somit die Kundenzufriedenheit am nachhaltigsten beeinflußt wird sowie

- auf der Finanzierungsebene (operatives Geschäft) der weitaus größte Teil des Umsatzes erzielt wird und damit die Ertragssituation des Unternehmens am nachhaltigsten beeinflußt werden kann.

Die weiteren Ausführungen zur Beschreibung des Controllingsystems im Rahmen dieser Arbeit beschränken sich daher auf den Projektabwicklungsprozeß.

Nach STRIENING ist die Abgrenzung und Definition von Prozessen und deren Subprozessen im Endeffekt eine Frage der Pragmatik [STR-88]. Um die Abgrenzung der Hauptprozesse nachvollziehbar zu machen, wurden die folgenden Regeln angewandt:

- Es muß sich um inhaltlich geschlossene und in ihrem logischen Zusammenhang erfaßbare Vorgänge handeln, bei denen erkennbar ist, daß sie zur Durchsetzung der Unternehmensziele beitragen [STR-88].

- Es sollen gleichartige Tätigkeiten zu einem Prozeß zusammengefaßt werden.

- Die Leistung eines Hauptprozesses hat eine hohe Bedeutung für den Kundenprozeß.

- Um die Anzahl der Schnittstellen nicht unnötig zu erhöhen, sollen die existierenden Funktionsbereichsschnittstellen mit den virtuellen Prozeßschnittstellen möglichst übereinstimmen.

Mit Hilfe einer Fragebogenerhebung bei insgesamt einundzwanzig Unternehmen des Anlagenbaus und durch Workshops mit Vertretern aus der Qualitätssicherung und/oder der Geschäftsleitung bei vier ausgewählten Unternehmen konnten die in Abb. 5.8 genannten Hauptprozesse zur Beschreibung des technischen Projektabwicklungsprozesses identifiziert und bezüglich ihrem zeitlichen Verhalten beschrieben werden.

Das Referenz-Prozeßmodell hat keinen Anspruch auf Allgemeingültigkeit. Es stellt einen Bezugsrahmen dar und kann unternehmensspezifisch angepaßt werden. Diese Hauptprozesse konnten jedoch bei allen Unternehmen identifiziert werden, wobei anzumerken ist, daß die interne Montage und Inbetriebnahme in Abhangigkeit von der Anlagengröße nicht immer durchlaufen werden, da größere Anlagen i.d.R. gleich beim Kunden aufgebaut und dort zum ersten Mal in Betrieb genommen werden.

Aus Sicht des Projektmanagements gibt es die Phase der Projektplanung zu Beginn des Projektes, in der die Projektorganisation festgelegt und eine detaillierte Zeit- und Kapazitätsplanung aufgestellt wird. Weiterhin wird das Projektteam mit seinem Projektleiter festgelegt. Die Projektsteuerung muß mit Hilfe des Projekt-Controllings die Einhaltung der Planungsvorgaben während der gesamten technischen Projektabwicklung überwachen und bei Abweichungen entsprechende Maßnahmen ergreifen und diese ebenfalls überwachen.

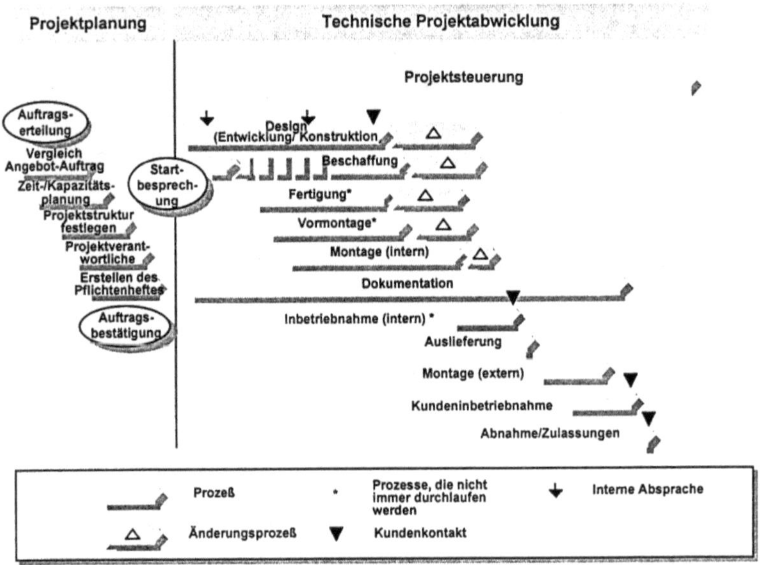

Abb. 5.8: Referenzmodell für den Projektabwicklungsprozeß (Hauptprozeßebene)

Die kaufmännische Projektabwicklung ist nach Auftragserteilung dafür verantwortlich, den Auftrag mit dem Angebot auf Übereinstimmung zu vergleichen, die Auftragsbestätigung zu versenden sowie die Auftagsunterlagen unternehmensintern weiterzuleiten.

Die Definition und Beschreibung der Hauptprozesse der technischen Projektabwicklung erfolgt in <u>Anhang 4</u>, wobei für jeden Hauptprozeß der projektspezifische Prozeßinput beschrieben, die Aufgabe des Prozeßsystems definiert, der Prozeßoutput festgelegt und typische Probleme beschrieben werden.

Weiterhin werden mögliche Führungsgrößen zur Bewertung der Prozesse vorgeschlagen.

5.2 Prozeßorientiertes Kennzahlen- und Zielsystem

5.2.1 Vorgehensweise bei der Entwicklung des Kennzahlen- und Zielsystems

Im folgenden wird eine systematische Vorgehensweise beschrieben, wie für die im Unternehmen ablaufenden Prozesse geeignete Bewertungsmaßstäbe ermittelt werden können. Die Beschreibung der Systematik erfolgt exemplarisch am Beispiel des Projektabwicklungsprozesses für die Realisierung von Anlagen. Die Systematik kann jedoch prinzipiell auf jede Art von operativen Prozessen[1] angewandt werden.

Die Bewertungsmaßstäbe in Form von Kennzahlen sollen nicht, wie bei den meisten Unternehmen, von unten nach oben erarbeitet werden, da diese aus Augenblicksbedürfnissen abgeleitet sind [KA.NO-94]. Sie sollen Top-down, basierend auf den Zielen des Unternehmens und den vom Kunden gestellten Anforderungen, abgeleitet werden.[2] Die Zusammenfassung dieser beiden Anforderungsgruppen erfolgt in den übergeordneten Prozeßzielen. Sie bilden die Klammer um alle Anforderungen, die es aus Sicht der Kunden und der Unternehmensführung durch die Unternehmensprozesse zu realisieren gilt.

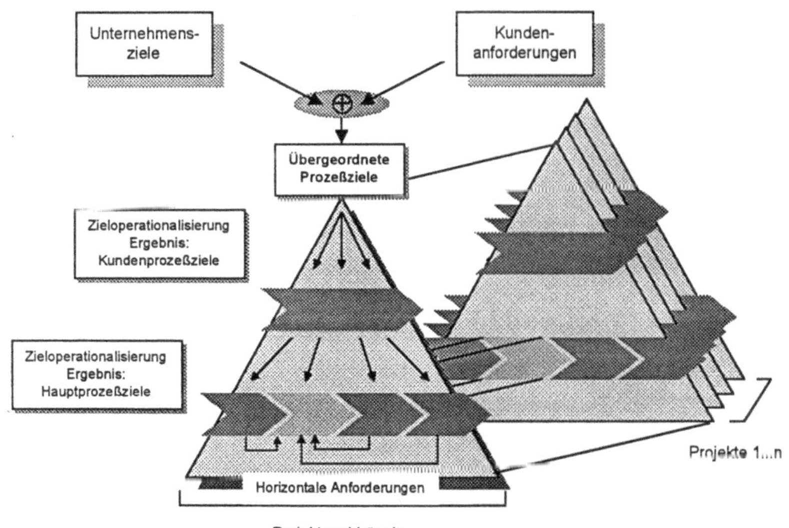

Abb. 5.9: Ansatz für die Ermittlung von Prozeßzielen

---

[1] Prozesse mit vorwiegend operativen Tätigkeiten. Vgl. hierzu Kap. 3.1.1

[2] Vgl. hierzu beispielsweise das Vorgehen bei der Anwendung der *Balanced Scorecard* von KAPLAN und NORTON [KA.NO-94]

Das Ermitteln der Prozeßziele erfolgt durch Ableiten der Ziele aus der jeweils höheren Prozeßebene. Dies geschieht durch das schrittweise Filtern und Anpassen der für den jeweiligen Prozeß relevanten Ziele. Abb. 5.9 verdeutlicht diesen Gedanken. Aus den übergeordneten Prozeßzielen werden auf höchster Prozeßebene die für einen Kundenprozeß relevanten Ziele selektiert und an den Kundenprozeß angepaßt. Als Ergebnis erhält man die Kundenprozeßziele. Für die im Kundenprozeß ablaufenden Hauptprozesse müssen die Hauptprozeßziele analog ermittelt werden. Aufgrund der in Kap. 5.1 festgelegten Restriktionen für das Prozeßmodell werden Prozeßziele ebenfalls nur bis auf die Ebene der Hauptprozesse ermittelt.

Für die Bewertung von Prozessen sind nicht nur die vertikalen Anforderungen[1] von Interesse. Es wird daher eine Methode vorgestellt, mit deren Hilfe die horizontalen Anforderungen visualisiert werden können. Neben der Betrachtung des Prozeßumfeldes mit den externen Anforderungen sollen auch die prozeßinternen Anforderungen der Prozeßbeteiligten miteinbezogen werden Aus dem Anforderungsprofil mit allen wesentlichen externen und internen Anforderungen werden dann die wichtigsten Anforderungen selektiert und mit Hilfe von Kennzahlen konkretisiert.

Die Ermittlung der Bewertungsmaßstäbe geschieht zunächst ohne konkreten Projektbezug, indem Zielkriterien und geeignete Kennzahlen für die Prozesse festgelegt werden. Bei Anwendung dieser projektunabhängigen Struktur auf ein Projekt werden die Kennzahlen mit dem jeweils angestrebten projektspezifischen Zielausmaß belegt.

Es werden jedoch nicht nur Kennzahlen für die Bewertung der Leistung von Prozessen, sogenannte Führungskennzahlen, betrachtet, sondern auch die für die Leistungserbringung wichtigen Einflußgrößen werden durch einen geeigneten Maßstab beschrieben und wenn möglich quantifiziert.

Die Strukturierung des Kennzahlen- und Zielsystems erfolgt in Anlehnung an die Prozeßorganisation, wobei die wesentlichen Abhängigkeiten zwischen Führungs- und Einflußkennzahlen ersichtlich sein sollen.

Abb. 5.10 beschreibt die Vorgehensweise zur Entwicklung des prozeßorientierten Kennzahlen- und Zielsystems im Überblick.

---

[1] Vertikale und horizontale Anforderungen Siehe Kap 3 3

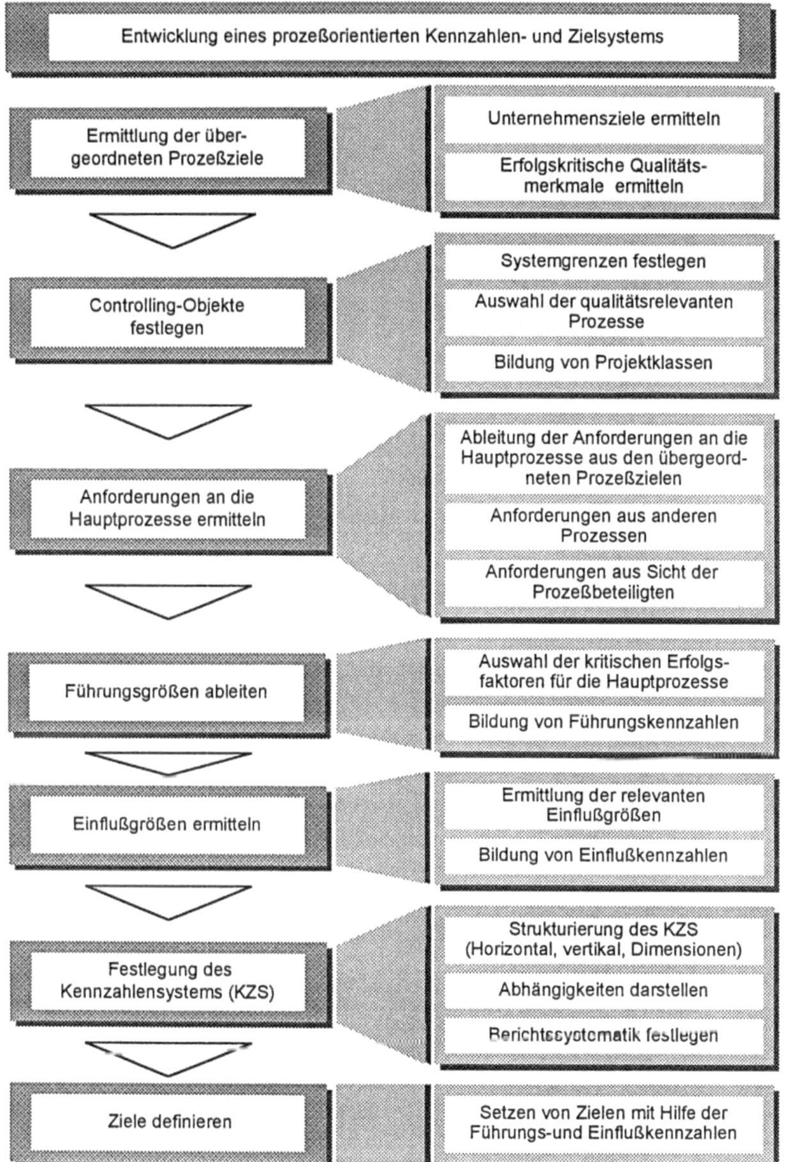

Abb. 5.10: Vorgehensweise bei der Entwicklung des prozeßorientierten Kennzahlen- und Zielsystems

5.2.2 Ermittlung der übergeordneten Prozeßziele

Die oberste Ebene der prozeßbezogenen Ziele bzw. Anforderungen bilden die übergeordneten Prozeßziele. Sie setzen sich aus den Unternehmenszielen, den Zielen des Managements und der Unternehmenseigner, sowie den Kundenanforderungen, den erfolgskritischen Qualitätsmerkmalen, zusammen.

Die Anforderungen der Zielgruppen werden zunächst getrennt ermittelt und in einem nächsten Schritt zu einem Anforderungsbündel zusammengeführt. Die übergeordneten Prozeßziele bilden die Basis für die Ableitung der vertikalen Anforderungen auf die Kunden- und Hauptprozesse.

Ziel dieser Arbeit ist nicht das Festlegen der Unternehmensziele, sondern lediglich das Ermitteln, der für die Kundenprozesse relevanten Unternehmensziele. Dazu müssen diese in nachvollziehbarer und meßbarer Form von der Unternehmensleitung formuliert werden. KAPLAN und NORTON schlagen für die Formulierung der Unternehmensziele die prinzipielle Struktur *objective, measure* und *target* vor [KA.NO-96], die auch im Rahmen dieser Arbeit geeignet erscheint.[1]

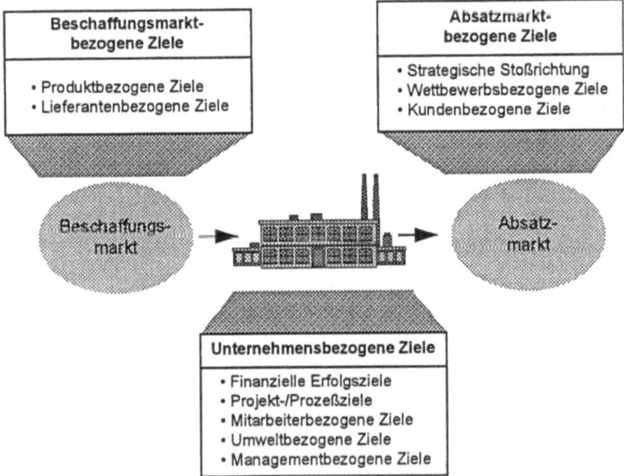

Abb. 5.11: Übersicht über die relevanten Unternehmensziele

Für das Ermitteln der Unternehmensziele wird die folgende erarbeitete Struktur vorgeschlagen (Abb. 5.11), wenn man das System Unternehmen mit seinen Leistungsflüssen bezogen auf die dafür relevanten Märkte betrachtet:

---

[1] Vgl. hierzu Abb. 5.36, in der die prinzipielle Struktur der Kennzahlen- und Ziel-Elemente, der vorgeschlagenen Struktur von KAPLAN und NORTON gegenübergestellt ist

<u>Unternehmensbezogene Ziele</u> umfassen sowohl die traditionellen finanziellen Ziele der Unternehmen, wie cash-flow oder Kapitalrendite, als auch Anforderungen an die Mitarbeiter, die Prozesse bzw. Projekte, das Management und das Umweltverhalten des Unternehmens. Sie beschreiben schwerpunktmäßig, wie die absatzmarktbezogenen Ziele im Unternehmen umgesetzt werden können und unter welchen Bedingungen.

<u>Beschaffungsmarktbezogene Ziele</u> legen den Beitrag des Beschaffungsmarktes fest, der notwendig ist, um die absatzmarktbezogenen Ziele durch das Unternehmen umzusetzen. Dies bezieht sich vor allem auf Anforderungen an Produkte, die zugekauft werden müssen und Bestandteil der Anlage werden, sowie Anforderungen an deren Lieferanten.

<u>Absatzmarktbezogene Ziele</u> beziehen sich auf die Rolle und Zufriedenheit des externen Kunden, die Position des eigenen Unternehmens im Wettbewerb und die Produkte, die auf dem Markt angeboten werden sollen, wobei hier insbesondere die strategische Stoßrichtung von Interesse ist.

Die absatzmarktbezogene strategische Stoßrichtung legt die produktbezogene Qualitätsstrategie fest. Die Qualitätsstrategie ist nötig, um die Erfolgsposition Qualität zu erhalten, weiterzuentwickeln oder neu aufzubauen. Durch die strategische Festlegung werden Richtung und Ziele vorgegeben, welche das Unternehmen bei seiner Entwicklung einschlägt und welche es erreichen will. Wenn eine Strategie nicht nur im Grundsätzlichen stehenbleiben will, muß sie eine Reihe konkreter Festlegungen enthalten. Es muß im einzelnen die Stellung von Qualität im Vergleich zu Quantität, Zeit und Kosten aufgezeigt, die Bedeutung der verschiedenen Qualitätsbestandteile für das Unternehmen und seine Kunden festgelegt, eine Gewichtung der Qualitätsdimensionen des Leistungsangebots vorgenommen sowie quantitative und qualitative Zielrichtungen eines Zeitrahmens vorgegeben werden [SEG-94]. Grundsätzlich kann zwischen den Basisstrategien Kostenführer und Qualitätsführer differenziert werden,[1] die unterschiedliche Auswirkungen auf die Festlegung der Prozeßziele haben (<u>Abb. 5.12</u>).

Für Qualitätsführer ist es zunächst essentiell, den Begriff Qualität exakt im Sinne des Kunden zu definieren. Ziel der Qualitätsführerstrategie ist es, von den Nachfragern als Anbieter einer am Markt nutzendominanten Leistung betrachtet zu werden. Für den Erfolg der Strategie ist es wesentlich, daß die Nachfrager den Nutzenvorteil der Leistung als überragend einschätzen und deshalb diese Leistung den Leistungen anderer Anbieter vorziehen. Der Kunde entscheidet über die Qualität des Produktes. Im Vordergrund dieses Qualitätsverständnisses stehen die subjektiven Wahrnehmungen der Kunden und nicht rein klassische, technisch funktionale

---

[1] Vgl hierzu Kap 4 2 4 Strategien als oberste Zielebene

Kriterien [BA.SC-94b]. Voraussetzung für die Erreichung der Zufriedenheit der externen Kunden, der externen Effektivität, ist die Optimierung der internen Effektivität, d.h. die Optimierung der internen Kunden-Lieferanten-Schnittstellen. Nur wenn während der Produktentstehung die richtigen Informationen zum richtigen Zeitpunkt fließen und entsprechende Zwischenprodukte erzeugt und weitergeleitet werden, ist es möglich, ein im Sinne des externen Kunden optimales Produkt zu fertigen.

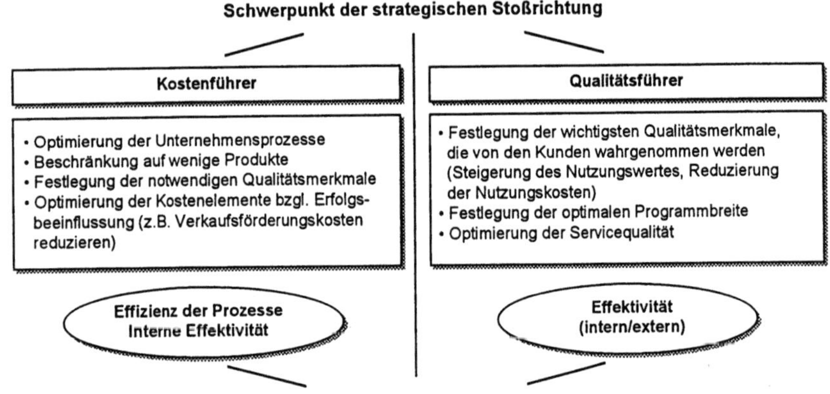

Abb. 5.12: Schwerpunkte der Prozeßziele in Abhängigkeit der strategischen Stoßrichtung

Kostenführer können die Qualität nicht völlig vernachlässigen, sondern müssen das notwendige Qualitätsniveau festlegen, das den Kunden in Relation zum Preis zufriedenstellt und das mindestens dem Qualitätsniveau der Konkurrenten entspricht. Die Kostenreduzierung erfolgt durch die wirtschaftliche Verbesserung der Prozeßsituation, d.h. die gesetzten Ziele mit möglichst geringem Mittelaufwand zu erreichen. Weiterhin muß die interne Effektivität erhöht werden, um Fehlleistungsaufwand, der größtenteils durch mangelhafte Prozeßschnittstellen entsteht, zu minimieren. Eine auf Effizienz ausgerichtete Organisationsstruktur ist jedoch nur bei einer stabilen, einfach zu überblickenden Umwelt sowie bei einem hohen Professionalisierungsgrad der Organisationsmitglieder erfolgreich [GOM-92]. Weiterhin muß das Produktangebot auf die Kernprodukte reduziert werden, um unnötige Variantenkosten zu vermindern und Kostenblöcke, die keinen wesentlichen Beitrag zum Erfolg des Unternehmens leisten, wie z.B. in einigen Fällen die Verkaufsförderungskosten, zu eliminieren.

Die Unternehmensziele leiten sich aus den Strategien und Visionen des Unternehmens ab und werden am besten in Form von Management-Workshops erarbeitet. Die Ziele sollten priorisiert werden, da i.d.R. nicht alle Ziele gleichermaßen wichtig und dadurch die Bemühungen zur Zielerreichung unterschiedlich ausgeprägt sind. Um das vollständige Zielebündel als Basis für das prozeßorientierte Controllingsystem zu verwenden, müssen in einem ersten Schritt diejenigen Unternehmensziele bestimmt werden, die durch die ablaufenden Kundenprozesse direkt beeinflußt werden. Diese relevanten Ziele bilden den ersten Teil der übergeordneten Prozeßziele. Weiterhin müssen innerhalb dieser ersten Teilmenge diejenigen übergeordneten Prozeßziele ausgewählt werden, die durch die festgelegten Systemgrenzen bzw. Kundenprozesse[1] beeinflußt werden.

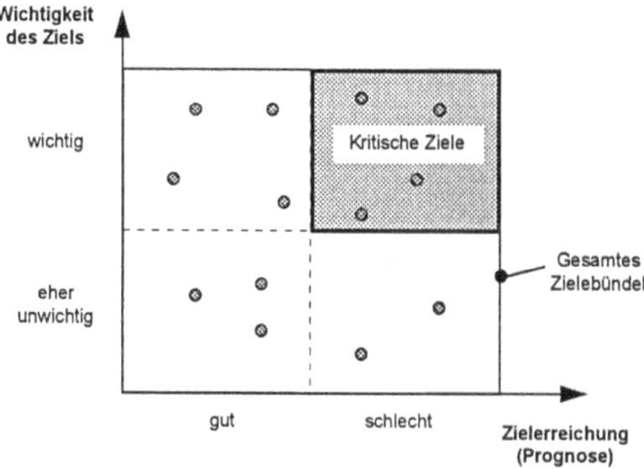

Abb. 5.13: Ziele-Portfolio

In der praktischen Anwendung kann häufig nicht die gesamte Menge von Zielen in die Prozeßregelung miteinbezogen werden, sondern nur eine überschaubare und handhabbare Anzahl von Zielen. Es empfiehlt sich daher sehr sorgfältig zu überlegen, welches die wichtigsten Ziele mit dem höchsten Handlungsbedarf sind. Als Hilfsmittel kann hierzu ein Ziele-Portfolio (Abb. 5.13) herangezogen werden, in dem die Ziele bzgl. Wichtigkeit und Zielerreichungsgrad plaziert werden. In der Installationsphase des Controllingsystems kann man sich aus Gründen der Übersichtlichkeit und Akzeptanz bei den Mitarbeitern lediglich auf die kritischen Ziele konzentrieren.

Die zweite Gruppe der übergeordneten Prozeßziele stellen die erfolgskritischen Qualitätsmerkmale dar. Sie können als „Klaviatur" der strategischen Stoßrichtung verstanden werden, da mit ihrer Hilfe die produktbezogene Strategie konkretisiert wird. Ihre Festlegung ist für alle Strategietypen gleichermaßen wichtig. Sie beschreiben nicht nur die Qualitätsmerkmale des zu erstellenden Produktes, hier der Anlage, sondern berücksichtigen die gesamte Wahr-

---

[1] Hier Projektabwicklungsprozeß

nehmungswelt des externen Kunden.[1]

Für die Realisierung von Anlagen können die folgenden Merkmalstypen identifiziert werden (Abb. 5.14):

Bezogen auf die Dienstleistungsqualität:

- Projektabwicklungsbezogene Merkmale: Sie charakterisieren das Verhalten des Anlagenherstellers gegenüber dem externem Kunden während der Projektabwicklung.
- Schulungsbezogene Merkmale: Sie umfassen alle Aspekte der Schulung, die notwendig ist, um die Mitarbeiter des Anlagenbetreibers zu befähigen, die Anlage in Betrieb zu nehmen und zu betreiben.
- Servicebezogene Merkmale: Sie beschreiben alle After-Sales-Aktivitäten des Anlagenerstellers, die notwendig sind, um die Anlage zu betreiben.

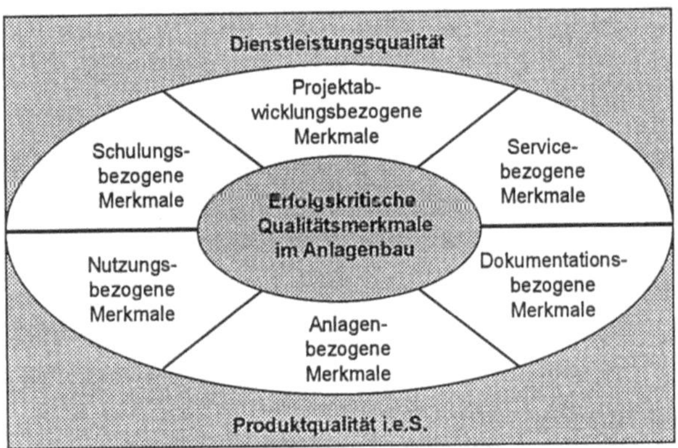

Abb. 5.14: Erfolgskritische Qualitätsmerkmale im Anlagenbau

Bezogen auf die Produktqualität i.e.S.:

- Anlagenbezogene Merkmale: Sie charakterisieren das eigentliche Produkt, die Anlage, im Zustand vor der Inbetriebnahme.
- Dokumentationsbezogene Merkmale: Neben der Anlage wird die Dokumentation der Anlage zunehmend wichtiger, da neben der Technologie die gesetzlichen Vorschriften an Bedeutung gewinnen. Die dokumentationsbezogenen Merkmale beschreiben daher das Produkt Dokumentation.
- Nutzungsbezogene Merkmale: Sie sind die wesentlichen Merkmale während der Nutzungsphase der Anlage und sind i.d.R. durch quantitative Soll-Vorgaben in der Spezifikation festgelegt.

---

[1] Vgl. zur Ermittlung der erfolgskritischen Qualitätsmerkmale Anhang 3.2 Kundenzufriedenheitsanalyse

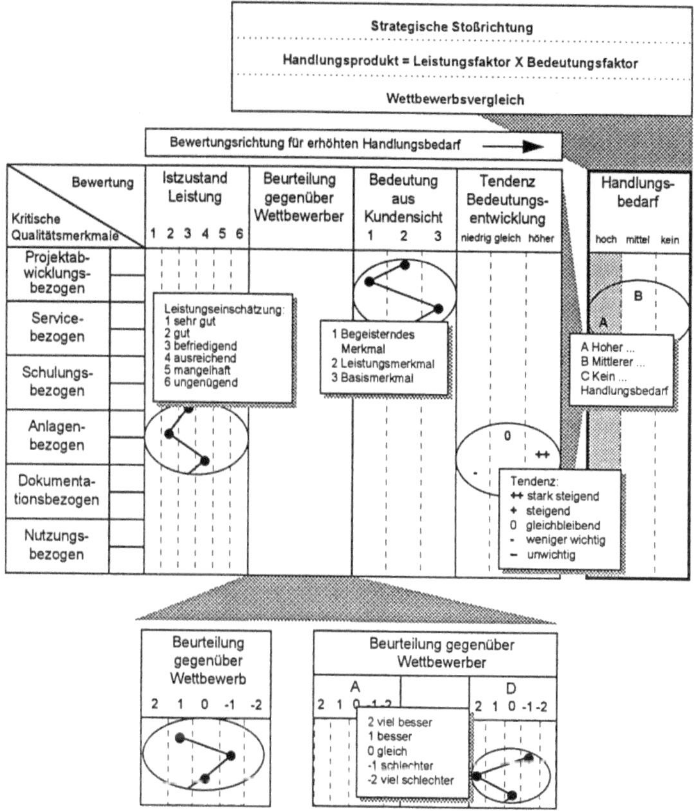

Abb. 5.15: Bewertung der erfolgskritischen Qualitätsmerkmale

Um die Priorisierung der erfolgskritischen Qualitätsmerkmale zu unterstützen, sollen die Merkmale bzgl. der folgenden Kriterien bewertet werden (Abb. 5.15).

Der Istzustand der Leistung gibt die eigene Unternehmenseinschätzung unter Berücksichtigung der im Unternehmen vorhandenen Leistungspotentiale wieder, wobei hier als Bewertungsmaßstab eine Schulnoten-Skala vorgeschlagen wird.

Bei der Beurteilung gegenüber Wettbewerb(er) wird die Leistung des Unternehmens bezogen auf das jeweilige Qualitätsmerkmal entweder mit einem bzw. mehreren Konkurrenten direkt oder dem Gesamtwettbewerb verglichen, um die eigene relative Position zu ermitteln. Diese Bewertung kann aus Kosten- und Zeitgründen unternehmensintern durch eigene Experten erfolgen. Eine Bewertung durch ein unabhängiges Institut ist jedoch stets zu bevorzugen, um moglichst objektive und neutrale Daten zu erhalten

Die <u>Bedeutung aus Kundensicht</u> ist die zentrale Fragestellung des Bewertungsschemas und beschreibt den Stellenwert, den der Kunde dem Qualitätsmerkmal beimißt. Es kann in Anlehnung an das Kano-Modell zwischen den drei folgenden Merkmalstypen unterschieden werden:

Basismerkmale, die aus Sicht der Kunden selbstverständliche und nicht ausgesprochene Merkmale darstellen und häufig nicht bewußt wahrgenommen werden. Sie zu realisieren, muß für das Unternehmen eine Selbstverständlichkeit sein.

Leistungsmerkmale, die i.d.R. durch den Auftrag spezifiziert werden oder vom Kunden ausgesprochen werden und bewußt wahrgenommen werden. Für die Bewertung von Lieferanten spielen die Leistungsmerkmale eine wesentliche Rolle.

Begeisternde Merkmale, die vom Kunden nicht erwartet oder ausgesprochen werden. Sie stellen die zukünftigen Potentiale der Produktstrategie dar und entsprechen einer Orientierung an den Besten ('Best Practice').

Die Wettbewerbsbewertung und die Ermittlung der Kundenbedeutung kann entweder im Rahmen eines Benchmarkings oder einer Kundenzufriedenheitsanalyse durchgeführt werden.[1]

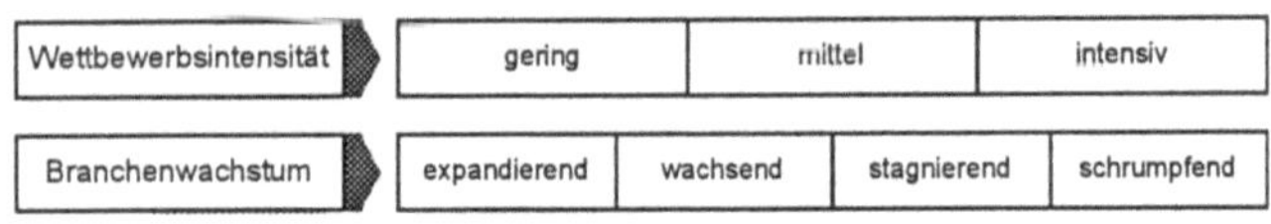

Abb. 5.16: Beurteilung der Marktsituation

Neben der Bewertung der Qualitätsmerkmale ist eine Einschätzung des Marktes bzw. der durch den Markt resultierenden Randbedingungen von Wichtigkeit. In <u>Abb. 5 16</u> sind die wichtigsten Merkmale mit möglichen Merkmalsausprägungen beschrieben.[2]

Aus der Summe der Einzelbewertungen der Qualitätsmerkmale und der Markt- bzw. Brancheneinschätzung kann eine Gesamtpriorisierung der erfolgskritischen Qualitatsmerkmale erfolgen, um den Handlungsbedarf für qualitätsbezogene Verbesserungspotentiale zu gewichten

Aus diesen können dann mit Hilfe des Prioritäten-Filters diejenigen Qualitätsmerkmale ausgewählt werden, die als übergeordnete Prozeßziele in das Zielsystem zu übernehmen sind.

5.2.3 Festlegung der Controlling-Objekte

Neben der Festlegung der Systemgrenzen für die Anwendung des Controlling-Konzeptes muß innerhalb des Systems festgelegt werden, für welche Controlling-Objekte das Controllingsy-

---

[1] Vgl hierzu Anhang 3 1 bzw 3 2

[2] In Anlehnung an FRESE/NOETEL [FR NO-92]

stem ausgestaltet werden soll. Unter Controlling-Objekte werden hier diejenigen Objekte verstanden, auf deren Bewertung und Steuerung das Controlling-System ausgerichtet ist.

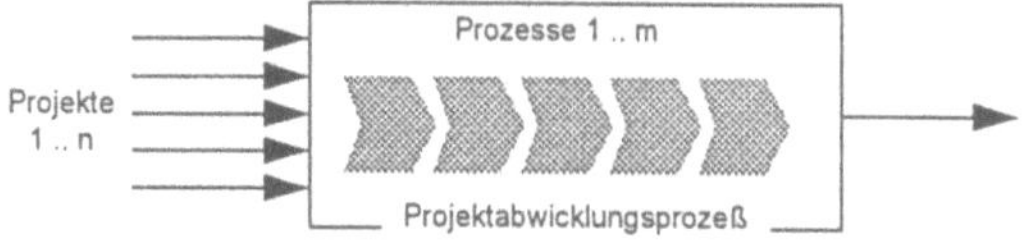

Abb. 5.17: Controlling-Objekte

Im Fall des projektorientierten Prozeßcontrollings (Abb. 5.17) werden Projekte bewertet, die durch Prozesse umgesetzt werden. Es stellen sich daher die Fragen

- welche Projekte in das Controllingsystem miteinbezogen werden sollen und

- welche Prozesse für die Umsetzung der Projekte relevant und damit Betrachtungsschwerpunkt des Controllingsystems sind?

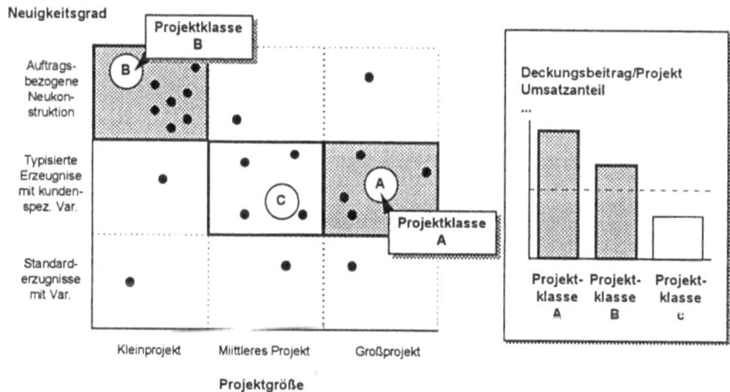

Abb. 5.18. Projekt-Portfolio zur Bildung von Projektklassen

Ziel des Controllingsystems ist der Vergleich von Kennzahlen über verschiedene Projekte hinweg, um das Niveau und den Verlauf der Führungs- und Einflußkennzahlen über die Zeit zu verfolgen. Der Zeitvergleich ist nur dann sinnvoll, wenn die Projekte ähnlich oder zumindest vergleichbar sind. Bei der Unikatproduktion ist jedoch, wie der Name schon sagt, jedes Unikat und damit jedes Projekt einzigartig. Deshalb ist es notwendig, für diejenigen Prozesse Projektklassen für ähnliche Projekte festzulegen, innerhalb derer der Kennzahlenvergleich aussagekräftig ist Bei der Projektabwicklung von Anlagen ist lediglich der Designprozeß stark projektspezifisch ausgeprägt. Alle anderen Prozesse laufen in Bezug auf die Prozeß- schritte ähnlich ab. Die Auspragung des Designprozesses mit seinen Konstruktionsphasen ist abhangig vom Neuigkeitsgrad der Anlage Diese kann von der auftragsbezogenen Neukonstruktion bis hin zum Standarderzeugnis mit Varianten reichen.[1]

Weiterhin beeinflußt die Projektgröße die Projektabwicklung, da mit ihr sowohl die Komplexität der Anlage als auch die Anzahl der Projektbeteiligten und damit auch die der Projektschnittstellen einhergeht.

Für die Bildung von Projektklassen sollen deshalb die zwei Merkmale 'Neuigkeitsgrad' der Anlage und 'Projektgröße' herangezogen. Durch die Kombination ihrer Merkmalsausprägungen können Projektklassen definiert und mit Hilfe eines Projekt-Portfolios (Abb. 5.18) visualisiert werden.

Es sollten nicht alle Projektklassen in das Controllingsystem miteinbezogen werden, sondern nur diejenigen, die für das Unternehmen von Bedeutung sind. Mögliche Kriterien hierfür könnten beispielsweise der Projekt-Deckungsbeitrag oder der Umsatzanteil der Projektklasse sein.

Beim Kennzahlenvergleich sollte weiterhin noch berücksichtigt werden, ob die Anlage als reines Unikat erstellt wurde oder ob es sich um eine erweiterte Unikatproduktion handelt, da bei der erweiterten Unikatproduktion auf existierende Anlagen zurückgegriffen werden kann.

Einfluß auf → von ↓		Übergeordnete Prozeßziele I								
		Priorität A				Priorität B				
		i = 1						i = n		
Hauptprozesse HP	j	Projekt-kosten	Dokumen-tation	Termin-treue	Summe Prio A	Betriebs-kosten	Service-freundlich-keit	Flexibilität Projekt-abwickl.	Summe Prio B	ZB(HP$_j$)
Kaufm. Auftragsabwickl.	1	BF$_{ij}$								
Projektplanung/-steuerung								X	2	2
Design		X	X	X	9	X	X	X	6	15
Beschaffung		X		X	6					6
Dokumentation			X		3		X	X	4	7
Fertigungsvorbereitung				X	3			X	2	5
Fertigung				X	3			X	2	5
Montage		X		X	6			X	2	8
Inbetriebnahme	m									
BEF$_i$		3	2	5		1	2	6		

Bewertungsfaktor BF: X : Wesentlicher Einfluß des Prozesses auf die übergeordneten Prozeßziele

Bewertungsgewichte BG: Prio A: 3   Prio B: 2   Prio C: 1

Prozesse, die nicht im Unternehmen ablaufen (Outsourcing)

Abb. 5.19: Auswahl der relevanten Hauptprozesse mit Hilfe der Prozeß-Einfluß-Matrix PEM

Neben dem Festlegen der relevanten Projektklassen müssen die Hauptprozesse ausgewählt

---

[1] Vgl hierzu Kap. 2.2: Projektabwicklungsmerkmal Nr. 7 'Erzeugnisse nach Kundenspezifikation'

werden, die einen wesentlichen Einfluß auf die Realisierung der Anlage haben. In Anlehnung an RÜTTE [RÜT-90] erfolgt die Auswahl der kritischen Prozesse mit Hilfe einer Prozeß-Einfluß-Matrix PEM (<u>Abb. 5.19</u>). In der Prozeß-Einfluß-Matrix werden die übergeordneten Prozeßziele den möglichen Hauptprozessen gegenübergestellt und in den Kreuzungspunkten festgelegt, ob der jeweilige Hauptprozeß das übergeordnete Prozeßziel wesentlich beeinflußt.[1] Die horizontale Summe gibt als Ergebnis wieder, wie stark der jeweilige Hauptprozeß die übergeordneten Prozeßziele beeinflußt. Diese Summe soll *als gewichteter Zielbeitrag der Hauptprozesse ZB(HP$_j$)* zur Erreichung der Prozeßziele bezeichnet werden und wird wie folgt berechnet, indem der *Bewertungsfaktor BF$_i$* mit dem *Bewertungsgewicht BG$_i$* für jedes *übergeordnete Prozeßziel i* multipliziert wird:

$$ ZB\ (HP_j) = \sum_{i=1}^{n} BF_i\,x\,BG_i $$

Je höher die horizontale Summe ist, um so wichtiger ist der betrachtete Hauptprozeß für die Umsetzung der übergeordneten Prozeßziele. Die vertikale Summe gibt an, ob und wie stark das jeweilige übergeordnete Prozeßziel durch die betrachteten Hauptprozesse beeinflußt werden kann. Sie soll als *Beeinflussungsfaktor BEF$_i$* bezüglich dem *übergeordneten Prozeßziel i* bezeichnet werden und berechnet sich wie folgt:

$$ BEF_i = \sum_{j=1}^{m} BF_{ij}\ ,\ \ i=const. $$

Neben dem Zielbeitrag ist das Verbesserungspotential des Prozesses für die Auswahl der wichtigsten Prozesse von entscheidender Bedeutung. Je größer das Verbesserungspotential und der Zielbeitrag sind, um so stärker wird sich eine Verbesserungsmaßnahme im Prozeß auf die Leistungserbringung auswirken.

Deshalb sollen nicht alle Prozesse betrachtet werden, sondern nur diejenigen, die ein hohes Verbesserungspotential aufweisen und über einen hohen Zielbeitrag verfügen. Als Hilfsmittel zur Selektion der wichtigsten Prozesse kann ein Prozeß-Portfolio (<u>Abb. 5.20</u>) benutzt werden, in dem die Prozesse bzgl. der genannten Kriterien plaziert werden.

Für die Plazierung bzgl. des Zielbeitrags kann der gewichtete Zielbeitrag direkt aus der Prozeß-Einfluß-Matrix übernommen werden. Die Bewertung des Verbesserungspotentials kann

---

[1] Der Einfluß des Hauptprozesses auf das übergeordnete Prozeßziele kann differenzierter vorgenommen werden. RÜTTE schlägt im Gegensatz zur zweistufigen Bewertung eine vierstufige Skalierung vor: kein = 0, schwacher = 1, mittlerer = 2 und starker Einfluß = 3 [RÜT-90]

in unterschiedlichem Umfang und Detaillierungsgrad erfolgen. Dies kann von einer rein intuitiven Einschätzung des Verbesserungspotentials bis zu einer detaillierten Vorstudie gehen. Als möglicher Ansatz soll die Prozeßqualifikation nach HARRINGTON herangezogen werden,[1] da diese durch das festgelegte Bewertungsraster in Form von Prozeßniveaus eine Objektivierung der Bewertung mit geringem Aufwand ermöglicht.

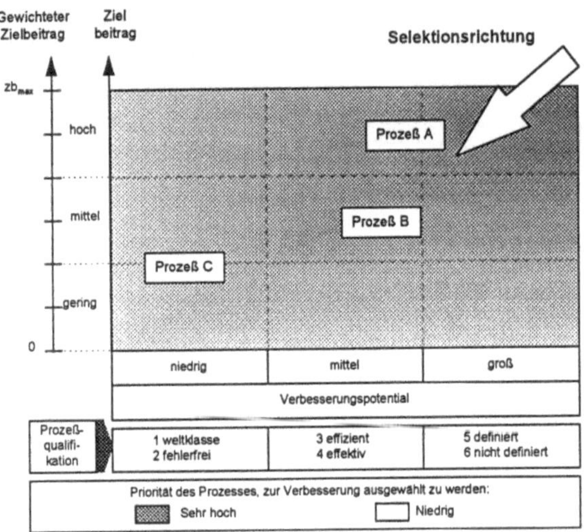

Abb. 5.20: Prozeß-Portfolio

5.2.4 Ermittlung der Anforderungen an die Hauptprozesse

Für die Umsetzung des anforderungsorientierten Ansatzes zur Ableitung von Führungsgrößen ist es notwendig, alle relevanten Anforderungen zu ermitteln und diese zu gewichten, damit die Gefahr der Suboptimierung möglichst minimiert wird. Da die Anforderungen aus den Kundenprozessen i.d.R. direkt aus den übergeordneten Prozeßzielen übernommen werden können, werden im folgenden Lösungsansätze vorgestellt, wie die Anforderungen an die Hauptprozesse ermittelt werden können.

Für die Ermittlung von Anforderungen gilt es die folgenden Anforderungsgruppen zu berücksichtigen:

- Ableitung von Anforderungen aus den übergeordneten Prozeßzielen

- Anforderungen aus anderen Prozessen

- Anforderungen aus dem Prozeß

---

[1] Prozeßqualifikation nach HARRINGTON· Siehe Anhang 5.1

Bei der Ableitung der <u>Anforderungen aus den übergeordneten Prozeßzielen</u> müssen die übergeordneten Prozeßziele zunächst daraufhin analysiert werden, inwieweit die ausgewählten Hauptprozesse die jeweiligen Kundenprozeßziele beeinflussen. Ergebnis dieser Analyse ist die Zuordnung der relevanten Kundenprozeßziele zu den Hauptprozessen. Für die Ableitung der Kundenprozeß-Anforderungen an den Hauptprozeß gibt es die in <u>Abb. 5.21</u> skizzierten drei Möglichkeiten, die im folgenden erläutert werden.

Im einfachsten Fall kann die Anforderung an den Kundenprozeß direkt für den Hauptprozeß übernommen werden. Dies ist dann möglich, wenn der Beitrag zur Realisierung der Anforderung für den betrachteten Prozeß im Vergleich zum Beitrag der anderen Hauptprozesse sehr hoch ist. So kann beispielsweise eine von der Unternehmensleitung festgelegte Restriktion bzgl. der Beschaffung von Komponenten[1] direkt vom Beschaffungsprozeß übernommen werden.

Bei der Separierung kann aus existierenden Bewertungsstrukturen für den Kundenprozeß die Anforderung an den Hauptprozeß direkt ausgewählt werden, die vom Hauptprozeß ausschließlich oder zumindest wesentlich beeinflußt wird.

Bei der Operationalisierung ist die Ableitung der Anforderung an den Hauptprozeß nicht durch direkte Übernahme oder Auswahl möglich. Die Anforderungen ist in diesem Fall für den Hauptprozeß noch nicht anwendbar und muß operationalisiert werden

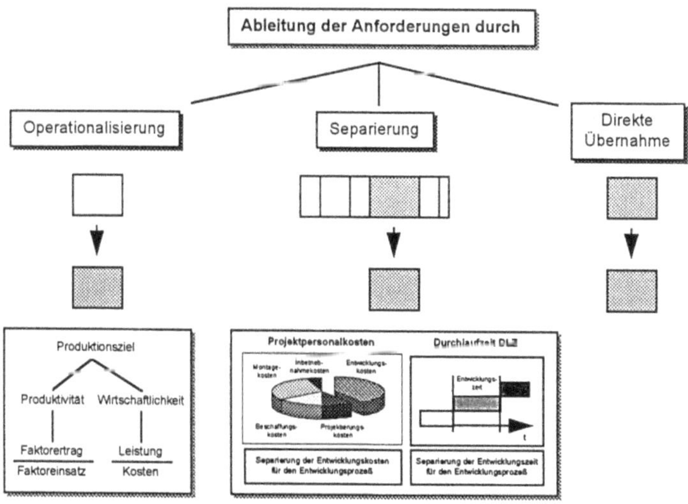

Abb. 5.21: Möglichkeiten zur Ableitung von Anforderungen

---

[1] Z B Nur Beschaffung von Steuerungskomponenten des eigenen Tochterunternehmens

Die Operationalisierung wird in der Literatur z.T. kontrovers diskutiert. Es herrscht jedoch weitgehend Einigkeit darüber, daß das Ergebnis der Operationalisierung eine Zielkriterium ist, das über die Merkmale Meßbarkeit und Handlungsorientierung verfügt [BER-73, HEI-71, KUP-79]. Das in <u>Abb. 5.22</u> beschriebene Beispiel zeigt, wie man von einem Oberziel durch abnehmendes Abstraktionsniveau, mögliche Ziele in Form von Kennzahlen durch zunehmende Operationalisierung ermitteln kann.[1] In diesem Zusammenhang soll unter der Operationalisierung, das Ableiten eines geeigneten Zielkriteriums verstanden werden, das über die zwei oben genannten Merkmale verfügt, jedoch noch keine Kennzahl sein muß.

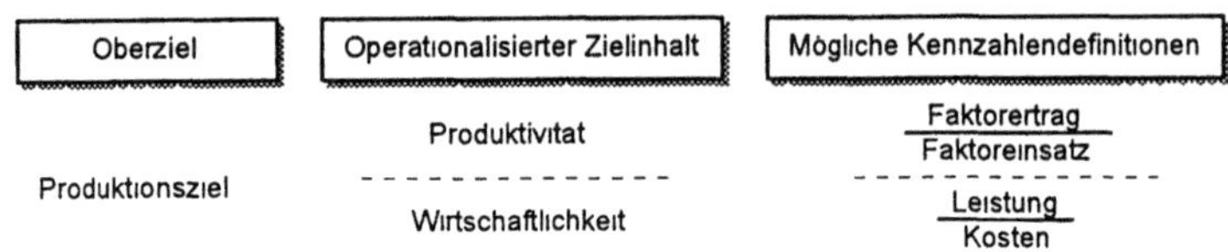

Abb. 5.22: Operationalisierung mit Hilfe von Kennzahlen

Eine weitere wichtige Anforderungsgruppe sind <u>die Anforderungen aus anderen Prozessen</u>, die sich i.d.R. auf den Leistungsaustausch zwischen den Prozessen beziehen. Sie sind wichtig, da nur bei einem optimalen internen Leistungsaustausch ein optimaler Leistungsaustausch mit dem externen Kunden erfolgen kann.

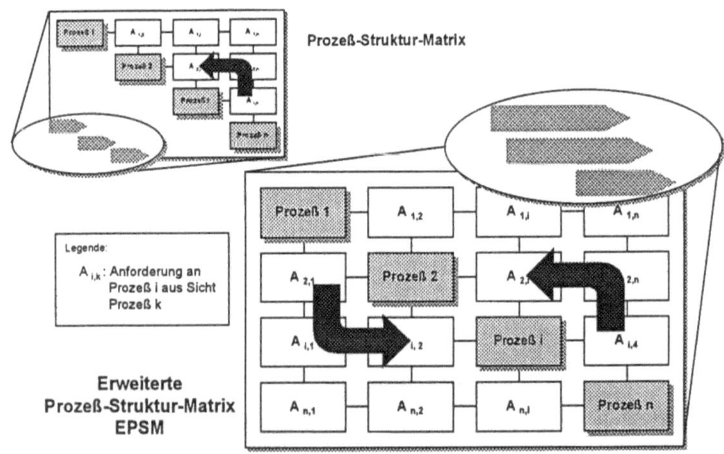

Bild 5.23: Erweiterte Prozeß-Struktur-Matrix EPSM

Zur Visualisierung von Anforderungen zwischen Prozessen einer Prozeßebene kann die Prozeß-Struktur-Matrix [PRE-95] herangezogen werden. In ihr werden die Anforderungen eines

---

[1] In Anlehnung an GEISS [GEI-86]

Prozesses an jeweils alle vorgelagerten Prozesse beschrieben, was graphisch zu einer über die Diagonale halbierten Matrix führt (Abb. 5.23, links). Diese Art der Anforderungsermittlung ist nur bei vorwiegend sequentiell angeordneten Prozessen möglich, bei denen lediglich Leistungen in Richtung der Wertschöpfungskette weitergegeben werden. Charakteristisches Merkmal für den Anlagenbau ist jedoch die hohe Parallelität der Prozesse mit bidirektionalen Abhängigkeiten zwischen den Prozessen im Gegensatz zu einer unidirektionalen Richtung des Informations- und Materialflusses.

Die Anforderungsermittlung bei Prozessen mit hoher Parallelität muß daher, um keine wichtigen Anforderungen unberücksichtigt zu lassen, mit einer *Erweiterten Prozeß-Struktur-Matrix EPSM* erfolgen, die Anforderungen an 'nachgelagerte'[1] Prozesse zuläßt (Abb. 5.23, rechts).

Die dritte Anforderungsgruppe bilden die <u>Anforderungen aus dem Prozeß</u>. Es kann hierbei im wesentlichen zwischen zwei Arten von Anforderungen unterschieden werden:

- Mitarbeiterbezogene Anforderungen, die aus den Theorien der Motivationsforschung zu erklaren sind Dies betrifft vor allem das Streben nach größtmoglicher Sicherheit des Arbeitsplatzes und nach hoher Motivation für die Arbeit, was letztendlich zu einer hohen Mitarbeiterzufriedenheit führt.

- Fehlleistungsbezogene Anforderungen, die sich auf die Qualität der ablaufenden Aktivitäten im Prozeß beziehen.

Die monetäre Bewertung der Qualität von Prozessen wird häufig mit Hilfe der traditionellen Qualitätskostenrechnung[2] vorgenommen Unter Berücksichtigung der in <u>Anhang 3.8</u> aufgeführten Punkte ist die traditionelle Qualitätskostenrechnung abzulehnen. Es soll daher, wie von MASING gefordert, nur die Fehlleistung im Prozeß betrachtet werden.

Unter Fehlleistungsaufwand versteht man den bewerteten Verbrauch von Leistungen und Gütern im gesamten Unternehmen, der durch Fehlleistungen[3] entsteht. Es wird dabei weder eine Werterhöhung am Produkt vorgenommen, noch der Kundennutzen gesteigert [KA.BR-95, MAS-88]. Die Bewertung von Fehlleistungen muß mit der betriebswirtschaftlichen Definition von Aufwand und Kosten konform sein. In <u>Abb. 5.24</u> ist der betriebswirtschaftliche Zusammenhang zwischen Fehlleistungskosten und -aufwand dargestellt

<u>Neutraler Fehlleistungsaufwand</u> stellt einen Werteverzehr infolge von Fehlleistungen dar, die nicht in direktem Zusammenhang mit der betrieblichen Leistungserstellung stehen. Er kann daher sachzielfremd oder außerordentlich sein Weiterhin kann er periodenfremd sein, wenn

---

[1] Nachgelagert in Richtung der Wertschopfung

[2] Vgl hierzu Anhang 3 8

[3] Fehlleistung Fehlerhafter Vorgang als solchen, sowie alle sich daraus ergebenden Folgerungen [MAS-93]

die Fehlleistungen in einer früheren Abrechungsperiode entstanden sind.

Kalkulatorische Fehlleistungskosten können entstehen, wenn in der Kosten- und Leistungs-rechnung mit nicht realistischen Zahlen gearbeitet wird, wenn z.B. in der kalkulatorischen Rechnung der Wiederbeschaffungswert einer Maschine zu niedrig angesetzt wird.

Zweckgebundener Fehlleistungsaufwand bzw. grundsätzliche Fehlleistungskosten entspre-chen dem gesamten Werteverzehr, der infolge von Fehlleistungen im Zuge der betrieblichen Leistungserstellung entstanden ist. Die Fehlleistungen sind infolge einer vorgesehenen Tätig-keit und in der laufenden Periode entstanden.

Die unter den neutralen Fehlleistungsaufwand und die kalkulatorischen Fehlleistungskosten fallenden Wertgrößen werden in ihrer Summe i.d.R. deutlich niedriger sein als die unter den zweckgebundenen Fehlleistungsaufwand bzw. die grundsätzlichen Fehlleistungskosten fal-lenden Wertgrößen. Wenn daher im folgenden von „Fehlleistungsaufwand" gesprochen wird, so bezieht sich die Aussage immer auf den Bereich zweckgebundener Fehlleistungsaufwand bzw. grundsätzliche Fehlleistungskosten.

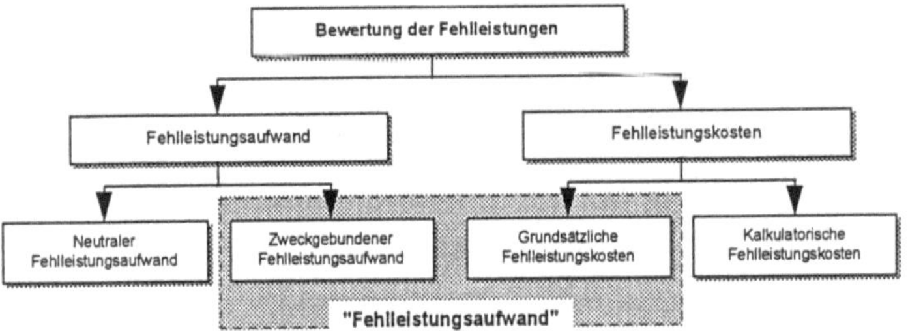

Abb. 5.24: Definition des Begriffs „Fehlleistungsaufwand"

Die Ermittlung typischer Fehler und der daraus resultierenden Fehlleistungen erfolgt in Form von Mitarbeiterbefragungen, wofür die Prozeßauditierung[1] eine mögliche Form ist.[2] Die Be-wertung der Fehlleistungen kann entweder monetär oder nicht-monetär erfolgen. Die monetä-re Bewertung der Fehlleistung führt zum Fehlleistungsaufwand. Die nicht-monetäre Bewer-tung von Fehlleistungen wird durchgeführt, wenn eine monetäre Bewertung zu aufwendig oder zu unsicher bzw. nicht möglich ist, und kann mit Hilfe einer Punkteskala vorgenommen werden.[3] Bei der Punktebewertung kann unterschieden werden, zwischen Auswirkungen auf die nachfolgenden Prozesse (Effizienz- und Effektivitätskonsequenzen) und den externen

---

[1] Vgl. hierzu Anhang 3.4

[2] Vgl hierzu Anhang 5.3 Formblatt zur Bewertung der Fehlleistungen

[3] Vgl hierzu Anhang 5.4. Punkteskala

Kunden (Effektivitätskonsequenzen).

Die ermittelten Fehlleistungselemente können auf zwei Arten in das Controllingsystem miteinbezogen werden:

- Es wird eine separate Fehlleistungsrechnung im Prozeß aufgebaut und nur die wichtigsten Fehlleistungselemente werden als Anforderungen in das Prozeßcontrolling miteinbezogen. Dieser Fall soll im Rahmen dieser Arbeit nicht weiter diskutiert werden. Es wird lediglich auf die Schnittstelle zwischen Fehlleistungsrechnung und betrieblichem Rechnungswesen in Anhang 5.2 verwiesen.

- Die Fehlleistungselemente werden als Anforderungen formuliert und werden damit integraler Bestandteil des Controllingsystems.

Die Vorgehensweisen zur Anwendung der Erweiterten Prozeß-Struktur-Matrix EPSM und zur Ermittlung der Fehlleistungen im Prozeß wurden bislang als getrennte und unabhängige Methoden vorgestellt. Es gibt jedoch in der Praxis viele Ergänzungen der beiden Methoden. So werden durch die Ermittlung der Fehlleistungen im Prozeß häufig auch Schnittstellenprobleme offensichtlich, die in Form von Anforderungen in die EPSM aufgenommen werden. Im umgekehrten Fall können die Anforderungen in der EPSM Anhaltspunkte für Fehlleistungen im Prozeß sein.

Ergebnis der Anforderungsermittlung ist die Transparenz bzgl aller wichtigen Anforderungen an die ausgewahlten Prozesse

5.2.5 Ableitung von Führungsgrößen

Die ermittelten Anforderungen an den Prozeß geben vor, hinsichtlich welcher Zielgrößen der Prozeß bewertet und optimiert werden muß. Die Anforderungen sind jedoch noch nicht geeignet, die Prozesse in ausreichendem Maße zu bewerten, da sie i.d.R. noch nicht ausreichend konkret sind. Es werden daher ausgehend von den Anforderungen Führungsgrößen abgeleitet.

Abb. 5 25: Struktur einer Führungsgröße

Fuhrungsgroßen sind operationalisierte Merkmale eines Prozesses. Sie dienen der Planung und Beurteilung der Prozeßqualitat im Sinne der kritischen Erfolgsfaktoren, insbesondere der Zeit, Qualität und Kosten [ÖST-95a]. Führungsgrößen verfügen uber die in Abb. 5 25 skizzierte grundsätzliche Struktur eines Kennzahlen-Elementes Sie bestehen aus einem Zielkriterium, dem Zielgewicht und einer Kennzahl, mit dessen Hilfe die Vorgabe von Prozeßzielen und die Prozeßbewertung erfolgt.

Die Ableitung von Führungsgrößen auf Basis der ermittelten Anforderungen vollzieht sich in den folgenden Schritten:

- Formulierung von Zielkriterien ausgehend von den Anforderungen
- Überprüfung, ob alle Anforderungen vollständig in den Zielkriterien abgebildet wurden
- Gewichtung der Zielkriterien
- Auswahl der Zielkriterien, die als Bewertungsmaßstab für die Prozesse gelten sollen
- Konkretisierung der Zielkriterien durch Kennzahlen

Die Anforderungen aus den drei Anforderungsgruppen werden sukzessive in Zielkriterien überführt. Dieser Transformationsschritt ist notwendig, da in den Anforderungsgruppen i.d.R. Redundanzen oder zumindest Ähnlichkeiten der Anforderungen existieren.

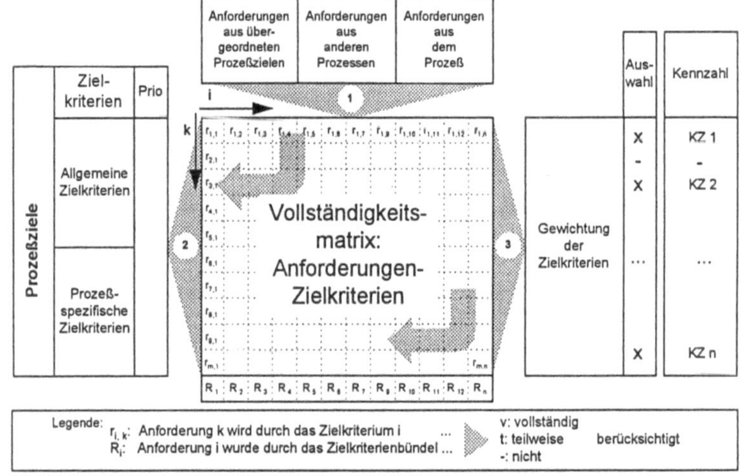

Abb. 5.26: Auswahl der Dimensionen der Führungsgrößen

Als Hilfsmittel kann hierzu die erarbeitete Vollständigkeitsmatrix (Abb. 5.26) benutzt werden, in die beim Eintragen eines neuen Zielkriteriums der *Relevanzfaktor* $r_{i,k}$ eingetragen wird. Der Relevanzfaktor gibt an, wie stark die Anforderung i durch das Zielkriterium k berücksichtigt wird. Es ist hierfür eine dreistufige Skalierung vorgesehen, von vollständig über teilweise bis nicht berücksichtigt. Der *Vollständigkeitsfaktor* R_i, der entweder während des Transformationsprozesses oder abschließend vergeben wird, gibt Auskunft, ob durch die Relevanzzuordnungen die Anforderung vollständig, teilweise oder nicht berücksichtigt wurde.

Dieser Prozeß ist solange fortzusetzen, bis alle Anforderungen in Zielkriterien überführt sind., d.h. die Bedingung

$$\textit{Vollständigkeitsfaktor } R_i = \text{'vollständig'}, \textit{ für alle Anforderungen } i$$

gilt. Bei den Zielkriterien wird unterschieden zwischen allgemeinen und prozeßspezifischen Zielkriterien. Für die allgemeinen Zielkriterien können die in Kap. 5.1.2 definierten Kriterien zur Bewertung von Prozessen herangezogen werden. Die prozeßspezifischen Zielkriterien müssen während des Transformationsprozesses formuliert werden.

Den Kern bei der Ableitung der Führungsgrößen stellt die Gewichtung[1] und Auswahl der Zielkriterien dar, um die wichtigsten Zielkriterien festzulegen mit deren Hilfe die Prozeßführung erfolgen soll. Dieser Gewichtungs- und Selektionsprozeß erfolgt in Form von Workshops, für welche die folgenden Bedingungen gelten:

- Es müssen verantwortliche Vertreter von allen Anforderungsgruppen beim Workshop teilnehmen. Das bedeutet Vertreter der Unternehmensleitung, Vertreter aus anderen Prozessen, die Anforderungen formuliert haben, das Prozeßteam mit dem Prozeßverantwortlichen sowie Projektleiter, die die Bedeutung des Hauptprozesses in Bezug auf den gesamten Projektabwicklungsprozeß und die erfolgskritischen Qualitätsmerkmale einschätzen konnen.

- Bei Abstimmungen muß ein geeignetes paritatisches Verhältnis festgelegt werden, damit die Entscheidungen unabhängig von der Anzahl der Vertreter der einzelnen Anforderungsgruppen sind.

Weiterhin sollte im Vorfeld die maximale Anzahl der auszuwählenden Zielkriterien festgelegt werden, die aus den oben genannten Gründen nicht zu hoch sein sollte.[2] Nach Auswahl der wichtigsten Zielkriterien werden für diese geeignete Bewertungsmaßstäbe in Form von Kennzahlen mit einer ordinalen Skala bzw. Indikatoren mit einer kardinalen Skala festgelegt. Bei den allgemeinen Zielkriterien kann auf die in Kap. 5.1 allgemein definierten Bewertungskriterien zurückgegriffen werden. Die prozeßspezifischen Kennzahlen müssen in Abhängigkeit der Problemsituation für den betrachteten Prozeß in geeigneter Form formuliert werden.

---

[1] Methodisches Vorgehen bei der Gewichtung von Zielen Kap 4 2 3

[2] Erfahrungsgemäß wird eine maximale Anzahl von Zielkriterien in der Größenordnung von 5-8 Zielen pro Hauptprozeß vom Prozeßteam als praktikabel erachtet

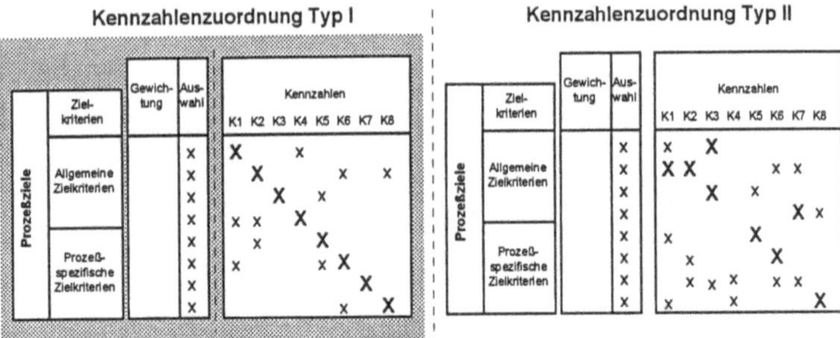

Abb. 5.27: Bedingungen für die Zuordnung Kennzahl-Zielkriterium

Als Hilfestellung können die in Anhang 3.1 vorgeschlagenen Prozeß-Kennzahlen herangezogen werden. Es ist jedoch darauf zu achten, daß die in Kap. 4.1.4 festgelegten Anforderungen für Kennzahlen zur Prozeßbewertung beachtet und umgesetzt werden.

Weiterhin ist darauf zu achten, daß ein Zielkriterium nicht nur durch mehrere Kennzahlen teilweise beschrieben wird (Abb 5.27, Typ II), sondern daß jede Kennzahl bzgl. ihrer Aussagefähigkeit eindeutig, im Sinne einer Spitzenkennzahl, einem Zielkriterium zugeordnet werden kann, wobei zulässig sein soll, daß die Kennzahl andere Zielkriterien teilweise mitbeschreibt (Abb 5.27, Typ I).

5.2.6 Ermittlung von Einflußgrößen

Wenn die Anforderungen an einen Prozeß formuliert, diese in Form von Zielkriterien beschrieben und durch Kennzahlen konkretisiert sind, muß geprüft werden, ob der Prozeß diese realisieren kann. Wenn dies nicht der Fall sein sollte, stellt sich die entscheidende Frage, wie durch eine gezielte Verbesserung von bestimmten Einflußgrößen eine möglichst große Wirkung bzgl. des Anforderungsprofils erreicht werden kann.

Um diese Problemstellung zu lösen, müssen die drei folgenden Fragen beantwortet werden:

1. Welche Einflußgrößen leisten den größten Zielbeitrag bzgl der festgelegten Anforderungen?

2. Welche dieser wichtigsten Einflußgrößen sind veränderbar?

3. Welche dieser wesentlichen und beeinflußbaren Einflußgrößen verfügen über ein möglichst großes Verbesserungspotential, damit die Verbesserung der Einflußgrößen mit möglichst geringem Ressourceneinsatz erfolgen kann, da sich der Aufwand für Verbesserungsmaßnahmen umgekehrt proportional zum Verbesserungspotential verhält. Der Grenznutzen einer Maßnahme wird mit zunehmendem Niveau der Einflußgröße schlechter.

Je höher das Niveau einer Einflußgröße ist, um so mehr muß investiert werden, um eine Verbesserung gleicher Größenordnung zu realisieren.

Zur Identifikation von Einflußgrößen soll der in Kap. 5.1 erarbeitete Strukturierungsansatz für Einflußgrößengruppen herangezogen und für die betrachteten Prozesse durch prozeßspezifische Einflußgrößen konkretisiert werden. Die Ermittlung und Visualisierung soll mit Hilfe eines Prozeß-Ishikawas erfolgen (<u>Abb 5.28</u>), da dieses leicht verständlich und in der Anwendung auf die verschiedensten Prozesse flexibel ist.

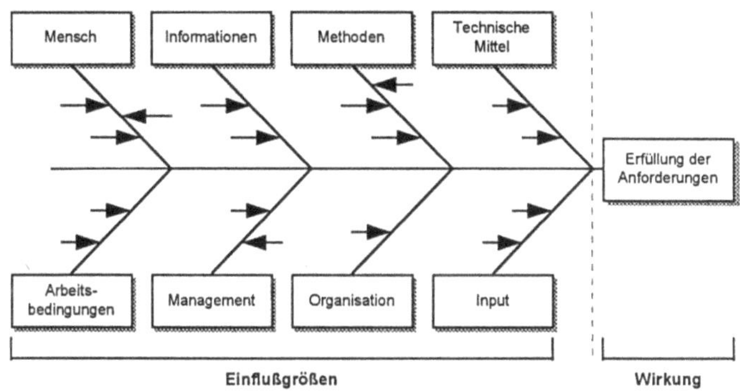

Abb. 5.28: Ermittlung der Einflußgrößen mit Hilfe eines Ishikawa-Diagramms

Das Ishikawa-Diagramm wurde entwickelt, um die Beziehung zwischen einer Wirkung und allen möglichen Einflußgroßen logisch und strukturiert aufzuzeigen. Die Wirkung steht auf der rechten Seite des Diagramms, was hier die Erfüllung der an den Prozeß gestellten Anforderungen bedeutet. Die wichtigsten Einflußgrößen oder „Stellhebel" werden im linken Teil aufgelistet [GOA-87] und ggf. hierarchisch strukturiert, wobei die Einflußgrößengruppen fischgrätenartig abzweigen und eine weitere Detaillierung mit Hilfe von Pfeilen hin zu den Einflußgrößengruppen erfolgt. Der Erstellung des Ishikawa-Diagramms erfolgt im Prozeßteam mit Hilfe eines Brainstormings.[1] Bei der Erstellung des Ishikawa-Diagramms kann zur Sensibilisierung des Prozeßteams bereits eine Bewertung der Einflußgrößen vorgenommen werden, indem die Wichtigkeit der Einflußgröße (z B. hoher, geringer Einfluß), deren Beeinflussungsmöglichkeit und die Wirkungsrichtung der Einflüsse (positiver bzw negativer Einfluß) erarbeitet und visualisiert wird.

Bei der Erstellung des Diagramms ist unbedingt darauf zu achten, daß alle moglichen Einflusse erfaßt werden, die eine Auswirkung auf das Ergebnis haben. Damit bei Änderungen im

---

[1] Zur Hilfestellung befinden sich im Anhang 6 Referenz-Ishikawas für die Prozesse Projektsteuerung, Design, Beschaffung und Montage, die durch Analyse bei mehreren Unternehmen erarbeitet wurden

Prozeß oder im Prozeßumfeld das Ishikawa-Diagramm wieder effektiv angewandt werden kann, sollten auch diejenigen Einflüsse erfaßt werden, die momentan keine relevante Rolle spielen [BEC-95].

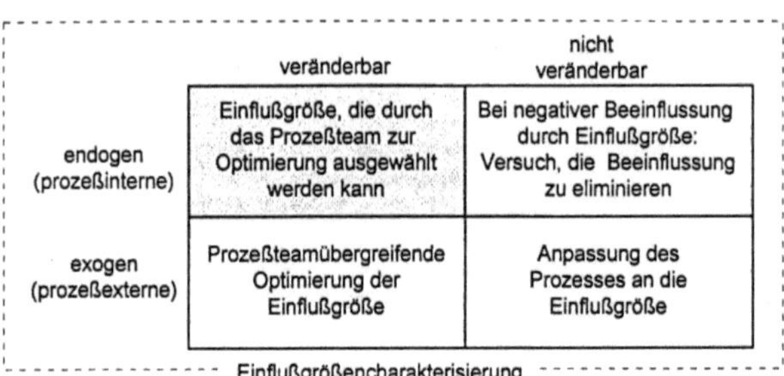

Abb. 5.29: Fallunterscheidung bei Einflußgrößen

Für die optimale Selektion der zu optimierenden Einflußgrößen ist es unabdingbare Voraussetzung, daß alle wichtigen Einflußgrößen ermittelt werden und zur Auswahl stehen. Für die weitere Behandlung der relevanten Einflußgrößen können in Abhängigkeit der Veränderbarkeit und der Prozeßzuordnung die vier folgenden Fälle unterschieden werden (Abb. 5.29):

1. Bei einer exogenen und nicht veränderbaren Einflußgröße muß der Prozeß an diese angepaßt werden bzw. Szenarien entwickelt werden, wie mit dieser optimal zu verfahren ist.

2. Bei einer endogenen und nicht veränderbaren Einflußgröße muß bei negativer Beeinflussung durch die Einflußgröße der Versuch unternommen werden, die Beeinflussung zu eliminieren bzw. zu reduzieren.

3. Bei einer exogenen und veränderbaren Einflußgröße muß die Verbesserung gemeinsam mit den für die Einflußgröße Verantwortlichen vorgenommen werden. Dies kann z.B. ein anderes Prozeßteam, aber auch der externe Kunde sein.

4. Aus der Menge der veränderbaren und endogenen Einflußgrößen werden diejenigen zur Optimierung ausgewählt, die den höchsten Zielbeitrag aufweisen und über das größte Verbesserungspotential verfügen.

Mit dem Selektionsverfahren zur Bestimmung der zu optimierenden Einflußgröße kann nicht sofort eine Maßnahme zur Prozeßverbesserung definiert werden. Das Verfahren muß zweimal angewandt werden. Beim ersten Selektionsdurchlauf erfolgt die Auswahl auf Ebene der Einflußgrößengruppen; beim zweiten Selektionsdurchlauf auf Ebene der Einflußgrößen. Dadurch kann durch zunehmende Konkretisierung des Einflusses eine Maßnahme festgelegt werden. Das Selektionsverfahren muß die oben formulierten Fragestellungen berücksichtigen und systematisch umsetzen. Für die Ermittlung des Zielbeitrages soll eine für die Aufgabenstellung modifizierte Form der Nutzwertanalyse herangezogen werden, da nur geringe Möglichkeiten zur Quantifizierung des Einflusses bzgl. der Anforderungen bestehen.

Die Nutzwertanalyse ist ein Bewertungsverfahren, mit dem Lösungsalternativen nach mehreren verschiedenartigen Zielfaktoren (auch nicht quantifizierbaren) beurteilt und verglichen werden können. Sie ist ein wichtiges Instrument der heuristischen Planungsmethodik und eignet sich sowohl für die Beurteilung der Zielerfüllung als auch für eine Gesamtbeurteilung eines Objektes [AG.BA-92]. Die Durchführung der Nutzwertanalyse ist auf ein formalisiertes Vorgehen angewiesen. Es ist möglichst genau einzuhalten, um Objektivität, Ausgewogenheit und Stichhaltigkeit des Verfahrens wesentlich zu steigen. Das Vorgehen bei der Nutzwertanalyse besteht aus vier Vorgehensschritten:

- Erstellung und Strukturierung des Kriterienplans nach Zielbereichen und Einzelkriterien

- Gewichtung der Zielbereiche und Einzelkriterien

- Bewertung der Güte der Lösungsalternativen nach dem Grad der Zielerfüllung durch Punktvergabe

- Berechnung des relativen Gesamtnutzens in Form von Einflußwerten

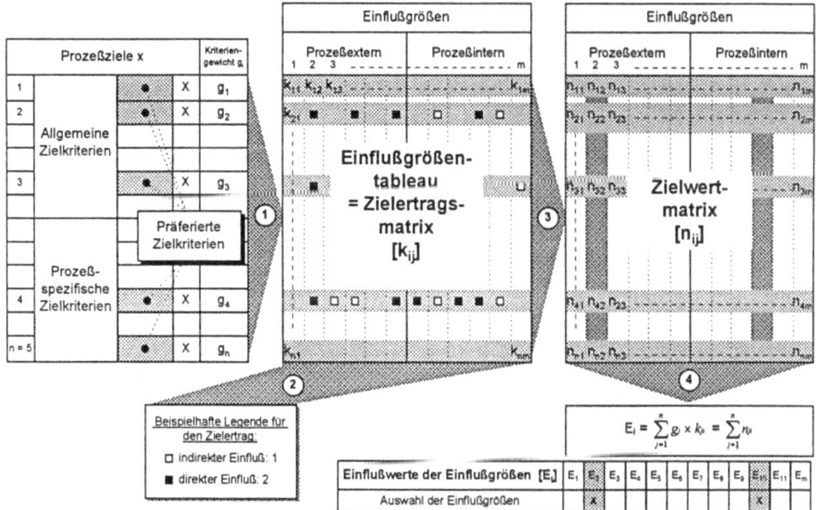

Abb. 5 30: Einflußgrößenauswahl mit Hilfe der Nutzwertanalyse

Die errechneten Einflußwerte ergeben die Rangfolge der Vorteilhaftigkeit und zeigen den gütemäßigen Abstand zwischen den untersuchten Einflußgrößen bzw. -gruppen an. Im einzelnen soll auf die Methodik jedoch nicht weiter eingegangen werden, da hier bereits grundlegende Untersuchungen vorliegen [ZAN-76]. Es soll lediglich die Einbindung in die beschriebene Systematik aufgezeigt werden.

<u>Abb. 5.30</u> zeigt die gesamte Einflußgrößenauswahl im Überblick.[1] Ausgangspunkt sind die präferierten *Zielkriterien i* mit dem dazugehörigen *Kriteriengewicht* g_i, wobei für die Gewichtung die folgende Bedingung eingehalten werden muß·

$$\sum_{x=1}^{n} g_x = 1, \qquad \textit{für } \forall \ x \in \textit{Menge der präferierten Zielkriterien 1...n}$$

Die Bewertung der zur Auswahl stehenden Einflußgrößen erfolgt direkt durch vergleichende Beurteilung ihrer jeweiligen *Zielbeiträge* k_{ij} in der *Zielertragsmatrix* $[k_{ij}]$. Die Zielertragsmatrix soll im folgenden als *Einflußgrößentableau* bezeichnet werden. Es soll als ständiges Instrument des Prozeßteams verstanden werden, in dem im Sinne einer lernenden Organisation Einschätzungen bzw. Erfahrungen bzgl. Abhängigkeiten zwischen Zielkriterien und Einflußgrößen dokumentiert werden. Die *Zielwertmatrix* $[n_{ij}]$ berechnet sich durch:

$$[n_{ij}] = [g_i] \times [k_{ij}]$$

Sie gibt Auskunft, über den gewichteten Zielbeitrag der einzelnen Einflußgrößen auf die präferierten Zielkriterien Ergebnis der Nutzwertanalyse ist der *Einflußwert* E_i der einzelnen Einflußgrößen bzgl des gesamten Zielkriterienbündels. Die Einflußwerte E_i berechnen sich wie folgt:

$$E_i = \sum_{j=1}^{n} g_j \times k_{ji} = \sum_{j=1}^{n} n_{ji}$$

Neben der Frage des Zielbeitrages ist analog zur Auswahl der zielrelevanten Hauptprozesse in Kap. 5 2 6 das Kriterium Verbesserungspotential bezogen auf die Einflußgröße bzw. die Einflußgrößengruppe zu berücksichtigen und zu bewerten. Die Einschätzung des Verbesserungspotentials kann bzgl. des Aufwandes sehr unterschiedlich erfolgen, da sowohl eine intuitive Einschätzung als auch eine detaillierte Analyse des Potentials moglich ist. Als pragmatische Hilfe kann bzgl. des Verbesserungspotentials eine kardinale Skala festgelegt und herangezogen werden, auf der die einzelnen Einflußgrößen eingestuft werden. Zur Unterstützung des Selektionsprozesses kann die Einflußgröße bzgl. Einflußwert und Verbesserungspotential analog zum Prozeß-Portfolio (<u>Abb. 5.20</u>) visualisiert werden, indem ein Einflußgrößen-Portfolio durch Anpassung der Abszisse und der Ordinate hinsichtlich den oben genannten Dimensionen erstellt wird.

---

[1] Vgl hierzu Anhang 7.1

Das Selektionsverfahren wird solange fortgeführt, bis die Einflußgröße so konkretisiert wurde, daß Maßnahmen festgelegt werden können und die Einflußgröße durch ein oder mehrere Merkmale beschrieben und mit Hilfe einer Kennzahl,[1] einer Einflußkennzahl, bewertet werden kann.

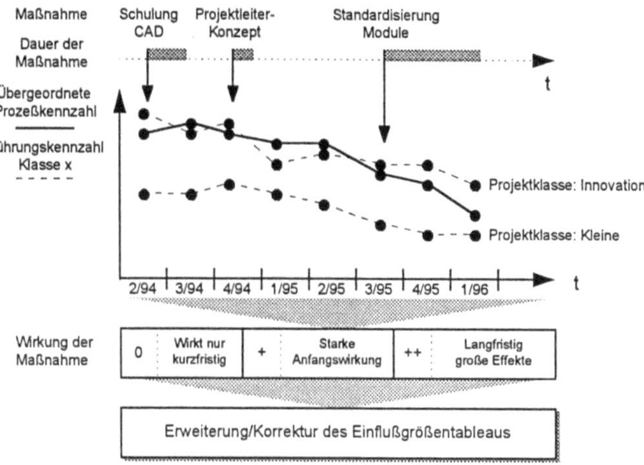

Abb. 5.31· Maßnahmencontrolling der Einflußgroßen über die Zeit

Das Einflußgrößentableau soll, wie bereits oben angedeutet, nicht nur Hilfsmittel für eine einmalige Prozeßoptimierung sein, indem eine Maßnahme ausgewählt wird, sondern es sollen alle Erfahrungen bzgl. der Optimierung von Prozeß-Einflußgrößen dokumentiert werden. Dies bedeutet, daß ein Ergebniscontrolling der Maßnahmen über die Zeit erfolgen muß, indem die zeitliche Wirkung der Maßnahme dem jeweiligen zeitlichen Verlauf der Führungskennzahl gegenübergestellt wird. So kann die eingeschätzte Abhängigkeit zwischen Zielkriterium und Einflußgröße nochmals empirisch überprüft und ggf. korrigiert werden.

Weiterhin kann die zeitliche Wirkung der Maßnahme weiter konkretisiert werden, indem die Wirkzeit der Maßnahme mit Hilfe der folgenden Kriterien ermittelt wird (Abb. 5.31):

- Anlaufzeit bis zur vollen Wirkung der Maßnahme. Dies kann reichen von „sofort", über eine grob zu beschreibende Hysterese bis zu gar keiner Wirkung

- Wirkdauer, die angibt, wie lange die Maßnahme gewirkt hat. Die Einschätzung erfolgt von „kurzfristig" für eine Wirkdauer im Wochenbereich, bis „langfristig", die im Jahresbereich liegt.

Das beschriebene Verfahren für das Maßnahmencontrolling funktioniert jedoch nur unter der

---

[1] Ordinale oder kardinale Skala

Voraussetzung, daß lediglich eine einzige aktive Maßnahme eine wesentliche Wirkung auf die betrachtete Führungsgröße hat. Werden zwei oder mehrere Maßnahmen, die einen Einfluß auf den Verlauf der Führungsgrößen haben, gleichzeitig umgesetzt, so ist der Einfluß der Maßnahme auf die Führungsgröße nicht mehr eindeutig aus dem Kurvenverlauf zu entnehmen.

5.2.7 Festlegung des prozeßorientierten Kennzahlensystems

Ziel der beschriebenen Systematik ist die Ermittlung eines prozeßorientierten Kennzahlen- und Zielsystems, mit dessen Hilfe das Prozeßcontrolling in Form der Prozeßregelung durch das Prozeßteam erfolgen kann. Dazu ist es notwendig, sowohl jeden betrachteten Prozeß in einer systematisierten Art und Weise durch Kennzahlen zu beschreiben, als auch die Prozesse mit seinen Kennzahlen zu einem Kennzahlensystem zusammenzufassen.

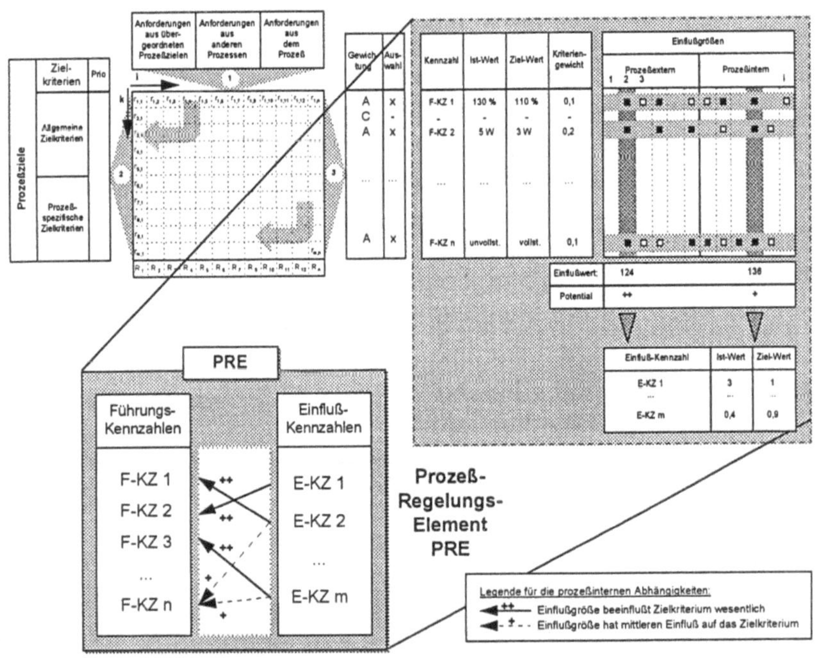

Abb. 5.32: Ableitung des Prozeß-Regelungs-Elements PRE

Das Prozeßteam hat zur Regelung der Prozesse alle bisher erarbeiteten Hilfsmittel und Übersichten zur Verfügung: die übergeordneten Prozeßziele, die Prozeß-Relevanz-Matrix und das Prozeß-Portfolio für die Auswahl der Hauptprozesse. Bezogen auf einzelne Hauptprozesse existiert die Zusammenstellung aller Anforderungen, die Vollständigkeitsmatrix mit den festgelegten Zielkriterien sowie deren Gewichtung, die Kennzahlen für die präferierten Zielkriterien sowie die Übersicht und Bewertung der Einflußgrößen. Alle diese Informationen für einen Hauptprozeß werden auf einem *Prozeß-Regelungs-Blatt PRB*[1] zusammengefaßt.

Für eine in der Praxis handhabbare Regelung der Hauptprozesse ist es jedoch notwendig, die wichtigsten Informationen in komprimierter Form darzustellen. Dies soll mit Hilfe des *Prozeß-Regelungs-Elements PRE* erfolgen. In ihm sind alle wichtigen Informationen des Prozeß-Regelungs-Blattes zusammengefaßt und es soll als „Cockpit" zur Regelung der Prozesse verstanden werden (Abb. 5.32). Informationsempfänger des Prozeß-Regelungs-Elementes sind vorwiegend die Mitglieder des Prozeßteams. Es kann allerdings auch als Managementinformation benutzt werden, da das PRE alle wesentlichen Information über den Prozeß enthält.

Das Prozeß-Regelungs-Element umfaßt

- die ausgewählten Führungskennzahlen,

- die dafür wichtigsten Einflußgrößen mit den abgeleiteten Einflußkennzahlen sowie

- die Abhängigkeiten zwischen diesen Führungs- und Einflußkennzahlen.[2]

Das Prozeß-Regelungs-Element stellt die Basiskomponente für das prozeßorientierte Kennzahlensystem dar. Die Strukturierung des Kennzahlensystems soll sich an dem im Rahmenkonzept beschriebenen Regelkreismodell orientieren, das man über mehrere Prozeßebenen anwenden kann, indem der betrachtete Prozeß durch Haupt- bzw. Subprozesse konkretisiert wird und dabei das Regelkreismodell auf alle weiteren Prozesse angewendet wird (Abb 5 33)

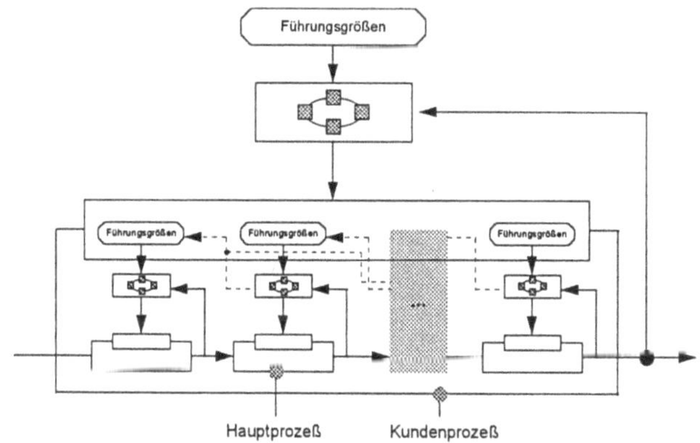

Abb. 5 33 Regelkreismodell als Basisstruktur für das Kennzahlensystem

Ergebnis dieser Konkretisierung sind weitere Regelkreise, die den „übergeordneten" Regel-

---

[1] Vgl hierzu Anhang 7 2 „Prozeß-Regelungsblatt für das Prozeßteam"

[2] Vgl hierzu Anhang 7 3 „Alternative Darstellungsformen Prozeß-Regelungs-Element PRE"

kreis detaillierter abbilden. Für den Transformationsschritt von einem Gesamtprozeß zu Subprozessen können alle im Rahmen dieser Arbeit vorgestellten Überlegungen und Hilfsmittel analog angewandt werden. Die Prozeß-Regelungs-Elemente können in diesem Zusammenhang immer als komprimierte Kennzahlen-Darstellung der Subprozesse eingesetzt werden, wobei im Rahmen dieser Arbeit ein Kundenprozeß durch Hauptprozesse konkretisiert wird.

Das gesamte prozeßorientierte Kennzahlensystem ergibt sich aus der Aneinanderreihung der einzelnen Prozeß-Regelungs-Elemente für alle betrachteten Prozesse mit einer Relevanzzuordnung zu den Fuhrungskennzahlen des Prozesses der nächsthöheren Prozeßebene. Aufgrund der festgelegten Regeln zur Strukturierung eines prozeßorientierten Kennzahlensystem ergibt sich das in <u>Abb. 5.</u>34 beschriebene prozeßorientierte Kennzahlensystem für die im Rahmen dieser Arbeit festgelegten Systemgrenzen. Der Kundenprozeß erhalt seine Zielvorgaben direkt aus den übergeordneten Prozeßzielen, die im weiteren durch Hauptprozeß-Kennzahlen und -Ziele konkretisiert werden.

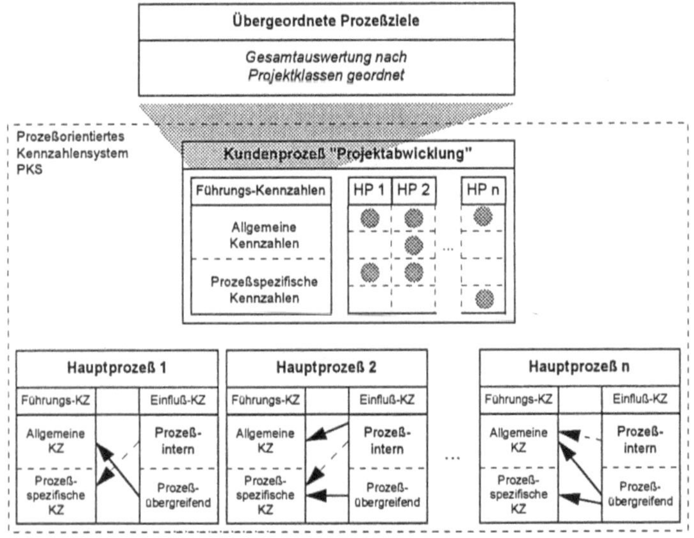

Abb. 5.34: Strukturierung des prozeßorientierten Kennzahlensystems

Struktur und Inhalte des prozeßorientierten Kennzahlensystems sind zunächst projektunabhängig, da die Abhängigkeiten zwischen den Prozessen, die Probleme im Prozeß und die Unternehmensziele unabhängig von einem konkreten Projekt sind. Das Kennzahlensystem muß daher als Referenzstruktur einmalig erarbeitet werden und kann dann auf jedes gewünschte Projekt angewandt werden. Die Ziel-Vorgaben müssen jedoch abhängig von der Projektklassen-Zugehörigkeit festgelegt werden, da die einzelnen Projektklassen unterschiedliche Niveaus bzgl. der Erfüllung der Zielkriterien aufweisen. Dies hat zur Folge, daß auch die Gesamtauswertung für die einzelnen Projektklassen getrennt erfolgen muß.[1]

Eine wesentliche Anforderung an das Kennzahlensystem ist die Möglichkeit, Abhängigkeiten darstellen zu können. Es existieren i.d.R. nicht nur prozeßinterne Abhängigkeiten, die im Prozeß-Regelungs-Element abgebildet werden können, sondern auch prozeßübergreifende Abhängigkeiten, die es ebenso zu berücksichtigen gilt. Diese Abhängigkeiten beziehen sich auf den Leistungsaustausch zwischen den Prozessen, die die Einflußgrößengruppe „Input" betrifft.

Es ist jedoch in der in Kap. 5.2.5 beschriebenen Vorgehensweise zur Ableitung von Führungsgrößen nicht ausgeschlossen, daß wichtige Anforderungen durch Priorisierung ausgeblendet werden. Es muß daher für alle prozeßübergreifenden Einflußgrößen geprüft werden, ob die dazugehörige Anforderung als Führungsgroße in dem betreffenden Prozeß mit aufgenommen wurde. Wenn dies nicht der Fall sein sollte, muß diese noch ergänzt werden, bis jede prozeßübergreifende Einflußkennzahl einer entsprechenden Führungskennzahl in dem entsprechenden Prozeß entspricht (Abb. 5.35). Die Festlegung der prozeßübergreifenden Einflußkennzahlen muß daher gemeinsam zwischen den betreffenden Prozessen erfolgen.

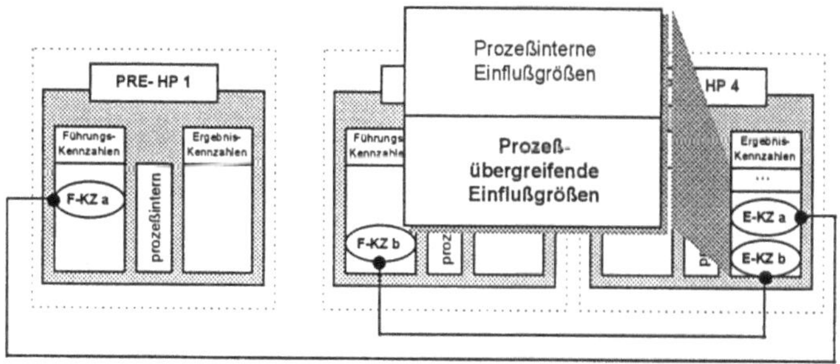

Abb. 5.35. Prozeßübergreifende Abhängigkeiten der Führungs- und Einflußkennzahlen

5.2.8 Setzen von Zielen mit Hilfe der Führungs- und Einflußkennzahlen

Damit das Führen mit Zielen im Unternehmen umgesetzt werden kann, müssen neben den in Kap. 4.2.1 allgemeinen Anforderungen an Ziele ebenfalls die folgenden Anforderungen erfüllt sein [BEC-95, SCH-94]:

Das Ziel muß

- realistisch erreichbar (auch unter Widerstanden),

---

[1] Vgl hierzu die Berichtssystematik in Anhang 7 3

- sprachlich klar formuliert sowie
- für die Mitglieder des Prozeßteams transparent und nachvollziehbar sein.

Bevor die Zielwerte für die Führungs- und Einflußkennzahlen zur Prozeßregelung endgültig festgelegt werden, muß weiterhin sichergestellt sein, daß in allen Prozessen:

- die Bezugsgrößen langfristig ermittelt werden können,
- eine gesicherte Datenbasis vorliegt,
- Akzeptanz bei den Mitarbeitern für evtl. erforderliche Maßnahmen geschaffen wurde und
- Handlungsanweisungen zum Verhalten bei Abweichungen im Sinne der Prozeßlenkung vorliegen.

Das Setzen von Zielen soll mit Hilfe des prozeßorientierten Kennzahlensystems erfolgen, das alle die Prozesse betreffenden relevanten Sachverhalte abbildet. Dazu soll das in Kap. 5.2.5 vorgestellte Kennzahlen-Element jeweils durch ein Ziel-Element erweitert werden.

Objective		Measure	Target		
Zielkriterium ZK	Kriteriengewicht KG	Kennzahl KZ - ordinale Skale - kardinale Skala (Indikator)	Ist-Wert I-W	Ziel-Wert Z-W	Toleranz TOL

Kennzahlen-Element   Ziel-Element

Abb. 5.36: Struktur der Kennzahlen- und Ziel-Elemente

Das Kennzahlen-Element beschreibt damit den Zielinhalt und das Ziel-Element das Zielausmaß, das auch einen zeitlichen Bezug hat (Abb. 5.36). Das Ziel-Element umfaßt sowohl die Vorgabe des Zielwertes als auch die Angabe des Ist-Wertes, damit ein realistischer Zielwert vorgegeben werden kann. Weiterhin ist die Angabe der Toleranzbreite erforderlich, um Zielabweichungen eindeutig identifizieren zu können.

Die Festlegung der Ziele für die Einflußgrößen der Hauptprozesse leitet sich aus den jeweiligen Führungsgrößen ab und wird vom Prozeßverantwortlichen mit den Prozeßbeteiligten vorgenommen. Bei Betrachtung der Einflußgrößen ist der Kundenprozeß lediglich die Prozeßhülle um alle Hauptprozesse. Dies bedeutet, daß alle Einflußgrößen des Kundenprozesses in den Hauptprozessen integriert sind. Somit ist aus Sicht der Einflußkennzahlen keine hierarchische Verknüpfung zum Kundenprozeß notwendig, da für den Kundenprozeß nur Führungsgrößen existieren. Somit müssen für die Einflußkennzahlen weder hierarchische Verknüpfungen noch horizontale Abhängigkeiten dargestellt werden.

Abb. 5.37 zeigt das sich daraus ergebende Kennzahlen- und Zielsystem für die Führungsgrößen des Kundenprozesses und der Hauptprozesse. Abhängig von der Relevanz des Hauptprozesses in Bezug auf ein Kundenprozeßziel wird ggf. ein entsprechendes Ziel für den Hauptprozeß formuliert, wobei durch diese logische Verbindung ein hierarchisches Zielsystem entsteht.

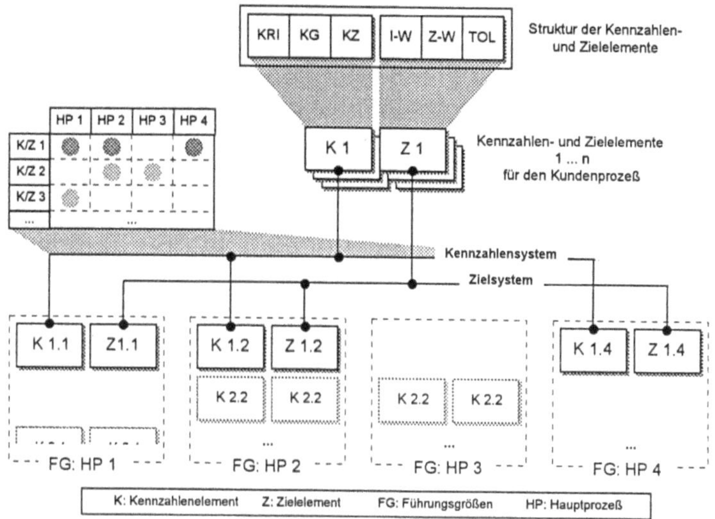

Abb. 5.37. Zusammenhang zwischen Kennzahlen- und Zielsystem

Bedingung für diese Verknüpfungsregel ist, daß für jedes Kundenprozeßziel mindestens ein relevantes Hauptprozeßziel existiert. Sollte dies nicht der Fall sein, so wurde entweder der Kundenprozeß mit einem Ziel belegt, das nicht direkt von diesen beeinflußt wird oder es wurde bei der Auswahl der Hauptprozesse der für die Realisierung des Ziels relevante Hauptprozeß ausgeblendet. Im letztgenannten Fall muß das Controllingsystem um diesen Hauptprozeß erweitert werden.

Die Festlegung der Ziele für die Einflußgrößen der Hauptprozesse leitet sich aus den jeweiligen Führungsgrößen ab und wird vom Prozeßverantwortlichen mit den Prozeßbeteiligten vorgenommen Bei Betrachtung der Einflußgrößen ist der Kundenprozeß lediglich die Prozeßhulle um alle Hautprozesse. Dies bedeutet, daß alle Einflußgrößen des Kundenprozesses in den Hauptprozessen integriert sind. Somit ist aus Sicht der Einflußkennzahlen keine hierarchische Verknüpfung zum Kundenprozeß notwendig, da für den Kundenprozeß nur Führungsgroßen existieren. Somit müssen für die Einflußkennzahlen weder hierarchische Verknupfungen noch horizontale Abhängigkeiten dargestellt werden

6 Anwendung

Die Anwendung des Controlling-Konzeptes erfolgte bei einem mittelständischen Unternehmen des Anlagenbaus. Das Unternehmen stellt Sonderanlagen sowie Komponenten für den Automatisierungsbereich her und ist organisatorisch in diese zwei Unternehmensbereich aufgeteilt. Durch kontinuierliches Wachstum konnte das Personal seit der Unternehmensgründung vor 17 Jahren bei einem momentanen Umsatz von ca. 25 Mio. DM auf rund 100 Mitarbeiter ausgebaut werden.

Der Bereich Sonderanlagen beschäftigt sich mit der Projektierung und Realisierung von Anlagen, die Unikatcharakter haben. Das Anwenden des Controlling-Konzeptes erfolgte daher nur im Unternehmensbereich Sonderanlagen, wobei der Unternehmensbereich Komponenten insofern mitberücksichtigt wird, da häufig die eigenen Standardlösungen und -komponenten in den Anlagen eingesetzt werden. Beispiele für Anlagen sind Palettiersysteme, Rädermeßanlagen, Meß- und Prüftechnische Anlagen sowie Teilsysteme für Fertigungsanlagen und -straßen.

Das Unternehmen arbeitet nach dem Prinzip der verlängerten Werkbank, indem die Teilefertigung an externe Lieferanten vergeben wird und nur noch die Montage und Inbetriebnahme selbst vorgenommen wird.

Die häufigsten Projekte mit dem größten Deckungsbeitrag sind Projekte mittlerer Größe (300-1000 TDM). Die Sonderanlagen können dabei entweder Neukonstruktionen oder Variantenkonstruktionen sein. Es wurden daher für die Anwendung des Kennzahlensystems die folgenden Projektklassen festgelegt (<u>Abb. 6.1</u>):

- Projekte mit einer mittleren Größe und einer auftragsbezogenen Neukonstruktion sowie
- Projekte mit einer mittleren Größe bei denen die Anlage als typisiertes Erzeugnis mit kundespezifischen Varianten bezeichnet werden kann.

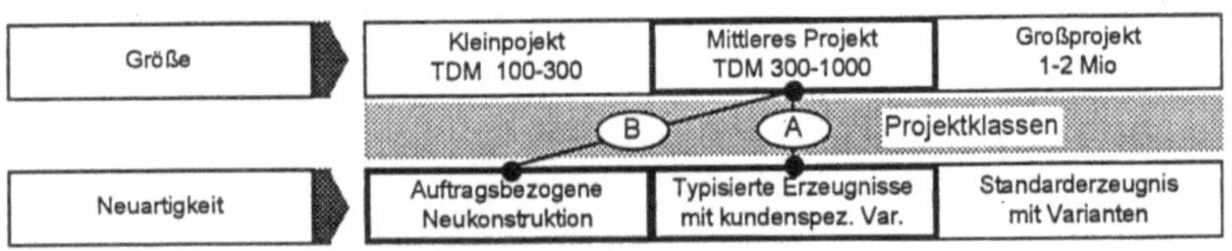

Abb. 6.1: Relevante Projektklassen

Das Handeln der Geschäftsleitung und der Mitarbeiter orientiert sich an den folgenden strategischen Grundsätzen, die jährlich überdacht und ggf. neu formuliert werden.

- Kontinuität und Beständigkeit gegenüber Kunden, Mitarbeitern und Partnern.

- Noch stärkere Kundenorientierung, die sich durch Erreichbarkeit, Flexibilität, Schnelligkeit, und Sensibilität gegenüber dem Kunden äußert.

- Ständige Verbesserung der Wettbewerbsposition auf dem Absatzmarkt.

- Hohes Qualitätsbewußtsein schaffen und umsetzen, um damit Qualitätsführer zu werden.

- Hohe Mitarbeiterorientierung, indem jeder Mitarbeiter als Kompetenz- und Leistungsträger verstanden wird.

- Das Unternehmen wird auch künftig nach dem Prinzip der „verlängerten Werkbank" mit kompetenten Zulieferern in einem partnerschaftlichen Verhältnis zusammenarbeiten.

- Das Dienstleistungsangebot wird bzgl. der folgenden Dienstleistungen ständig erweitert und ausgebaut: Kundenberatung, Projektierung, Entwicklung/Konstruktion, Service.

- Zielorientierung, d.h. das gemeinsame Erarbeiten von Zielen und die konsequente Umsetzung der festgelegten Ziele.

Der Absatzmarkt ist durch die allgemeine rezessive Entwicklung geprägt, was sich durch ein stagnierendes Branchenwachstum und eine starke Wettbewerbsintensität äußert.

IFE WERNER	Ziele der Unternehmensleitung		Priorität A	Priorität B	Priorität C	Übergeordnetes Prozeßziel	Projekt-abwicklungs-prozeß
Unternehmens-bezogene Ziele	...						
	Projekt-/Prozeßziele	Deckungsbeitrag (Projekt)	●			x	x
		Termintreue	●			x	x
		...					
		Fertigungs-/Montagegerechte Produkte konstruieren	●			x	x
	Managementziele	Zertifizierung/Aufrechterhaltung QM-System nach DIN EN ISO 9001	●				
		Steuerung durch geeignete Controllinginstrumente (Soll-Ist-Vergleich)	●				x
Absatzmarkt-bezogene Ziele	Strategische Stoßrichtung (Produkt)	Angebot verbessern - neue Anwendungen - neue Märkte weltweit	●			x	
	Wettbewerbsziele	...					
		Verbesserte Wettbewerbsposition	●			x	
	Kundenbezogene Ziele	Hohe Kundenzufriedenheit	●			x	x
Beschaffungs-marktbezogene Ziele	Lieferantenziele	...					
		Intensive Zusammenarbeit mit Komponentenlieferanten nach dem Prinzip der verlängerten Werkbank	●			x	x

Abb. 6 2. Selektierte Unternehmensziele für die Projektabwicklung

Die Unternehmensziele wurden, basierend auf den Strategiepapieren, gemeinsam mit der Geschäftsführung entsprechend der in Kap. 5.2.2 beschriebenen Struktur ermittelt, formuliert und priorisiert. Weiterhin wurden diejenigen Prozeßziele festgelegt, die durch den Projektabwicklungsprozeß direkt beeinflußt werden und damit in das Zielsystem des Projektabwicklungsprozesses mit übernommen werden können (Abb. 6.2). Anhang 8.1 zeigt alle Unternehmensziele mit Priorisierung und ihre Relevanz für die Projektabwicklung im Überblick.

Das Ziel, geeignete Controllinginstrumente zu installieren und einzusetzen, um damit zur Umsetzung der Zielorientierung regelmäßige Soll-Ist-Vergleiche durchführen zu können, betrifft die Projektabwicklung insofern, da dieser „wichtigste"[1] Prozeß durch das im Rahmen dieser Arbeit entwickelte Controllingsystem geregelt werden soll.

Die wichtigsten Ziele betreffen die eher typischen Kriterien für die Projektabwicklung, den Projekt-Deckungsbeitrag und die Termintreue bei allen Meilensteinen, insbesondere in bezug auf den Abnahmetermin. Diese beiden Ziele sind deshalb von Bedeutung, da das Unternehmen noch Know-how-Defizite bei der Planung und Abwicklung von Projekten aufweist, da erst seit einigen Jahren in Form von Projekten in der derzeitigen Größenordnung gearbeitet wird.

Weiterhin ist das Erhöhen der Kundenzufriedenheit ein wichtiges Ziel, um den strategischen Grundsatz der Kundenorientierung und die strategische Stoßrichtung Qualitätsführerschaft umzusetzen.

		Bewertung	Istzustand Leistung						Beurteilung gegenüber Wettbewerb					Bedeutung aus Kundensicht				Tendenz Bedeutungsentwicklung			Priorität bzgl. Optimierung		
IFE WERNER		Erfolgskritische Qualitätsmerkmale	1	2	3	4	5	6	-2	-1	0	1	2	1	2	3	4	hoch	gleich	niedrig	A	B	C
Dienstleistungsqualität	Projekt-bezogen	Termin				●					●			●					●		●		
		Meilensteine				●					●			●					●		●		
		...																					
	Service-bezogen	...																					
		Servicequalität		●							●				●						●		
Produktqualität i.e.S.	Nutzungs-bezogen	...																●					
		Fehlerrate		●							●				●			●			●		
		Zuverlässigkeit		●							●			●				●			●		
		Bediener-freundlichkeit		●							●				●			●			●		
	Anlagen-bezogen	Design/Optik		●								●			●			●			●		
		Preis			●					●					●				gleich		●		
		Kosten				●			●												●		

Abb. 6.3: Selektierte erfolgskritische Qualitätsmerkmale

Die erfolgskritischen Qualitätsmerkmale wurden in einem Workshop ermittelt, bei dem Vertreter aus den Prozessen Projektierung, Projektmanagement (Projektleitung), Design (elektrisch), Design (mechanisch), Montage und Inbetriebnahme sowie der Qualitätsleiter und die Unternehmensleitung beteiligt waren. Das eigentliche Ermitteln erfolgte durch ein gemeinsames Brainstorming mit Zuruf an den Moderator entsprechend der in Abb. 5.13 beschriebenen

---

[1] Vgl. hierzu Kap 5.1.5

Struktur. Nach dem Auflisten der wesentlichen Qualitätsmerkmale wurden diese entsprechend der in Kap. 5.2.2 festgelegten Vorgehensweise bewertet und priorisiert. Das Ergebnis ist in Anhang 8.2 vollständig aufgelistet.

Abb. 6.3 zeigt den Auszug der wichtigsten erfolgskritischen Qualitätsmerkmale, die integraler Bestandteil der übergeordneten Prozeßziele sind. Wie bereits bei den Unternehmenszielen genannt, spielt die Termintreue bezogen auf alle Meilensteine eine wichtige Rolle, wobei der Projektabwicklungsprozeß zukünftig stärker mit Hilfe von geeigneten Meilensteinen geplant und dadurch gesteuert werden soll, um dadurch zeitliche Verzögerung möglichst frühzeitig zu erkennen.

Was die Anlage selbst betrifft, so ist neben der zunehmenden Bedeutung des Designs die durch die Spezifikation festgelegte Fehlerrate bei der Abnahme eine der zentralen Bewertungskriterien für die Anlage. Während der Nutzungsphase nimmt die Zuverlässigkeit der Anlage diese zentrale Rolle ein, um teure Maschinenstillstandszeiten zu minimieren.

Übergeordnete Prozeßziele	
Unternehmensziele	Erfolgskritische Qualitätsmerkmale
• Projekt-Deckungsbeitrag • Termintreue (Meilensteine) • Fertigungs-/Montagegerechte Produkte konstruieren • Qualitätsführerschaft • Kundenzufriedenheit • Intensive Zusammenarbeit mit Komponentenlieferanten	• Termintreue (Meilensteine) • Pflichtenheft • Servicequalität • Fehlerrate der Anlage • Zuverlässigkeit der Anlage • Bedienerfreundlichkeit der Anlage • Design/Optik der Anlage

Abb. 6.4: Übergeordnete Prozeßziele

Die Priorisierung der Unternehmensziele und der erfolgskritischen Qualitätsmerkmalen erfolgte nach den Kriterien Wichtigkeit und Zielerreichung, so daß die jeweils mit A priorisierten Ziele bzw. Merkmale als die kritischen Ziele in die zu realisierenden übergeordneten Prozeßziele übernommen werden konnten. Die Zielkriterien der übergeordneten Prozeßziele zeigt Abb. 6.4.

Das Erfüllen der übergeordneten Ziele ist die Basis für die Auswahl der für das Controllingsystem relevanten Hauptprozesse. Das Festlegen der Relevanz in bezug auf die übergeordneten Prozeßziele erfolgte mit der Prozeß-Einfluß-Matrix, wobei in die Kreuzungspunkte der Zielbeitrag der einzelnen Prozesse eingetragen wird. Abb. 6.5 zeigt die ermittelte Einschatzung mit den sich daraus ergebenden gewichteten Summen, wobei die vertikale Summe den Gesamtzielbeitrag der Hauptprozesse hinsichtlich der übergeordneten Prozeßziele und die horizontale Summe den jeweilige Beeeinflussungsmöglichkeit durch die Hauptprozesse darstellen.

Zielkriterien	Zielgewicht	Kaufmännische Auftragsabwickl.	Projekt-management	Design	Beschaffung	Dokumentation	Montage	Inbetriebnahme	Berücksichtigung der Ziele
Projekt-Deckungsbeitrag	3	0	1	2	2	0	2	0	7
Termintreue	3	0	2	2	2	0	2	1	9
Fertigungs-/Montagegerechte Produkte	1	0	1	2	0	0	2	0	5
Qualitätsführerschaft	3	0	0	2	2	1	2	0	7
Kundenzufriedenheit	3	1	1	2	1	2	1	1	9
Intensive Zusammenarbeit mit Komponetnenlieferanten	1	0	1	2	2	0	1	0	6
Pflichtenheft, Risikoanalyse	2	0	0	2	0	1	1	1	5
Servicequalität	2	0	0	2	1	1	0	0	4
Fehlerrate der Anlage	3	0	1	2	2	0	1	1	7
Zuverlässigkeit, Verfügbarkeit der Anlage	2	0	0	2	1	1	2	0	6
Bedienerfreundlichkeit der Anlage	1	0	0	2	1	1	0	0	4
Design/Optik der Anlage	1	0	0	2	1	0	1	0	4
Zielbeitrag der Prozesse		3	17	50	35	16	34	11	73

Abb. 6.5: Prozeß-Einfluß-Matrix für die Projektabwicklung

Den größten Zielbeitrag leisten demzufolge die Prozesse Design, Beschaffung und Montage, wobei der Designprozeß den mit Abstand größten Einfluß auf die Erreichung der Ziele hat. Beim Designprozeß wird basierend auf der Projektierung die Anlage konkretisiert und bezogen auf

- die Erfüllung der Qualitätsanforderungen die Anlagenkonzepte detailliert und ausgearbeitet, wobei für die Gesamtfunktionalität der Anlage alle grundlegenden Funktionen festgelegt werden und zu einem spateren Zeitpunkt nur noch geringfugige Änderungen moglich sind.

- auf die Kosten durch die Auswahl der Anlagenkonzepte und der dafür notwendigen Anlagenkomponenten der Großteil der Kosten festgelegt.

- auf die Zeit durch die vollständige Identifikation aller Langläufer und durch Einhaltung der Prozeßzeit für den Designprozeß der erste Grundstein für die Einhaltung des Abnahmetermins gelegt. Weiterhin kann durch die Konzeption von montagegerechten Komponenten die Montagetätigkeit erheblich erleichtert und beschleunigt werden.

Der Beschaffungsprozeß leistet einen großen Zielbeitrag bezüglich der Materialkosten und der Zuverlässigkeit der Anlage durch die optimale Auswahl der Komponenten. Im Hinblick auf die Termintreue ist es entscheidend, ob die Anlagenkomponenten rechtzeitig zur Verfügung stehen. Der Montageprozeß kann durch gut geplantes und sorgfältiges Arbeiten die Einhaltung der Kosten und der Termine gewährleisten.

Zur Auswahl der relevanten Hauptprozesse wurden die Hauptprozesse neben dem Kriterium Zielbeitrag mit dem Kriterium Verbesserungspotential bewertet. Die Ermittlung des Verbesserungspotentials geschah mit Hilfe des Qualifikationsmodells von HARRINGTON.[1]

Das Prozeß-Portfolio für die Hauptprozesse zeigt <u>Abb. 6.6</u> mit den betrachteten Bewertungsdimensionen Zielbeitrag und Verbesserungspotential.

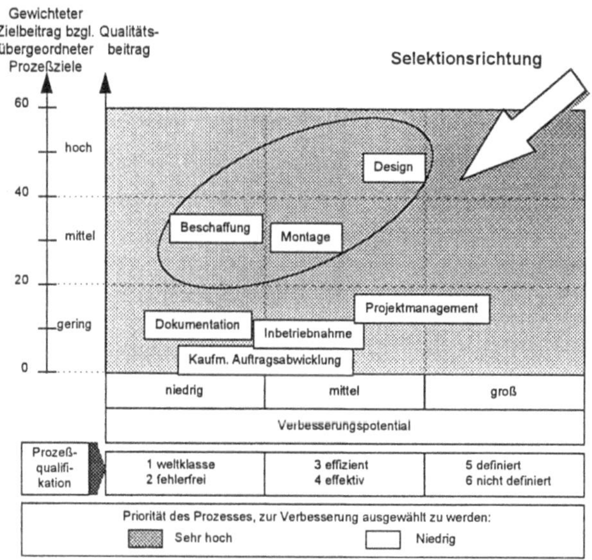

Abb. 6.6: Prozeß-Portfolio für die Hauptprozesse der Projektabwicklung

Durch die optimale Selektionsrichtung über die Diagonale bei gleicher Gewichtung der beiden Bewertungsdimensionen werden die Hauptprozesse Design, Beschaffung und Montage als die relevanten Hauptprozesse ausgewählt.

Das Formulieren der Anforderungen an die ausgewählten Hauptprozesse geschah zum einen durch die Kunden-Lieferanten-Analyse in Form von Interviews mit Hilfe der EPSM (<u>Anhang 8 3</u>) zum anderen durch die Ableitung der Ziele des Kundenprozesses auf die Hauptprozesse

Die Analyse der Fehlleistungen und die Ermittlung der sich daraus ergebenden Fehlleistungs-

---

[1] Vgl hierzu Anhang 5 1

elemente wurde nicht vorgenommen, um die Komplexität bei der Installation des Controlling-
systems nicht unnötig zu erschweren. Die Bestimmung und Miteinbeziehung der Fehlleistungselemente soll zu einem späteren Zeitpunkt erfolgen.

Die Zuordnung und Ableitung der übergeordneten Prozeßziele geschah mit Hilfe der Vollständigkeitsmatrix (<u>Anhang 8.4</u>). Der jeweilige Prozeßverantwortliche wählte basierend auf der ermittelten Priorisierung der Zielkriterien des Prozesses die wichtigsten Ziele aus. Zielsetzung dabei war es, maximal 8 Zielkriterien pro Hauptprozeß zuzulassen.

Für die ausgewählten Zielkriterien wurden dann jeweils in Workshops mit einigen Prozeßbeteiligten und dem Prozeßverantwortlichen Führungskennzahlen festgelegt. Als Beispiel soll hier der Designprozeß erläutert werden (<u>Abb 6.7</u>). Für die Einhaltung der Designkosten soll die Kostenabweichung von den geplanten Zielkosten ermittelt werden. Die Termintreue in Bezug auf die Meilensteine kann mit Hilfe des zeitlichen Indikators 'Abnahme' des Reifegrad-Systems des Projekt-Controllings bewertet werden. Die Indikatoren des Reifegrad-Systems werden jeweils alle zwei Wochen von den Teilprojektleitern Mechanik und Elektrik in Form einer Ampelfunktion mit einer kardinalen Skala eingeschätzt. Die letzte Einschätzung des Indikators 'Abnahme' ist dabei die reale Situation in Bezug auf die Termintreue Die Zuverlässigkeit der Anlage ist in der Spezifikation als Kennzahl 'Technische Verfügbarkeit' vorgegeben und kann während der Inbetriebnahme für diesen Zeitraum bestimmt werden. Da dieser Zeitraum i.d.R. sehr kurz ist, muß die Information über die Verfügbarkeit der Anlage während der Nutzungsphase nachgereicht werden. Die restlichen Zielkriterien werden über Indikatoren mit einer kardinalen Skala, die jeweils von 1-6 bzw. 1-9 reicht, bewertet, wobei jeder Skalenwert zur Objektivierung mit einer entsprechenden Merkmalsbeschreibung ergänzt wird.

Führungsgrößen		
IFW WERNER	Zielkriterium	Führungskennzahl
allgemein	Designkosten	Kostenabweichung
	Meilensteineinhaltung	Reifegrad-Indikator: Zeitlicher Reifegrad
	Kundenzufriedenheit	Indikator 'Externe Kundenzufriedenheit'
prozeß-spezifisch	Designunterlagen	Indikator 'Vollständigkeit und 'as built'
	Montagegerechte Konstruktion	Indikator 'Montagegerechtheit'
	Zuverlässigkeit der Anlage	Technische Verfügbarkeit
	Bestellvorgaben	Indikator 'Eindeutige Bestellvorgaben'
	Funktionsfähige Software	Indikator 'Funktionsfähige Software'

Abb. 6.7: Führungsgrößen des Designprozesses

Die Ermittlung der relevanten Einflußgrößen erfolgte mit Hilfe des in Kap. 5.2.6 beschriebenen Verfahrens, wobei zwei Selektionsdurchläufe notwendig waren. Beim ersten Selektionsdurchlauf wurden basierend auf den Referenz-Ishikawas[1] die zwei bis drei Einflußgrößengruppen mit dem jeweils größten Zielbeitrag und Verbesserungspotential ausgewählt

Zu Beginn der Workshops wurde das Verfahren von den Teilnehmern als formell und relativ aufwendig eingeschätzt, da bei n Zielkriterien und m Einflußgrößengruppen bzw. Einflußgrößen $n \times m$ gemeinsame Einschätzungen bzgl. Zielbeitrag und m gemeinsame Einschätzungen bzgl. Verbesserungspotential notwendig sind. Weiterhin verlangt das Verfahren eine sehr intensive gedankliche Teilnahme, da bei der Einschätzung teilweise abstrakte Objekte (z.B. Aufbauorganisation oder Erfahrungswissen) in Bezug gesetzt und eingeschätzt werden mussen

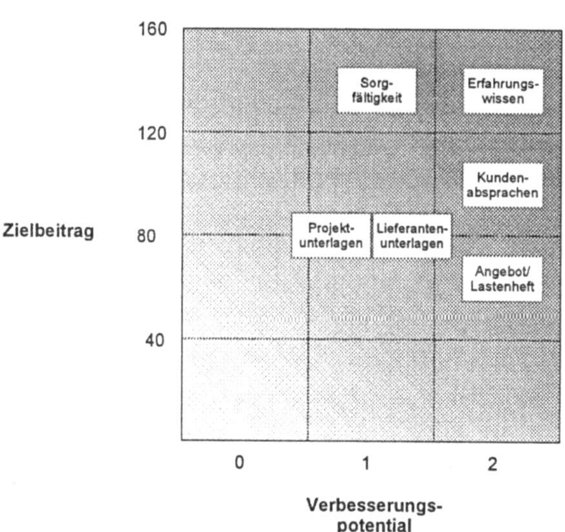

Abb. 6.8: Einflußgrößen-Portfolio für den Design-Prozeß

Die Anwendung des Verfahrens hat gezeigt,

- daß abstrakte Objekte deutlich schwieriger einzuschätzen sind als materielle Objekte

- daß in Abhangigkeit von der Einflußgroße oder Einflußgrößengruppe eine mehr oder weniger umfangreiche Diskussion notwendig ist, eine gemeinsame Einschatzung jedoch immer moglich ist

---

[1] Vgl hierzu Anhang 6

- daß das Endergebnis von allen akzeptiert und als richtig eingeschätzt wird.

- daß das Verfahren als nützliche Argumentation für Veränderungsmaßnahmen angesehen wird, obwohl die Probleme z.T. schon offensichtlich sind, weil sie die Potentiale systematisch ermittelt.

Das Einflußgrößentableau auf Ebene der Einflußgrößengruppe ist für den Designprozeß in Anhang 8.5 vollständig abgedruckt. Die Auswahl der relevanten Einflußgrößengruppen erfolgte durch die Prozeßverantwortlichen, die sich dabei größtenteils an die Empfehlungen (optimale Selektionsrichtung) der Methodik hielten, da sie diese aufgrund ihrer Erfahrung als richtig einschätzten.

In Anhang 8 6 sind die Einflußgrößentableaus zur Auswahl der relevanten Einflußgrößen im Designprozeß vollständig einzusehen. Das Gesamtergebnis des Designprozesse zeigt Abb 6.8 mit der Plazierung bzgl. Zielbeitrag und Verbesserungspotential im Einflußgrößen-Portfolio. Das Bewerten der Einflußgrößen erfolgt mit Hilfe von gleichnamigen Indikatoren, die durch die wichtigsten Merkmale auf einer kardinalen Skala abgebildet werden können, wobei jedem Skalenwert eine bestimmte Merkmalsausprägung bzw. eine Kombination von Ausprägungen zugeordnet wird.

Für alle ausgewählten Einflußgrößen wurden Verbesserungsvorschläge erarbeitet, jeweils mindestens eine ausgewahlt und Verbesserungsmaßnahmen konkretisiert und formuliert. Anhang 8.8 enthält das komplette Maßnahmenbündel für den Designprozeß.

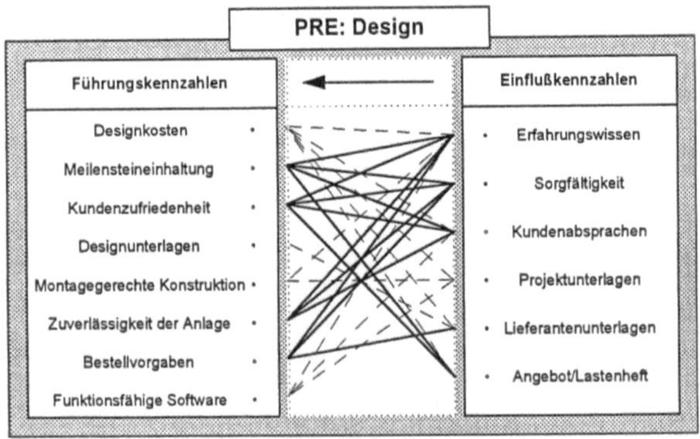

Sowohl die ermittelten Führungskennzahlen als auch die Ergebnisgrößen werden in dem jeweiligen Prozeß-Regelungs-Element mit ihren wichtigsten Abhängigkeiten abgebildet, wobei die Bewertungsmaßstäbe in Form der in <u>Abb. 5.32</u> festgelegten Struktur mit Ist- und Zielwert beschrieben werden. <u>Abb. 6.9</u> zeigt als Beispiel das Prozeß-Regelungs-Element für den Designprozeß.

Die Zusammenfassung der einzelnen Prozeß-Regelungs-Elemente nach der in Kap. 5.2.7 beschriebenen Art und Weise ergibt das gesamte Kennzahlen- und Zielsystem für den Projektabwicklungsprozeß als aggregiertes Gesamtergebnis der Anwendung des Controllingkonzeptes. Dieses ist in <u>Anhang 8.7</u> vollständig zu sehen.

Weiterhin können zusammenfassend die folgenden Teilergebnisse genannt werden.

- Die Unternehmensziele sind formuliert, priorisiert und die Relevanz bzgl. der Systemgrenzen des Controllingsystems ist festgelegt.

- Die erfolgskritischen Qualitätsmerkmale sind identifiziert und

  - bzgl. dem Istzustand der Leistung eingeschätzt,

  - in Relation zum Wettbewerb beurteilt,

  - bzgl. der Kundenbedeutung eingeschätzt,

  - bzgl. der Bedeutungsentwicklung beurteilt sowie

  - bzgl. Handlungsbedarf für Verbesserungen priorisiert.

- Die übergeordneten Prozeßziele sind formuliert und gewichtet.

- Die Projektklassen sind festgelegt und die wichtigsten Projektklassen sind ausgewählt.

- Innerhalb der Systemgrenzen ist der Einfluß der jeweiligen Hauptprozesse in bezug auf die übergeordneten Prozeßziele bewertet.

- Das Verbesserungspotential der betrachteten Hauptprozesse ist analysiert oder eingeschatzt.

- Die Hauptprozesse mit dem größten Zielbeitrag hinsichtlich der übergeordneten Prozeßziele und dem größten Verbesserungspotential sind ausgewählt.

- Die Anforderungen an diese ausgewählten Hauptprozesse aus Sicht der übergeordneten Prozeßziele, aus anderen Hauptprozessen und aus dem Prozeß sind bekannt und gewichtet.

- Die Führungskennzahlen für die betrachteten Hauptprozesse sind festgelegt

- Mit Hilfe der Führungskennzahlen sind Zielvorgaben formuliert.

- Die Einflußgrößengruppen sind hinsichtlich dem Ziele-Anforderungsprofil bewertet und die für Verbesserungsmaßnahmen ausgewählten Gruppen sind ausgewählt.

- Die ausgewählten Einflußgrößengruppen sind hinsichtlich Einflußgrößen konkretisiert, wobei diese bzgl. Zielbeitrag und Verbesserungspotential eingeschätzt sind.

- Für die wichtigsten Einflußgrößen sind Lösungsalternativen diskutiert und Verbesserungsmaßnahmen formuliert.

- Die Bewertungsmaßstäbe für den betrachteten Kundenprozeß und die wichtigsten Hauptprozesse sind in einem prozeßorientierten Kennzahlensystem zusammengefaßt

7 Zusammenfassung

Die sich verschärfenden Wettbewerbsbedingungen und die starke kurzfristige Projektorientierung im Anlagenbau erfordern eine ständige kritische Bewertung der Effizienz und Effektivität der Prozesse, um bei Erkennen von Defiziten Anpassungs- bzw. Verbesserungsmaßnahmen mit mittel- und langfristigen Effekten einzuleiten. Dies kann nur gelingen, wenn für die Prozesse die relevanten Zielkriterien festgelegt und geeignete Bewertungsmaßstäbe definiert sind. Voraussetzung dafür ist, daß alle wichtigen Anforderungen an die Prozesse bekannt sind.

Die in der Literatur beschriebenen Ansätze zur Ermittlung von Prozeßkennzahlen geben jedoch keine konkrete Hilfestellung, wie diese systematisch zu ermitteln und in einem Kennzahlensystem zusammenzufassen sind.

Ziel dieser Arbeit war daher die Konzeption und Erprobung eines qualitatsorientierten Ansatzes zum Controlling von Prozessen, der Kennzahlen als Bewertungsmaßstäbe heranzieht. Die Bewertungsmaßstäbe sollten dabei nicht nur wie bei anderen Ansätzen die Anforderungen abbilden. Als neuer und für die Prozeßtransparenz wichtiger Aspekt sollten die für die Umsetzung der Anforderungen relevanten Einflußgrößen des Prozesses identifiziert und ebenfalls durch Bewertungsmaßstäbe beschrieben werden konnen Weiterhin sollte eine Aussage bzgl. der Abhängigkeit zwischen Anforderung und Einflußgröße des Prozesses möglich sein. Da für die Zusammenfassung der ermittelten Prozeßkennzahlen eines Prozesses bzw. mehrerer Prozesse keine konkreten Strukturierungsvorschläge existierten, sollte hierfür eine geeignete Struktur erarbeitet werden.

Nach einer Auseinandersetzung mit dem Anlagenbau und seinen branchentypischen Merkmalen erfolgte basierend auf den Grundlagen des Prozeßmanagements und des Controllings die Erarbeitung eines Rahmenkonzeptes für das Controlling von Prozessen. Kern des Rahmenkonzeptes ist ein Regelkreismodell, das aus der technischen Prozeßführung abgeleitet ist und an Unternehmensprozesse adaptiert wurde Die Aufgaben des Reglers übernimmt dabei ein Prozeßteam, das Führungsgroßen in Form von Soll-Werten definiert und bezogen auf diese Ist-Werte aus der Praxis als Rückkopplung erhält.

Um dem qualitätsorientierten Anspruch gerecht zu werden, müssen für die Festlegung von Fuhrungsgrößen alle wesentlichen Anforderungen an einen Prozeß bekannt sein Dazu wurden für die Anforderungsgruppen

- Anforderungen des externen Kunden,
- Anforderungen der internen Prozeßkunden bzw des Managements sowie

- Anforderungen aus dem Prozeß

unterstützende Hilfsmittel und Methoden für die Anforderungsermittlung erarbeitet.

Eine weitere Quelle für die Festlegung von Führungsgrößen eines Prozesses ist der beim Prozeßdurchlauf entstehende Fehlleistungsaufwand. Dazu wurde der Fehlleistungsaufwand definiert und ein Vorschlag erarbeitet, mit dessen Hilfe Fehlleistungselemente leicht identifiziert und bzgl. der Bedeutung eingeschätzt werden können.

Für die Umsetzung des Controllingkonzeptes wurde der Projektabwicklungsprozeß ausgewählt, da dieser die Kernkompetenz im Anlagenbau darstellt und die Kundenzufriedenheit am nachhaltigsten beeinflußt. Da sich der Aufbau des prozeßorientierten Kennzahlensystems stark an der Prozeßstruktur orientiert, wurde für den Anlagenbau ein Referenz-Prozeßmodell der Projektabwicklung erarbeitet. Dieses identifiziert und beschreibt die Hauptprozesse der Projektabwicklung, die in den meisten Unternehmen des Anlagenbaus ablaufen. Es stellt einen Orientierungsrahmen für die praktische Umsetzung dar und gewährleistet die Übertragbarkeit der Ergebnisse auf ähnliche Unternehmen des Anlagenbaus.

Auf Grundlage des Rahmenkonzeptes wurde zum Aufbau des Controllingsystems eine durchgängige Vorgehensweise entwickelt, die ausgehend von den Anforderungen Führungs- und Einflußkennzahlen ableitet. Die einzelnen Vorgehensschritte wurden dabei mit geeigneten Methoden und Hilfsmitteln ausgestattet und durchgängig verknüpft.

Für die grundsätzliche inhaltliche Ausrichtung des Controllingsystems wurden die übergeordneten Prozeßziele definiert. Sie setzen sich zum einen aus den Unternehmenszielen und zum anderen aus den erfolgskritischen Qualitätsmerkmalen zusammen. Um den Prozeß der Erfassung und Auswahl der übergeordneten Prozeßziele zu unterstützen, wurde für die Unternehmensziele eine Zielestruktur erarbeitet, die das Erfassen wesentlich vereinfacht. Zur Auswahl der Qualitätsmerkmale wurde eine Bewertungssystematik erarbeitet, mit deren Hilfe die erfolgskritischen Qualitätsmerkmale durch Kriterienunterstützung sicherer und rationaler ausgewählt werden können.

Ein wesentliches Leistungsmerkmale des erarbeiteten Controllingsystems ist das Nutzen-Aufwand-Verhältnis. Dies äußert sich darin, daß nicht alle Prozesse gleichermaßen betrachtet werden, sondern eine Fokussierung auf die qualitätsrelevanten Hauptprozesse erfolgt. Zur Unterstützung der im Sinne der Kundenorientierung richtigen Auswahl der Hauptprozesse wurde ein Prozeß-Portfolio entwickelt, das eine Aussage bzgl. Verbesserungspotential und Zielbeitrag der Prozesse zuläßt. Weiterhin wurde eine Möglichkeit aufgezeigt, Projektklassen zu bilden und Kriterien vorgestellt, diejenigen Projektklassen für die weitere Betrachtung auszuwählen, die für den Unternehmenserfolg von Bedeutung sind.

Für die schwierige Aufgabe, die Anforderungen der verschiedenen Anforderungsgruppen zusammenzuführen, wurde die Vollständigkeitsmatrix erarbeitet, mit deren Hilfe Redundanzen beseitigt, geeignete Prozeßzielkriterien formuliert und gewichtet werden können, um die wichtigsten Zielkriterien zu selektieren. Die Quantifizierung der Zielkriterien durch Führungsgrößen erfolgt entweder direkt durch Kennzahlen oder indirekt mit Hilfe von Indikatoren.

Um nicht nur Bewertungsmaßstäbe zu definieren, sondern auch die Leistungserstellung durch die Prozesse transparent zu machen, wurde das Einflußgrößentableau und eine Bewertungsmethode konzipiert, mit der ausgehend vom festgelegten Zielbündel die Einflußgrößen mit dem größten Zielbeitrag identifiziert und diejenigen ausgewählt werden können, die das größte Verbesserungspotential aufweisen. Damit wird konkrete Hilfestellung geleistet, Prozeßverbesserungen anzustoßen und die Realisierung der Zielvorgaben zu unterstützen.

Zur Darstellung der ermittelten Prozeßinformationen wurde das Prozeß-Regelungs-Element PRE entwickelt, das sowohl die Führungs- und Einflußkennzahlen enthält als auch deren Abhängigkeiten. Das Prozeß-Regelungs-Element zeichnet sich dadurch aus, daß es nur die wichtigsten Informationen enthält und sowohl für das Management als auch für Prozeßbeteiligten eine geeignete Berichtsform darstellt. Die Kombination der PREs aller betrachteten Hauptprozesse sowie eine Verzeigerung der Zielkriterien eines Kundenprozesse auf die relevanten Hauptprozesse ergibt das gesamte Kennzahlensystem für einen Kundenprozeß.

Die Anwendung der konzipierten Vorgehensweise erfolgte durch Workshops mit aufgabenspezifischer und größtenteils interdisziplinärer Zusammensetzung, bei der viele Mitarbeiter des Unternehmens aktiv integriert wurden. Die praktische Umsetzung der erarbeiteten Hilfsmittel erwiesen sich dabei als kommunikationsfördernde Plattform, abteilungsübergreifende Fragestellungen zu diskutieren und gemeinsam Zielkriterien zu formulieren. Der dafür zu erbringende Aufwand wurde von den Beteiligten als sinnvolle Investition gewertet, da durch eine intensive Diskussion der Kunden-Lieferanten-Beziehungen das Anforderungsprofil der Prozesse transparenter wurde

Die systematische Identifikation der relevanten Einflußgrößen war eine wesentliche Argumentationshilfe zum Initiieren wichtiger Verbesserungsmaßnahmen. Dies äußerte sich darin, daß die Problembereiche zum Teil bekannt waren, jedoch Unsicherheit herrschte, ob diese die tatsächlichen Verbesserungspotentiale darstellen.

Die Qualität und der Umfang der Workshop-Ergebnisse hing stark vom Prozeßinteresse und dem persönlichen Engagement der Beteiligten ab Dies bedeutet, daß die Zusammensetzung der Workshops und die richtige Rollenverteilung einen wichtigen und nicht zu unterschätzenden Erfolgsfaktor darstellt, dem in einer weiteren Arbeit Rechnung getragen werden sollte. Eine Gefahr des erarbeiteten Konzeptes ist darin zu sehen, daß mit Hilfe der systematischen Vorgehensweise Ergebnisse erzielt werden, die rationales Handeln, frei von persönlichen Zielen oder Abteilungsinteressen, voraussetzen. Da dieses jedoch nie auszuschließen ist, kann durch einen entsprechend sensibilisierten Umgang mit den Ergebnisses das Problem entschärft werden. Weiterhin kann durch das Miteinbeziehen aller betroffenen Mitarbeiter das Controllingsystem auf eine breite Basis gestellt werden, die Individualinteressen weitestgehend eliminiert.

Fazit

Die Arbeit zeigt einen systematischen Weg zur kundenorientierten und damit qualitätsorientierten Regelung von Unternehmensprozessen mit Hilfe eines prozeßorientierten Kennzahlen- und Zielsystems. Die Prozesse werden dabei nicht wie bei den meisten existierenden Ansätzen isoliert betrachtet, sondern berücksichtigen das komplexe Prozeßumfeld, in das sie eingebettet sind. Beim Aufbau des Kennzahlensystem wird durch ein umfangreiches Instrumentarium konkrete Hilfestellung geleistet, die Prozesse hinsichtlich ihrem Beitrag zum Unternehmenserfolg einzuschätzen, die wichtigsten Führungsgrößen aus dem Umfeld abzuleiten und die dafür relevanten Einflußgrößen zu identifizieren

Wesentliche Leistungsmerkmale des Ansatzes sind

- die hohe Flexibilität des Kennzahlen- und Zielsystems, das durch seine Strukturierungsprinzipien schnell und einfach mit Hilfe der Vorgehensweise auf neue Situationen angepaßt werden kann,

- das Nutzen-Aufwand-Verhältnis zum Aufbau des Kennzahlen- und Zielsystems, da eine Fokussierung auf die qualitäts- und erfolgsrelevanten Controllingobjekte vorgenommen wird und

- die starke Praxisorientierung durch den unterstützenden Einsatz konkreter Hilfsmittel.

8 Literaturverzeichnis

[19246]   N.N.:
DIN 19 246: Abwicklung von Projekten - Begriffe. Berlin: Beuth, Stand: Juni
1991

[31051]   N.N.:
Instandhaltung: Begriffe und Maßnahmen, Berlin: Beuth, Stand: Januar 1985

[40150]   N.N.:
DIN 40150: Begriffe zur Ordnung von Funktions- und Baueinheiten. Berlin:
Beuth, Stand: Oktober 1979

[55350]   N.N.:
DIN 55350-11: Begriffe zu Qualitätsmanagement und Statistik: Teil 11:
Begriffe des Qualitätsmanagements. Berlin: Beuth, Stand: August 1995

[69905]   N.N.:
DIN 69 905: Projektabwicklung - Begriffe. Berlin: Beuth, Stand: Entwurf
Februar 1995

[8402]   N.N.:
DIN EN ISO 8402 - Qualitätsmanagement, Begriff. Stand. August 1995

[AG.BA.92]   Aggteleky, B.; Bajna, N.:
Projektplanung: ein Handbuch für Führungskrafte: Grundlagen, Anwendung,
Beispiele München, Wien: Hanser, 1992

[BAC-92]   Backhaus, K :
Investitionsgütermarketing 3 , uberarb. Aufl., München. Vahlen, 1992

[BA SC-94a]   Backhaus, K.; Schlüter, S :
Die Marktorientierung deutscher Investitionsgüterhersteller - Eine empirische
Analyse. Projektberichte aus dem Betriebswirtschaftlichen Institut für Anlagen
und Systemtechnologien IAS Nr. 94-1, 1994

[BA SC-94b]   Backhaus, K.; Schlüter, S.:
Wettbewerbsstrategien und Exportorientierung deutscher Investitionsgüterhersteller - Eine empirische Analyse Projektberichte aus dem Betriebswirtschaftlichen Institut für Anlagen und Systemtechnologien IAS Nr. 94-3, 1994

[BA SC-94c]   Backhaus, K ; Schlüter, S ·
Die Umsetzung der Marktorientierung in der deutschen Investitionsgüterindu-
strie - Eine empirische Analyse. Projektberichte aus dem Betriebswirtschaftlichen Institut für Anlagen und Systemtechnologien IAS Nr 94-5, 1994

[BAE-74]   Baetge, J.:
Betriebswirtschaftliche Systemtheorie. Opladen: Westdeutscher Verlag, 1974

[BAE-79]   Baetge, J.:
Erfolgskontrolle mit Kennzahlen. In. FB/IE, 28 Jg. (1979), S. 375-379

[BEA-88]   Bea, F. X.; Dichtl, E.; Schweitzer, M.:
Allgemeine Betriebswirtschaftslehre - Band 1. Grundfragen. 4., überarbeitete und erweiterte Auflage, Stuttgart: Gustav Fischer, 1988

[BEA-94]   Bea, F. X.; Dichtl, E.; Schweitzer, M.:
Allgemeine Betriebswirtschaftslehre - Band 3: Leistungsprozeß. 6., neubearbeitete Auflage, Stuttgart; Jena: Gustav Fischer, 1994

[BEC-95]   Beckmann, V.:
Zielvorgaben steuern? Grundlagen zum Controlling am Beispiel neuer Arbeitsformen. In: QZ, Jg. 40 (1995), Nr. 1, S. 50-54

[BEI-90]   Beischel, M. E.:
Improving Production with Process Value Analysis. In: Journal of Accountancy, Bd. 170 (1991), Nr. 9, S. 53-57

[BER-73]   Berthel, J.:
Zielorientierte Unternehmenssteuerung. Stuttgart: Poeschel, 1973

[BID-64]   Bidlingmaier, J.:
Unternehmensziele und Unternehmensstrategien. Wiesbaden: Gabler, 1964

[BIF-80]   BIFOA-Forschungsgruppe MAWI:
Kennzahlenhandbuch der Materialwirtschaft. Köln, 1980

[BIN-92]   Binner, H. F.:
Durchgängige Regelkreise sichern die Termineinhaltung bei Einzelfertigern In: ZwF, Jg. 87 (1992), Nr 5, S 279-281

[BIS-73]   Bischoff, M.:
Multivariable Zielsystem in der Unternehmung Meisenheim a.G.: Hain, 1973

[BI.SC-76]   Bidlingmaier, J.; Schneider, D. J. G.:
Ziele, Zielsysteme und Zielkonflikte. In: Grochla, E. (Hrsg.): Handwörterbuch der Betriebswirtschaft HWB. Stuttgart: Wittmann, 1976

[BLE-88]   Blechschmitt, H.:
Qualitätskosten?. In: QZ, Jg. 33 (1988), Nr. 8, S. 442-445

[BOM-92]   Bomm, H.:
Ein Ziel- und Kennzahlensystem zum Investitionscontrolling komplexer Produktionssysteme. Diss , Technische Universität München, 1992

[BRA-78]   Brauchlin, E.:
Problemlösungs- und Entscheidungsmethodik. Bern; Stuttgart: Haupt, 1978

[BRE-94]   Bremer, P.; Redeker; G.; Wiendahl, H.-P.; Zeugträger, K.; Garlichs, R.:
Komplexe Anlagen realisieren. In: QZ, Jg. 39 (1994), Nr. 10, S. 1109-1114

[BUL-93a]   Bullinger, H. J.; Fröschle, H. P.; Bretteich-Teichmann, W.:
Informations- und Kommunikationsinfrastrukturen für innovative Unternehmen. In: zfo, Jg. 62 (1993), Nr.4, S. 225-234

[BUL-93b]   Bullinger, H. J.; Fähnrich, K. P.; Niemeier, J.:
Informations.- und Kommunikationssysteme für „schlanke Unternehmen". In:
Office Management, Jg. 41 (1993), Nr. 1/2, S. 6-19

[BÜ.SA-93]   Büdenbender, W.; Sames, G.:
Das morphologische Merkmalsschema: Ein praktikables Hilfsmittel zur
Beschreibung der technischen Auftragsabwicklung. Sonderdruck 1/90,
2. Auflage, Aachen: FIR, 1993

[BUR-95]   Burckhardt, W.:
Unternehmen wandeln - Wettbewerbsfähiges Neugestalten, Entschlacken und
Umsetzen durch Benchmarking. In: QZ, Jg. 49 (1995), Nr. 5, S. 517-522

[BUS-85]   Busch, U.:
Produktivitätsanalyse: Wege zur Steigerung der Wirtschaftlichkeit - eine An-
leitung für Organisation, Controlling und Unternehmensberatung. Berlin: Erich
Schmidt, 1985

[BUZ-89]   Buzzel, R. D.; Gale, B. T.; Greif, H.-H.:
Das PIMS-Programm: Strategien und Unternehmenserfolg. Wiesbaden:
Gabler, 1989

[CAM-89]   Camp, R. C.:
Benchmarking: The Search for Best Practices that Lead to Superior Performance (part I). In: Quality Progress, Jg 22 (1989), Nr. 1, S. 61-68

[CAM-92]   Camp, R. C.:
Learning form the Best Leads to Superior Performance. In Journal of Business
Strategy, Jg. 25 (1992), Nr. 3, S. 3-6

[CAM-94]   Camp, R. C.:
Benchmarking. München; Wien: Hanser, 1994

[CA.WH-83]   Cameron, K. S.; Whetten, D. A. (Hrsg.):
Organizational Effectiveness: A Comparison of Multiple Models. New York,
1983

[CO.KA-88]   Cooper, R.; Kaplan, R. S.:
Measure Costs Right. In: Harvard Business Review, Jg. 66 (1988), Nr. 5,
S. 96-103

[DA.SH-90]   Davenport, T. H.; Short, J. E.:
The New Industrial Engineering: Information Technology and Business
Process Redesign. In: Sloan Management Review, (1990), Nr Summer,
S 11-27

[DAV-93]   Davenport, T. H
Process Innovation: Reengineering Work through Information Technology
Boston. Harvard Business School Press, 1993

- 148 -

[DGQ-90]   Deutsche Gesellschaft für Qualität (Hrsg.):
SPC1-Statistische Prozeßlenkung. DGQ-Schrift Nr. 16-31, 1. Aufll, Berlin:
Beuth, 1990

[DIE-90]   Diebel, A.; Niemand, S.; Renner, A.; Ruthsatz, O.:
Baustein eines operativen Qualitätscontrolling: Qualitätskostenrechnung. In:
Horváth, P; Urban, G. (Hrsg.): Qualitätscontrolling. Stuttgart: Poeschel, 1990

[DIN-96]   DIN Deutsches Institut für Normung:
Geschäftsprozeßmodellierung und Workflow-Management: Forschungs- und
Entwicklungsbedarf im Rahmen der entwicklungsbegleitenden Normung
(EBN). DIN-Fachbericht 50, Berlin; Wien; Zürich: Beuth, 1996

[DIX-95]   Dixon, J. R.; Arnold, P.; Heineke, J.; Kim, J. S.; Mulligan, P.:
Reengineering: Mit Ausdauer ist es machbar. In: Harvard Business Manager,
Jg. 17 (1995), Nr. 2, S. 105-114

[DÖR-95]   Dörfel, H.-J.:
Projektmanagement· Aufträge effizient und erfolgreich abwickeln. Mannheim.
expert, 1995

[DUN-84]   Duhnkrack, Th.:
Zielbildung und Strategisches Zielsystem der Internationalen Unternehmung.
Göttingen: Vandenhoeck und Ruprecht, 1984

[EIS-95]   Eissing, G.:
Der Zielauflösungsprozeß. In: ZWF, Jg. 90 (1995), Nr. 4, S. 143-147

[ENG-81]   Engelhardt, W.:
Investitionsgüter-Marketing. Stuttgart: Kohlhammer, 1981

[EVE-89]   Eversheim, W.:
Organisation in der Produktionstechnik. Band 4: Fertigung und Montage. 2.,
neubearbeitete und erweiterte Auflage, Düsseldorf: VDI, 1989

[EVE-94]   Eversheim, W.; Krumm, S.; Heuser, T.:
Ablauf- und Kostentransparenz. In: CIM Management, Jg. 10 (1994), Nr. 1,
S. 57-59

[EVE-95a]   Eversheim, W.:
Produktionsmanagement für KMU. In: Technica, Jg. 44 (1995), Nr 9, S. 16-22

[EVE-95b]   Eversheim, W.:
Prozessorientierte Unternehmensorganisation: Konzepte und Methoden zur
Gestaltung „schlanker" Organisationen. Berlin u a.: Springer, 1995

[FIS-93]   Fischer, T. M.:
Kostenmanagement strategischer Erfolgsfaktoren: Instruemente zur operativen
Steuerung der strategischen Schlüsselfaktoren Qualitat, Flexiblität und Schnel-
ligkeit. München: Vahlen, 1993

[FIS-96]   Fischer, J.:
Prozeßorientiertes Controlling: Ein notwendiger Paradigmenwechsel? In: Controlling, Jg. 8 (1996), Nr. 4, S. 222-231

[FI.SC-94]   Fischer, T. M.; Schmitz, J.:
Ansätze zur Messung von kontinuierlichen Prozeßverbesserungen - Aufbau und Anwendung des Halb-Life-Konzeptes im Unternehmen. In: Controlling, Jg. 6 (1994), Nr. 4, S. 196-203

[FRA-72]   Franzius, H.:
Die methodische Zuordnung von Fördermittel und innerbetrieblicher Transportaufgabe. Diss., Technische Universität Hannover, 1972

[FRA-87]   Frank, W. D.:
Fehler-Möglichkeits- und Einflußanalyse (FMEA) in der Praxis. 1 Aufl., Landsberg a.L.: Moderne Industrie, 1987

[FRA-95]   Franz, K.-P.:
Prozeßmanagement und Prozeßkostenrechnung. In: Schmalenbach-Gesellschaft - Deutsche Gesellschaft für Betriebswirtschaft e.V. (Hrsg.): Re-engineering: Konzepte und Umsetzung innovativer Strategien und Strukturen Kongress-Dokumentation / 48. Deutscher Betriebswirtschafter-Tag 1994. Stuttgart: Schäffer-Poeschel, 1995

[FRE-80]   Frese, E.:
Projektorganisation. In: Grochla, E. (Hrsg): Handwörterbuch der Organisation. Stuttgart. Poeschel, 1980

[FRE-88]   Frese, E.:
Grundlagen der Organisation. 4. Aufl, Wiesbaden· Gabler, 1988

[FRE-93]   Frehr, H.-U.:
Total Quality Management: Unternehmensweite Qualitätsverbesserung - Ein Praxis-Leitfaden für Führungskräfte München; Wien: Hanser, 1993

[FR NO-92]   Frese, E.; Noetel, W.:
Kundenorientierung in der Auftragsabwicklung: Strategie, Organisation und Informationstechnologie. Stuttgart: Schäffer-Poeschel, 1992

[FRI-94]   Fries, S.:
Neuorientierung der Qualitätskostenrechnng in prozessorientierten TQM-Unternehmen - Entwurf eines ganzheitlichen Entwicklungsprozesses zur Auswahl von Prozessmessgrössen. Diss., Hochschule St Gallen, 1994

[FR SE-94]   Fries, S.; Seghezzi, H D.:
Entwicklung von Meßgrößen für Geschaftsprozesse. In. Controlling, Jg 6 (1994), Nr. 6, S. 338-345

[GAL-79]   Gälweiler, A :
Die strategische Fuhrung der Unternehmung. In: Handbuch des Kaufmännischen Geschäftsführers. München: Moderne Industrie, 1979

[GAI-83]   Gaitanides, M.:
Prozessorganisation. München: Vahlen, 1983

[GAI-93]   Gaitandes, M.:
Aufbau- und Ablauforganisation. In: Wittmann, W.; u.a. (Hrsg): Handwörterbuch der Betriebswirtschaft HWB, 5. Aufl., Stuttgart: Poeschel, 1993

[GAI-94]   Gaitanides, M.:
Prozessmanagement: Konzepte, Umsetzungen und Erfahrungen des Reengineering. München; Wien: Hanser, 1994

[GAR-93]   Garvin, D.A.:
Building a Learning Organisation. In: Harvard Business Review, 71. Jg.
(1993), Nr. 4, S. 78-91

[GEI-86]   Geiss, W.:
Betriebswirtschaftliche Kennzahlen: Theoretische Grundlagen einer problemorientierten Kennzahlenanwendung. Frankfurt a.M., u.a.: Lang, 1986

[GEN-77]   Genge, U.:
Entwicklung einer Systematik zur Auftragsabwicklung komplexer Hütten-
werksysteme Diss , RWTH Aachen, 1977

[GOA-87]   GOAL/QPC:
Der Memory Jogger. 1. Aufl. in deutsch, Methuen/USA· GOAL/QPC, 1987

[GOE-92]   Goebel, L.:
Maschinen- und Anlagenbau - vom Sheriff zum Jedermann. In: Little, A. D.
(Hrsg.): Management von Spitzenqualität. Wiesbaden: Gabler, 1992

[GOM-92]   Gomez, P.:
Unternehmensorganisation: Profile, Dynamik, Methodik. Frankfurt a.M, New
York: Campus, 1992

[GRO-72]   Große-Oetringhaus, W. F.:
Fertigungstypologie unter dem Gesichtspunkt der Fertigungsablaufplanung.
Diss., Universität Giessen, 1972

[GRO-91]   Groll, K.-H.:
Erfolgssicherung durch Kennzahlensysteme. 4., erw. Aufl , Freiburg i. B .
Haufe, 1991

[GRI-95]   Griffin, A.; Gleason, G.; Preiss, R.; Shevenaugh, D.:
Die besten Methoden zu mehr Kundenzufriedenheit. In: Harvard Business Manager, 17. Jg. (1995), Nr. 3, S. 65-76

[GR.WE-75] Grochla, E.; Welge, M. K.:
Zur Problematik der Effizienzbestimmung von Organisationsstrukturen. In:
ZfbF, Jg. 27 (1975), S. 273-289

[HA.CH-92] Harendza, H. B.; Charton-Brockmann, J.:
Geschäftsprozesse planen und optimieren. In: ZwF, 87. Jg. (1992), Nr. 10, S. 563-566

[HA.CH-94] Hammer, M.; Champy, J.:
Business reengineering: die Radikalkur für das Unternehmen. Frankfurt/M.; New York: Campus, 1994

[HA.FR-91] Haist, F.; Fromm, H.:
Qualität im Unternehmen: Prinzipien-Methoden-Techniken. 2. Aufl., München; Wien: Hanser, 1989

[HAH-71] Hahn, D.:
Führung des Systems Unternehmung. In: ZfO, Jg. 40 (1971), Nr. 4, S. 161-169

[HAL-94] Hall, G.; Rosenthal, J.; Wade, J.:
Reengineering: Es braucht kein Flop zu werden. In:. Harvard Business Manager, Jg. 16 (1994), Nr. 4, S. 82-93

[HAM-90] Hammer, M :
Reengineering Work: Don't Automate, Obliterate In: Harvard Business Review, Jg. 68 (1990), Nr. July-August, S. 104-112
Deutsche Übersetzung: Reengineering. Der Sprung in eine andere Dimension. In: Harvard Business Manager, Jg. 17 (1995), Nr. 2, S. 95-103

[HAM-92] Hamel, W.:
Zielsysteme. In. Frese, E. (Hrsg). Handwörterbuch der Organisation. 3 , vollig neu gestaltete Aufl., Stuttgart Poeschel, 1992

[HAR-82] Harbert, L.:
Controlling-Begriffe und Controlling-Konzeptionen. Bochum: Brockmeyer, 1982

[HAR-91] Harrington, H. J.:
Business Process Improvement. New York: McGraw-Hill, 1991

[HE BL-92] Hering, W.; Blank, H.:
Qualitätssicherung für Ingenieure. 1. Aufl., Düsseldorf: VDI, 1992

[HE BR-95] Hess, Th.; Brecht, L.:
State of the art des Business process redesign· Darstellung und Vergleich bestehender Methoden. Wiesbaden: Gabler, 1995

[HEI-66] Heinen, E.:
Das Zielsystem der Unternehmung. Wiesbaden: Gabler, 1966

[HEI-71] Heinen, E.:
Grundlagen betriebswirtschaftlicher Entscheidungen - Das Zielsystem der Unternehmung, Wiesbaden: Gabler, 1971

[HEI-85] Heinen, E.:
Einführung in die Betriebswirtschaftslehre 9 Aufl., Wiesbaden Gabler, 1985

[HE KU-96] Hessenberger, M.; Kuhn, J.:
KVP: Mit guter Logistik fängt alles an. In: Harvard Business Manager, Jg. 18 (1996), Nr. 3, S. 17-24

[HE MO-89] Hergert, M.; Morris, D.:
Accounting Data for Value Chain Analysis. In: Strategic Management Journal, 10. Jg. (1989), Nr. 2, S. 175-188

[HEN-79] Henseler, E.:
Unternehmensanalyse: Grundlage der Beurteilung von Unternehmen. Stuttgart: Kohlhammer, 1979

[HER-92] Herter, R. N.:
Weltklasse mit Benchmarking - ein Werkzeug zur Verbesserung der Leistungs fähigkeit aller Unternehmensbereiche. In: Fortschrittliche Betriebsführung und Industrial Engineering, Jg. 41 (1992), Nr. 5, S. 254-258

[HER-93] Hering, E.; Triemel, J ; Blank, H.-P.:
Qualitätssicherung für Ingenieure. Düsseldorf: VDI, 1993

[HIL-89] Hill, W.; Fehlbaum, R.; Ulrich, P.:
Organisationslehre. Band 2: Ziele, Instrumente und Bedingungen der Organisation sozialer Systeme. 4. Aufl, Bern; Stuttgart: UTB für Wissenschaft, 1989

[HIR-92] Hirsch, B. E.(Bd.-Hrsg):
CIM in der Unikatfertigung und -montage Berlin u a.: Springer; Köln. Verlag TÜV Rheinland, 1992

[HO.HE.92] Horváth, P.; Herter, R. N.:
Benchmarking - Vergleich mit den Besten der Besten. In: Controlling, Jg 4 (1992), Nr. 1, S 4-11

[HOL-91] Holst, J.:
Prozeßmanagement im Verwaltungsbereich der IBM Deutschland GmbH. In: IFUA Horváth & Partner GmbH Stuttgart (Hrsg.): Prozeßkostenmanagement - Methodik, Implementierung, Erfahrungen. München: Vahlen, 1991, S. 271-290

[HOM-95] Homburg, C.; Rudolph, B.; Pohl, M.:
Messung von Kundenzufriedenheit in Industriegüterunternehmen: Die Stimme der Praxis. Wissenschaftliche Hochschule für Unternehmensführung, 1995

[HO.MA-89] Horváth, P.; Mayer, R.:
Prozeßkostenrechnung - Der neue Weg zu mehr Kostentransparenz und wirkungsvolleren Unternehmensstrategien In: Controlling, Jg. 1 (1989), Nr. 4, S. 214-219

[HOR-83] Horváth, P.:
Der Einsatz von Kennzahlen im Rahmen des Controlling. In: WiSt, Jg. 12 (1983), S. 349-356

[HOR-91a]   Horváth, P.:
Controlling. 4., überarb. Aufl., München: Vahlen, 1991

[HOR-91b]   Horváth, P.:
Das Controllingkonzept - Der Weg zu einem wirkungsvollen Controllingsystem. München: Beck, 1991

[HOR-93]   Horváth, P.; Seidenschwarz, W.; Sommerfeldt, H.:
Kostenmanagement - Warum die Schildkröte gewinnt. In: Harvard Business Manager, Jg. 15 (1993), Nr. 3, S. 73-81

[HOR-95]   Horváth, P.:
Dreistufenprogramm zum Lean Controlling. In.Deutsche Gesellschaft für Betriebswirtschaft e.V. (Hrsg.) Reengineering: Konzepte und Umsetzung innovativer Strategien und Strukturen. 48 Deutscher Betriebswirtschafter-Tag 1994, Stuttgart: Schäffer-Poeschel, 1995

[HOR-96]   Hornung, M.; Staiger, T. J.; Wißler, F. E.:
Prozesse mitarbeitergerecht dokumentieren. In: QZ, 41. Jg. (1996), Nr.12, S. 1374-1380

[HO RU-95]   Homburg, C ; Rudolph, B.:
Wie zufrieden sind Ihre Kunden tatsächlich?. In: Harvard Business Manager, 17. Jg. (1995), Nr. 1, S. 43-50

[HUB-73]   Hubka, V.:
Theorie der Maschinensysteme: Grundlage einer wissenschaftlichen Konstruktionslehre. Berlin, Heidelberg, New York: Springer, 1973

[HUB-76]   Hubka, V.:
Theorie der Konstruktionsprozesse: Analyse der Konstruktionstätigkeit Berlin; Heidelberg; New York· Springer, 1976

[IMA-92]   Imai, M.:
Kaizen· Der Schlüssel zum Erfolg der Japaner im Wettbewerb. 4. durchgesehene Aufl., München: Langen Müller Herbig, 1992

[JAP-94]   Japan Human Relations Association (Hrsg.):
CIP-Kaizen-KVP: Die kontinuierliche Verbesserung von Produkt und Prozeß. Landsberg/Lech. moderne industrie, 1994

[JOH-88]   Johnson, T. II..
Activity-Based Information - A Blueprint for World-Class Management Accounting. In: Management Accounting, 69 Jg. (1988), Nr. 6, S. 23-30

[JO KA-87]   Johnson, T. H .; Kaplan, R. S..
The Rise and Fall of Management Accounting. In· Management Accounting, 68. Jg (1987), Nr. 1, S 22-29

[JUR-93]   Juran, J. M.:
Der neue Juran: Qualitat von Anfang an. Landsberg/L.: Moderne Industrie, 1993

[KA.BR-81]   Kanter, R. M.; Brinkerhoff, D.:
Organizational Performance.: Recent Developments ind Measurement. In: Annual Review of Sociology, Jg. 7 (1981), S. 321-349

[KA.BR-95]   Kamiske, G. F.; Brauer, P.:
Qualitätsmanagement von A bis Z. 2. Aufl, München; Wien: Hanser, 1995

[KA.FÜ-95]   Kamiske, G. F.; Füermann, T.:
Reengineering versus Prozeßmanagement: Der richtige Weg zur prozeß-orientierten Organisationsgestaltung. In: zfo, Jg. 64 (1995), Nr. 3, S 142-148

[KA.MU-91]   Kaplan, R. B.; Murdock, L.:
Core process redesign. In: McKinsey Quarterly, o. Jg. (1991), Nr. 2, S. 27-43

[KAN-92]   Kane, E. J.:
Process Management Methodology Brings Uniformity to DBS In: Quality Progress, Jg. 25 (1992), Nr. 11, S. 58-63

[KAN-94]   Kandaouroff, A.:
Qualitätskosten. In: ZfB, Jg. 64 (1994), Nr. 6, S. 765-786

[KA.NO-94]   Kaplan, R. S.; Norton, D. P.:
Wie drei Großunternehmen methodisch ihre Leistung stimulieren. In Harvard Business Manager, Jg.16 (1994), Nr. 2, S 96-104

[KA.NO-96]   Kaplan, R. S.; Norton, D. P.:
Using the Balanced Scorecard as a Strategic Management System. In: Harvard Business Review, Jg. 74 (1996), January-February, 1996

[KA ÖS-94]   Karlöf, B.; Östblom, S.:
Das Benchmarking Konzept: Wegweiser zur Spitzenleistung in Qualitat und Produktivität. München: Vahlen, 1994

[KAP-88]   Kaplan, R. S.:
Ein einziges Kostensystem ist zuwenig. In: Harvard Manager, Jg. 10 (1988) Nr. 3, S. 98-104

[KAP-95]   Kaplan, R. S.:
Das neue Rollenverständnis für den Controller In: Controlling, Jg. 7 (1995), Nr. 2, S. 60-70

[KAP-96]   Kaplan, R. S.:
The Balanced Scorecard. Vortrag im Rahmen des Alcatel SEL Stiftungskolleg am 09.07.1996 in Stuttgart, Harvard University, 1996

[KA.PF-95]   Kalny, G.; Pfeiffer, W.:
Anlagenbau: Vernetzten Unternehmen gehört die Zukunft. In: Arthur D. Little
(Hrsg.): Informationstechnologien für Schlüsselbranchen, Wiesbaden: Gabler,
1995

[KER-71]   Kern, W.:
Kennzahlensysteme als Niederschlag interdependenter Unternehmensplanung.
In: ZfbF, Jg. 23 (1971), S. 701-718

[KIE-93a]   Kieninger, M.:
Prozeßkostenmanagement In: Office Management, Jg. 41 (1993), Nr. 6,
S. 6-13

[KIE-93b]   Kieser, A.:
Organisation In: Wittmann, W.; u.a. (Hrsg.): Handwörterbuch der Betriebswirtschaft HWB, 5. Aufl., Stuttgart: Poeschel, 1993

[KIE-94]   Kieninger, M.:
Wie man mit Prozeßzeitenmanagement die Durchlaufzeit senkt. In: Horváth, P
(Hrsg.): Kunden und Prozesse im Fokus: Controlling und Reengineering. Stutt-
gart: Schäffer-Poeschel, 1994

[KLE-94]   Kleinfeld, K.:
Benchmarking für Prozesse, Produkte und Kaufteile - ein Weg zu permanenter
Verbesserung im Unternehmen. In: Marktforschung & Management, Jg 38
(1994), Nr. 1, S. 19-24

[KLO-94]   Klotz, U.:
Business Reengineering Neukonstruktion statt Schlankheitskur In: Elektro-
nik, Jg. 43 (1994), Nr. 19, S. 166-171

[KOC-89]   Kocher, H.:
Marktgerechte Qualität: Eine Betrachtung für Anbieter und Abnehmer Bern,
Stuttgart: Haupt, 1989

[KON-89]   Konz, H.-J.:
Steuerung der Standplatzmontage komplexer Produkte Diss., RWTH Aachen,
1989

[KOT-93]   Kottmann, K. (Hrsg);
Unternehmensqualitat. Uberblick über die Erfolgsfaktoren eines Unternehmens Stuttgart: Teubner, 1993

[KRI-94]   Krickl, O .
Business Redesign Prozeßorientierte Organisationsgestaltung und Informationstechnologie In Krickl, O (Hrsg). Geschäftsprozeßmanagement Heidelberg. Physica Verlag, 1994

[KRO-69]   Kroeber-Riel, W.:
Die Prüfung von Kennzahlen im Rahmen betrieblicher Informationssysteme.
In: Hansen, H. R. (Hrsg.): Unternehmung und Markt, Festschrift für C.W.
Meyer, Berlin: Duncker & Humblot, 1969

[KRU-93]   Krummenacher, S.:
Prozessmanagement und Quality Engineering als Bausteine von Total Quality
Management für die Maschinenindustrie. Diss., Hochschule St. Gallen, 1993

[KRÜ-95]   Krüger, H.-G.:
Anlagenmanagement: Technik, Betriebswirtschaft und Organisation. Berlin;
Heidelberg; Budapest: Springer, 1995

[KUH-94]   Kuhlmann, Th.:
Konzeption und Entwicklung eines Systems zur Koordinierung der Produktion
komplexer Unikate. Diss., Universität Bremen, 1994

[KUN-76]   Kunerth, W.:
Konzeption eines EDV-gestützten Fertigungssteuerungssystems. Diss , Universität Stuttgart, 1976

[KUN-93]   Kunesch, H.:
Grundlagen des Prozeßmanagements. Wien. Wirtschaftsverlag Ueberreuter,
1993

[KÜP-79]   Küpper, H.-U.:
Produktionstypen. In: Kern, W. (Hrsg.): Handwörterbuch der Produktions-
wirtschaft. Stuttgart· Poeschel, 1979

[KUP-79]   Kupsch, P.:
Unternehmensziele. Stuttgart, New York: Fischer, 1979

[LAC-76]   Lachnit, L.:
Zur Weiterentwicklung betriebswirtschaftlicher Kennzahlensysteme In. ZfbF,
Jg 18, (1976), S. 216-221

[LAC-79]   Lachnit, L.:
Systemorientierte Jahresabschlußanalyse. Wiesbaden: Gabler, 1979

[LAM-93]   Lamla, J.:
Benchmarking in Unternehmen der Antriebstechnik - ein Ansatz des Prozeßmanagements. Controlling-Forschungsbericht Nr. 37, Universität Stuttgart,
1993

[LAN-95]   Lange, H.:
Direkter Kontakt: Kundenzufriedenheit. In: Industrie Anzeiger, Jg. 117 (1995),
Nr. 3, S. 40-41

[LA.MÜ-93] Langhoff, M.; Müller-Wünsch, M.:
Rechnergestützte Prozeßkostenanalyse. In. CIM Management, Jg. 9 (1993),
Nr. 4, S. 38-42

[LI.SC-91] Lingenfelder, M.; Schneider, W.:
Die Zufriedenheit von Kunden - Ein Marketingziel?. In: Marktforschung und
Management, Jg. 35 (1991), Nr. 1, S. 29-34

[LIT-93] Litke, H.-D.:
Projektmanagement: Methoden, Techniken, Verhaltensweisen. München;
Wien: Hanser, 1993

[LUC-86] Luczak, H.:
Manuelle Montagesysteme. In: Spur, G. (Hrsg.): Handbuch der Fertigungstechnik, Band 5. München: Hanser, 1986

[MÄR-83] März, Th.:
Interdependenzen in einem Kennzahlensystem: eine empirische Untersuchung
zur Aussagefähigkeit von Kennzahlen bei der Unternehmensanalyse. München: Florentz, 1983

[MAS-88] Masing, W.:
Fehlleistungsaufwand. In: QZ, Jg 33 (1988), Nr. 1, S 11-12

[MAS-93] Masing, W.:
Nachdenken über qualitätsbezogene Kosten In: QZ, Jg. 38 (1993), Nr. 3,
S. 149-153

[MAY-91] Mayer, R.:
Prozeßkostenrechnung und Prozeßkostenmanagement: Konzept, Vorgehens-
weise und Einsatzmöglichkeiten. In: IFUA Horváth & Partner GmbH Stuttgart
(Hrsg.): Prozeßkostenmanagement - Methodik, Implementierung, Erfahrungen.
München: Vahlen, 1991, S. 75-99

[MEL-92] Melan, E. H:
Process managememt: methods for improving products and service. New
York; u.a.: McGraw-Hill, 1992

[MEN-77] Menzl, A.:
Die Gestaltung komplexer Unternehmensorganisation Bern; Stuttgart: Haupt,
1977

[MEN-95] Mende, M.:
Ein Führungssystem für Geschäftsprozesse Diss, Hochschule St. Gallen, 1995

[MER-82a] Merchant, K A:
The Control Function of Management. In: Sloan Management Review, Jg. 23
(1982), Nr. 4, S. 43-55

[MER-82b] Merkle, E.:
Betriebswirtschaftliche Formeln und Kennzahlen und deren betriebswirtschaftliche Relevanz In WiSt, Jg. 11 (1982), S. 325-330

[MET-77] Metzger, H:
Planung und Bewertung von Arbeitssystemen in der Montage Diss, Universität Stuttgart, 1977

[MIE-76]   Miese, M.:
            Systematische Montageplanung in Unternehmen mit Kleinserienproduktion.
            Essen: Girardet, 1976

[MIL-91]   Milberg, J.:
            Wettbewerbsfaktor Zeit im Produktionsunternehmen. In: Milberg, J. (Hrsg.):
            Referate des Münchener Kolloquiums '91, Berlin; Heidelberg: Springer, 1991

[MI.VO-85] Miller, J. G.; Vollmann, T. E.:
            The hidden factory. In: Harvard Business Review, Jg. 63 (1985), Nr. 5,
            S. 142-150

[MÜL-94]   Müller, R.:
            Verfahren zur Bewertung von Auftrags-Durchlaufzeiten in den indirekt-
            produktiven Bereichen von Maschinenbau-Unternehmen. Diss., Universität
            Stuttgart, 1994

[NAG-92]   Nagel, P.:
            Techniken der Zielformulierung In· Frese, E. (Hrsg)· Handworterbuch der Or-
            ganisation. 3 , völlig neu gestaltete Aufl., Stuttgart Poeschel, 1992

[NAG-93]   Nagl, G. C.:
            Erfolgspotential Unternehmensprozeß - Modellierung von Unternehmenspro-
            zessesn mit Computer Aided System Engingeering In· zfo, 62. Jg. (1993),
            Nr. 3, S. 172-176

[OS.SM-92] Ostroff, F.; Smith, D.:
            The horizontal organization. In: McKinsey Quarterly, o. Jg. (1992), Nr. 1,
            S. 148-167

[ÖST-95a]   Österle, H.:
            Business Engineering: Prozeß- und Systementwicklung - Band 1: Entwurfs-
            techniken. Berlin; Heidelberg, New York; Tokio· Springer, 1995

[OST-95b]   Österle, H.; Brenner, C.; Gaßner, Ch.; Gutzwiller, Th.; Hess, Th.:
            Business Engineering: Prozeß- und Systementwicklung - Band 2: Fallbeispie-
            le. Berlin; Heidelberg; New York; Tokio. Springer, 1995

[PAL-87]   Pall, G. A.:
            Quality Process Management. Englewood Cliffs/New York: Prentice Hall,
            1987

[PAR-94]   Partovi, F. Y.:
            Determining What to Benchmark: An Analytic Hierarchy Process Approach.
            In: International Journal of Operations & Production Management, Jg 14
            (1994), Nr. 6, S. 25-39

[PF.WE-92] Pfeiffer, W.; Weiss, E.:
            Lean Management: Grundlagen der Führung und Organisation industrieller
            Unternehmen. Berlin: Schmidt, 1992

[POR-86] Porter, M. E.
Wettbwerbsvorteile: Spitzenleistungen erreichen und behaupten. Frankfurt:
Campus, 1986

[POR-88] Porter, M. E.:
Wettbewerbsstratgie: Methoden zur Analyse von Branchen und Konkurrenten.
5. Aufl., Frankfurt; New York: Campus, 1988

[PRE-91] Preißler, R.:
Controlling: Lehrbuch und Intensivkurs. 3., verb. und stark erw. Aufl., München; Wien: Oldenbourg, 1991

[PRE-95] Prefi, Th.:
Entwicklung eines Modells für das prozeßorientierte Qualitätsmanagement.
Diss., RWTH Aachen, 1995

[PRY-89] Pryor, L. S.:
Benchmarking: A Self-Improvement Strategy. In: Journal of Business Strategy, Jg. 10 (1989), Nr. 6, S. 28-32

[PÜM-92] Pümpin, C.:
Strategische Erfolgspositionen - Methodik der dynamischen strategischen Unternehmensführung Bern; Stuttgart Haupt, 1992

[REI-88] Reichmann, Th. (Hrsg):
Controlling-Praxis: Erfolgsorientierte Unternehmenssteuerung München:
Vahlen, 1988

[REI-89] Reichmann, E. W.:
The Baldrige Award. Leading the Way in Quality Initiatives In: Quality Progress, Jg. 22 (1989), Nr. 7, S. 35-39

[REI-90] Reisert, Ph.:
Konzeption eines integrativen Produktions-Controlling. Diss., Hochschule St.
Gallen, 1990

[REI-93] Reichmann, Th
Controlling mit Kennzahlen und Managementberichten. 3., erw. Aufl., Mun-
chen: Vahlen, 1993

[REI-93] Reiner, Th.:
Analyse der Kundenbedürfnisse und der Kundenzufriedenheit als Voraussetzung einer konsequenten Kundenorientierung. Diss., Hochschule St. Gallen,
1993

[RE LA-76] Reichmann, Th , Lachnit, L.:
Planung, Steuerung und Kontrolle mit Hilfe von Kennzahlen In: ZfbF, Jg. 28
(1976), S. 705-723

[RIC-87]   Richter, H. J.:
Theoretische Grundlagen des Controlling. Frankfurt a.M.; Bern; New York·
Lang, 1987

[RIC-95a]   Richert, U.:
Benchmarking: Ein Werkzeug des Total Qualtiy Management, Teil 1 - Begriff,
Ziele, Methoden. In· QZ, 40. Jg. (1995), Nr. 3, S. 283-286

[RIC-95b]   Richert, U.:
Benchmarking: Ein Werkzeug des Total Quality Management, Teil 2. In· QZ,
40. Jg. (1995), Nr. 4, S. 414-418

[ROC-79]   Rockart, J. F.:
Chief executives define their own data needs. In: Harvard Business Review,
Jg. 57 (1979), März-April, S. 81-93

[RÜT-90]   Rütte, R.:
Prozeßmanagement: Die Basis für ein effektives Projektmanagement. In:
SAQ-Bulletin-ASPQ, Jg. 25 (1990), Nr. 6, S. 18-22

[SCH-69]   Schmidt, R.-B.:
Wirtschaftslehre der Unternehmung Stuttgart: Poeschel, 1969

[SCH-74a]   Scheibler, A.:
Zielsysteme und Zielstrategien der Unternehmensführung. Wiesbaden: Gabler,
1974

[SCH-74b]   Schweitzer, M.:
Ablauforganisation. In Grochla, E., Wittmann, W. (Hrsg): Handwörterbuch
der Betriebswirtschaft, 4. Aufl , Stuttgart: Poeschel, 1974

[SCH-80]   Schomburg, E.:
Entwicklung eines betriebstypologischen Instrumentariums zur systematischen
Ermittlung der Anforderungen an EDV-gestützte Produktionsplanungs- und -
steuerungssysteme im Maschinenbau. Diss., RWTH Aachen, 1980

[SCH-84]   Schreyögg, G.:
Unternehmensstrategie: Grundfragen einerTheorie strategischer Unternehmensführung. Berlin; New York: de Gruyter, 1984

[SCH-87]   Schmitz-Dräger, R.:
Management und Controlling - ein integratives Controllingkonzept. Diss.,
Hochschule St. Gallen, 1987

[SCH-88a]   Schmidt, G.:
Methode und Techniken der Organisation. Gießen: Dr. Götz Schmidt, 1988

[SCH-88b]   Schott, G.:
Kennzahlen: Instrument der Unternehmensführung. 5., völlig neu bearb. Auf.,
Wiesbaden: Forkel, 1988

[SCH-92]   Scholz, Ch.:
Organisatorische Effektivität und Effizienz. In: Frese, E. (Hrsg.): Handwörterbuch der Organisation. 3., völlig neu gestaltete Aufl., Stuttgart: Poeschel, 1992

[SCH-94]   Schätzle, R.:
Führen mit Zielen in komplexen Systemen: Von der Absicht zum Erfolg. In:
Gablers Magazin, Jg. 8 (1994), Nr. 10, S. 47-50

[SCH-95]   Schuler, H.:
„Prozeßführung" - „Prozeßleittechnik" - „Prozeßautomatisierung". In: Auto-
matisierungstechnische Praxis atp, Jg. 37 (1995), Nr. 10, S. 86-92

[SEG-94]   Seghezzi, H. D.:
Qualitätsmanagement: Ansatz eines St. Galler Konzepts - Integriertes Qualitätsmanagement. Stuttgart: Schäffer-Poeschel; Zürich: Neue Zürcher Zeitung,
1994

[SEM-93]   Sempf, U.:
Steigerung der organisatorischen Leistungsfähigkeit durch Geschäftsprozeß-
Optimierung. In: Scharfenberg, H. (Hrsg): Strukturwandel in Management
und Organisation. Baden-Baden FBO, 1993

[SIE-92]   Siegwart, H.:
Kennzahlen für die Unternehmensführung. 4., überarb. und erw. Aufl. Bern
u. a.: Haupt, 1992

[SO.WE-89]   Sommerlatte, T ; Wedekind, E :
Leistungsprozesse und Organisationsstruktur. In Little, A. D. (Hrsg) Management der Hochleisungsorganisation Wiesbaden Gabler, 1989

[SOS-89]   Sossenheimer, K.:
Entwickeln von Instrumentarien zur rationellen Planung und Steuerung der In-
betriebnahme komplexer Produkte des Werkzeugmaschinenbaus. Diss.,
RWTH Aachen, 1989

[STA-69]   Staehle, W.:
Kennzahlen und Kennzahlensysteme, Wiesbaden: Gabler, 1969

[STR-88]   Striening, H.-D.:
Prozeß-Management: Versuch eines integrierten Konzeptes situationsadäquater
Gestaltung von Verwaltungsprozessen Frankfurt a M. u a . Lang, 1988

[STR-89a]   Striening, H.-D.:
Prozeßmanagement im indirekten Bereich Neue Herausforderungen an die
Controller. In: Controlling, Jg 1 (1989), Nr. 6., S. 324-331

[STR-89b]   Striening, H -D :
Qualitat im indirekten Bereich durch Prozeß-Management In Zink, K J.
(Hrsg.) Qualität als Managementaufgabe Landsberg/Lech moderne industrie,
1989

[STR-91]   Strecker, A.:
Prozeßkostenrechnung in Forschung und Entwicklung. München: Vahlen,
1991

[SUZ-89]   Suzaki, K.:
Modernes Management im Produktionsbetrieb - Strategien, Techniken, Fall-
beispiele, München; Wien: Hanser, 1989

[TEL-95]   Tellkamp, T.;Hellwig, H.-E.; Theobald, M.:
Das „neue" Engineering im Anlagenbau. In: VDI-Z, Jg. 137 (1995), S. 43-47

[TRÄ-90]   Träckner, J. H.:
Entwicklung eines prozeß- und elementorientierten Modells zur Analyse und
Gestaltung der technischen Auftragsabwicklung von komplexen Produkten.
Diss., RWTH Aachen, 1990

[UL.PR-90]   Ulrich, H.; Probst, G. J. B.:
Anleitung zum ganzheitlichen Denken und Handeln: ein Brevier für Führungskräfte. 2. Aufl., Bern; Stuttgart. Haupt, 1990

[VDI-91a]   VDI-Gesellschaft für Entwicklung, Konstruktion, Vertrieb (Hrsg.):
Auftragsabwicklung im Maschinen- und Anlagenbau. Düsseldorf: VDI-
Verlag; Stuttgart: Schäffer, 1991

[VDI-91b]   VDI-Gemeinschaftsauschuß CIM (Hrsg.):
Rechnerintegrierte Konstruktion und Produktion. Bd. 3 Auftragsabwicklung.
Düsseldorf: VDI-Verlag, 1991

[VDI-95]   VDI (Hrsg.):
Deutsche Anlagenbauer vor tiefgreifendem Strukturwandel. In: VDI-N,
(1995), Nr. 37, S. 1

[VDI2210]   VDI (Hrsg.):
VDI-Richtlinie 2210: Datenverarbeitung in der Konstruktion - Analyse des
Konstruktionsprozesses im Hinblick auf den EDV-Einsatz. Berlin; Koln:
Beuth, Ausg. Nov. 1975

[VDI2221]   VDI (Hrsg.):
VDI-Richtlinie 2221: Methodik zum Entwickeln und Konstruieren technischer
Systeme und Produkte. Berlin; Köln: Beuth; Ausg. Nov. 1986

[VDI2815]   VDI (Hrsg.):
VDI-Richtlinie 2815: Begriffe für die Produktionsplanung und -steuerung; Material, Erzeugnis, Handelsware. Berlin: Beuth, Ausg. (MONAT) 1978

[VDMA-95]   Verband Deutscher Maschinen- und Anlagenbau e.V. VDMA:
Wer baut Maschinen in Deutschlang: Einkaufsführer des Deutschen Maschi-
nen- und Anlagenbaus. 57. Ausg., Darmstadt: Hoppenstedt, 1995

[WA.LÖ-77]   Warnecke, H.-J.; Löhr, H.-G.:
Die Montage als Teil des Produktionssystems. Fachtagung Montage, Stuttgart.
Institut für Produktionstechnik und Automatisierung, 1977

[WAR-89]   Warnecke, H.-J.:
Die Produktion als Regelkreis, Überlegungen zu seiner Gestaltung. In: atp, Jg. 31 (1989), Nr. 3, S. 110-115

[WAR-90]   Warnecke, H.-J.; Bullinger, H.-J.; Hichert; R.; Voegele; A.:
Kostenrechnung für Ingenieure. 3. überarb. Aufl., München: Hanser, 1990

[WAR-92b]   Warnecke, H.-J.:
Produktionsfaktor Organisation. In: GAK, Jg. 45 (1992), Nr. 9, S. 442-450

[WAR-93]   Warnecke, H.-J.:
Der Produktionsbetrieb: Band 2 - Produktion, Produktionssicherung. 2., völlig neubearbeitete Auflage, Berlin: Springer, 1993

[WAR-94]   Warnecke, H.-J.:
Erweiterter Qualitätsbegriff. In: wt, Jg. 84 (1994), S. 253

[WAT-93]   Watson, G. H.:
Benchmarking - Vom Besten Lernen. Landsberg/Lech: Moderne Industrie, 1993

[WES-90]   Westkämper, E.:
Qualitätssicherung im Maschinen- und Anlagenbau. In: Praxis und Trends der Qualitätssicherung im Maschinen- und Anlagenbau - Informationstagung für das Management. 7.11.1990, Frankfurt/M , Maschinenbau-Verlag

[WES-91]   Westkämper, E. (Bd.-Hrsg.):
Integrationspfad Qualität Berlin; u.a.: Springer, Köln: Verl. TÜV Rheinland, 1991

[WE.ZE-95]   Weiß, D., Zerbe, St.:
Verbindung von Prozeßkostenrechnung und Vorgangssteuerung: Überlegungen und Denkanstöße. In: Controlling, Jg. 7 (1995), Nr. 1, S. 42-46

[WIE-83]   Wiendahl, H.-P.:
Betriebsorganisation für Ingenieure. München. Hanser, 1983

[WIL-92]   Wildemann, H.:
Kosten- und Leistungsbeurteilung von Qualitatssicherungssystemen. In: ZfB, Jg. 62 (1992), Nr. 7, S. 761-782

[WIL-95a]   Wildemann, H.:
Durchlaufzeit-Halbe: Leitfaden Durchlautzeit-Halbierung in allen Geschäfts- prozessen. München: TCW-Transfer-Centrum, 1995

[WIL-95b]   Wildemann, H :
Prozeß-Benchmarking: Einführungsleitfaden München: TCW Transfer- Centrum, 1995

[WIL-95c]   Wildemann, H :
Systemorientiertes Controlling schlanker Produktionsstrukturen 2. neubearb Auflage, München: TCW Transfer-Centrum, 1995

[WIL-96]   Wildemann, H.:
Visualisierung und Auditierung von Geschäftsprozessen. Technische Universität München, 1996

[WIS-67]   Wissenbach, H.:
Betriebliche Kennzahlen und ihre Bedeutung im Rahmen der Unternehmensentscheidung - Bildung, Auswertung und Verwertungsmöglichkeiten von Betriebskennzahlen in der unternehmerischen Praxis. In: Grundlagen und Praxis der Betriebswirtschaft - Band 8, Berlin: Schmidt, 1967

[WIT-94]   Wittig, K.-J.:
Qualitätsmanagement in der Praxis: DIN ISO 9000, Lean Production, Total-Quality-Management; Einführung eines QM-Systems im Unternehmen.
2. Aufl., Stuttgart: Teubner, 1994

[WIT-95]   Wittlage, H.:
Organisationsgestaltung unter dem Aspekt der Geschäftsprozeßorganisation.
In: zfo, Jg. 64 (1995), Nr. 4, S. 210-214

[WÖH-90]   Wöhe, G.:
Einführung in die Allgemeine Betriebswirtschaftlehre. 17. Aufl., München:
Vahlen, 1990

[ZAC-94]   Zachau, Th.:
Prozeßgestaltung in industriellen Anlagengeschäften. Diss., Universität München, 1994

[ZAN-76]   Zangemeister, Ch.:
Nutzwertanalyse in der Systemtechnik: Eine Methodik zur mutidimensionalen Bewertung und Auswahl von Projektalternativen. 4. Aufl, München: Witmannsche Buchhandlung, 1976

[ZA.LE-94]   Zairi, M.; Leonard, P.:
Practical Benchmarking: The Complete Guide. London, u.a.: Chapman & Hall,
1994

[ZIN-94]   Zink, K. J.:
Prozeßorientierung - ein Baustein umfassender Veränderungskonzepte. In:
Zülch, G. (Hrsg.): Vereinfachen und verkleinern: Die neuen Strategien in der
Produktion. Stuttgart: Schäffer-Poeschel, 1994

Anhang 1

Anhang 1.1   Erzeugnisgliederung von Anlagen

<u>Subsystem (Maschine, Einzelaggregat)</u>

Jedes System setzt sich aus Subsystemen zusammen, so besteht z.B. das System 'Kraftwerk' aus den Subsystemen Kessel, Turbine, Generator und Baulichkeiten. Wenn Maschinen einzeln veräußert werden, spricht man auch von Einzelaggregaten [ENG-81]. Dies ist der Fall, wenn die Maschinen isoliert voneinander eingesetzt werden können oder wenn der Kunde diese selbst zu einem System zusammenfaßt. Maschinen, Subsysteme und Einzelaggregate zeichnen sich dadurch aus, daß diese innerhalb eines Arbeitsprozesses eine oder mehrere selbständige Funktionen ausüben [BRA-75, GEN-77].

<u>Baugruppe (Komponente, Modul)</u>

Gruppen, die aus lösbar miteinander verbundenen Einzelteilen bestehen und eine für den Arbeitsprozeß unselbständige Funktion ausuben, z. B. Meß- und Regelfunktionen, werden als Baugruppen bezeichnet [BRA-75] Teilweise wird auch der aus der Datenverarbeitung stammende Begriff Modul verwendet, der allerdings nur dann zutrifft, wenn die Gruppe ohne Auswirkungen auf die Umgebung ausgetauscht werden kann. Im BROCKHAUS wird ein Modul als eine klar abgegrenzte Bau- oder Funktionsgruppe, die ein Teil eines Ganzen bildet und geändert oder ausgetauscht werden kann, ohne daß Eingriffe oder Veränderungen im umgebenden System erforderlich werden, definiert.

Anlagen bestehen nach der vorgenommen Definition für Baugruppen i.d.R. aus mehreren Baugruppen-Ebenen, unter der Maßgabe, daß die einzelnen Baugruppen keine selbständigen Funktionen ausführen können.

<u>Einzelteil</u>

Die kleinste Einheit eines technischen Systems ist das (Einzel-)Teil. Es kann aus mehreren Elementen bestehen, die zusammengesetzt untrennbar miteinander verbunden sind [GEN-77]. Nach DIN 6789 ist ein Einzelteil ein Gegenstand, der nicht zerlegbar ist und technisch beschrieben ist [VDI2815]

Anhang 1.2   Merkmale zur Typologisierung der Projektabwicklung

<u>Projektvolumen (-größe)</u>

Das Projektvolumen ergibt sich aus der Größe des Projektes. Das Projektvolumen kann sich im Projektumsatz, in den Projektkosten, im Projektgewinn oder an der eigenen Wertschöpfung konkretisieren [ZAC-94]. Es soll zwischen kleinen, mittleren und großen Projekten unterschieden werden, wobei die Größeneinteilung unternehmensspezifisch erfolgen soll, um eine für das Unternehmen angepaßte Skalierung zu erhalten.[1]

<u>Losgröße</u>

Mit diesem Merkmal wird die Häufigkeit der Leistungswiederholung bei der Projektabwicklung charakterisiert. Es beschreibt die Anzahl gleicher Anlagen, die vom Kunden geordert wurden und gleichzeitig oder mit leichter Zeitverzögerung produziert werden.

<u>Art des Projektes</u>

Die Art des Projektes beschreibt die Bedeutung des Projektes und die Erfahrungen, über die das Unternehmen bzgl. der zu produzierenden Anlage verfügt. Es kann hier zwischen Routineprojekten, strategischen Projekten sowie Innovations- und Forschungsprojekten unterschieden werden. Strategische Projekte haben i.d.R. die Aufgabe, den Einstieg in einen neuen oder fremden Markt zu ermöglichen, während Innovations- oder Forschungsprojekte die Zielsetzung verfolgen, Innovationen zu erzeugen.

<u>Organisation des Projektes</u>

Das Merkmale „Organisation eines Projektes" beschreibt die aufbauorganisatorische Integration des Projektes in die Linien- bzw. Stammorganisation. Dazu müssen die Fragen bzgl. Aufgaben, Verantwortungen und Kompetenzen geklärt werden. In der Literatur wird häufig zwischen den vier folgenden prinzipiellen Projektaufbauorganisationen unterschieden, wobei als Klassifikationskriterium die Kompetenzaufteilung zwischen Projektleiter und Stammorganisation dient [z.B. FRE-80, LIT-93, SCH-88a]:

- Projekt in der Linie

- Einflußprojektorganisation

- Matrixprojektorganisation

---

[1] Vgl. hierzu die von KRÜGER vorgeschlagene Differenzierung in Kap. 2.1

- Reine Projektorganisation

Prozesse bei der Projektabwicklung

Im Anlagenbau gibt es verschiedene Unternehmenstypen, die unterschiedliche Produkte bzw. Dienstleistungen anbieten, da der Umfang des Outsourcing unterschiedlich ausgeprägt ist. Häufig wird die (Teile-) Fertigung an Lieferanten vergeben oder nur Engineering-Dienstleistungen angeboten. Das Merkmal „Prozesse bei der Projektabwicklung" soll daher beschreiben, welche Prozesse der Projektabwicklung[1] im betrachteten Unternehmen ablaufen.

Kundenänderungseinflüsse

Das Merkmal „Kundenänderungseinflüsse" beschreibt die Anzahl und die Auswirkung von ungeplanten und nicht finanziell anrechenbaren, gestalterischen Änderungen aufgrund von Kundenwünschen während der Projektabwicklung. Diese Kundenänderungen können völlig unbedeutend sein oder nur gelegentlich einfließen und mit mäßigem Aufwand realisierbar sein. Sie können jedoch auch in größerem Umfang auftreten und entsprechende zeitliche und finanzielle Konsequenzen für das Projekt nach sich ziehen.

Erzeugnisspektrum

Das Merkmal „Erzeugnisspektrum" beschreibt den Neuigkeitsgrad der Anlage. Der Neuigkeitsgrad verhalt sich umgekehrt proportional zum Standardisierungsgrad der Anlage und hat einen wesentlichen Einfluß auf alle ablaufenden Prozesse. Die Spannweite der Ausprägungen des Merkmals „Erzeugnisspektrum" reicht von Anlagen nach Kundenspezifikation, die für jedes Projekt eine projektbezogene Neukonstruktion auf der Basis der Anforderungen des Kunden erfordert, bis zu Standarderzeugnissen mit Varianten. Der Fall der Standarderzeugnisse ohne Varianten kann bei komplexen Produkten ausgeschlossen werden.

Vollstandigkeit der Spezifikation

Das Merkmal „Vollständigkeit der Spezifikation" beschreibt den Vollständigkeitsgrad der Anlagenspezifikation und damit die Sicherheit bzw. Unsicherheit des Anlagenbauers gegenüber dem Auftraggeber bei der Bestätigung des Auftrages. Der Vollständigkeitsgrad der Spezifikation hangt stark vom Know-how des Kunden bzgl. der gewünschten Anlage ab und kann reichen von 'nahezu vollstandig spezifiziert' mit Hilfe eines umfangreichen Lastenheftes bis zu 'Anlage wenig spezifiziert', wenn der Kunde nur weiß, daß er eine Anlage eines bestimmten Typs möchte. Je weniger exakt die Anlage spezifiziert ist, um so intensiver ist eine ständige Kommunikation mit dem Kunden während der Anlagenrealisierung notwendig.

Umfang der Konstruktionstätigkeiten

Bei der Realisierung von Anlagen kann je nach Aufgabe und Neuigkeitsgrad zwischen den drei Konstruktionsarten

- Neukonstruktion,
- Anpassungskonstruktion und
- Variantenkonstruktion unterschieden werden.[2]

Anzahl der Lieferanten

Das Merkmal „Anzahl der Lieferanten" beschreibt die organisatorische Komplexität des Unternehmens, die aus der Anzahl externer Schnittstellen zum Beschaffungsmarkt resultiert. Es soll diesbezüglich unterschieden werden zwischen

- Wenig Lieferanten (Anzahl Lieferanten < 30)
- Mittlere Anzahl von Lieferanten ($30 \leq$ Anzahl Lieferanten < 100)
- Viele Lieferanten (Anzahl Lieferanten ≥ 100)

wobei nur die Systemlieferanten und die Hauptlieferanten betrachtet werden.

Integration der Systemlieferanten

Das Merkmal „Integration der Systemlieferanten" beschreibt das Verhaltnis zu den Systemlieferanten. Diese können bei der Projektabwicklung organisatorisch

- intensiv,
- wenig stark oder
- nicht beteiligt werden.

Beschaffungsart

Die Ausprägungen des Merkmals „Beschaffungsart" zeigen den durchschnittlichen Anteil fremdbezogener Positionen auf und weisen (durch das relative Volumen an Zukaufspositionen) auf die Notwendigkeit der organisatorischen Integration des Beschaffungsprozesses in

---

[1] Vgl hierzu Kap 5 1 6

[2] Vgl hierzu Kap 2 1

den Projektabwicklungsprozeß hin [VDI-91b]. Es wird im Anlagenbau unterschieden zwischen

- Bedarfsorientiert auf Erzeugnisebene,
- Teilweise erwartungs-/bedarfsorientiert auf Baugruppenebene und
- Erwartungsorientiert auf Baugruppenebene.

<u>Bevorratungsart (Service)</u>

Das Merkmal „Bevorratungsart" beschreibt die Ebene der bevorrateten Bedarfspositionen (ohne Rohmaterialien und Normteile) für den Service bzw. die After-Sales-Aktivitäten, da für die Realisierung der Anlage i.d.R. keine Bevorratung vorgenommen wird. Hier umfassen die Merkmalsausprägungen den Bereich von

- keiner Bevorratung von Bedarfspositionen über
- Bevorratung von Bedarfspositionen auf unteren Strukturebenen (Einzelteile, Baugruppen) bis zur
- Bevorratung von Bedarfspositionen auf oberen Strukturebenen (Subsysteme).

<u>Ablaufart in der Fertigung</u>

Das Merkmal „Ablaufart in der Fertigung" beschreibt die räumliche Anordnung der Fertigungsmittel und die Transportbeziehungen zwischen den Fertigungsmitteln. Es kann bei der Projektabwicklung im Anlagenbau unterschieden werden zwischen

- der Werkstattfertigung,
- der Inselfertigung und
- der Reihenfertigung.

<u>Montage</u>

Das Merkmal „Montage" berücksichtigt die unterschiedlichen Organisationsformen in der Montage. Anhand der beiden Kriterien Bewegungsablauf der Montageobjekte, Arbeitsplätze bzw. Montageeinrichtungen und dem Grad der Arbeitsteilung kann für den Anlagenbau eine Unterscheidung in Anlehnung an EVERSHEIM [EVE-89]und DOLEZAK/ROPOHL [LUC-86] zwischen den drei folgenden Organisationsformen vorgenommen werden:

- Baustellenmontage,
- Gruppenmontage und
- Reihenmontage

Anhang 2

Anhang 2.1   Rechentechnisch-verknüpftes Kennzahlensystem von DuPont

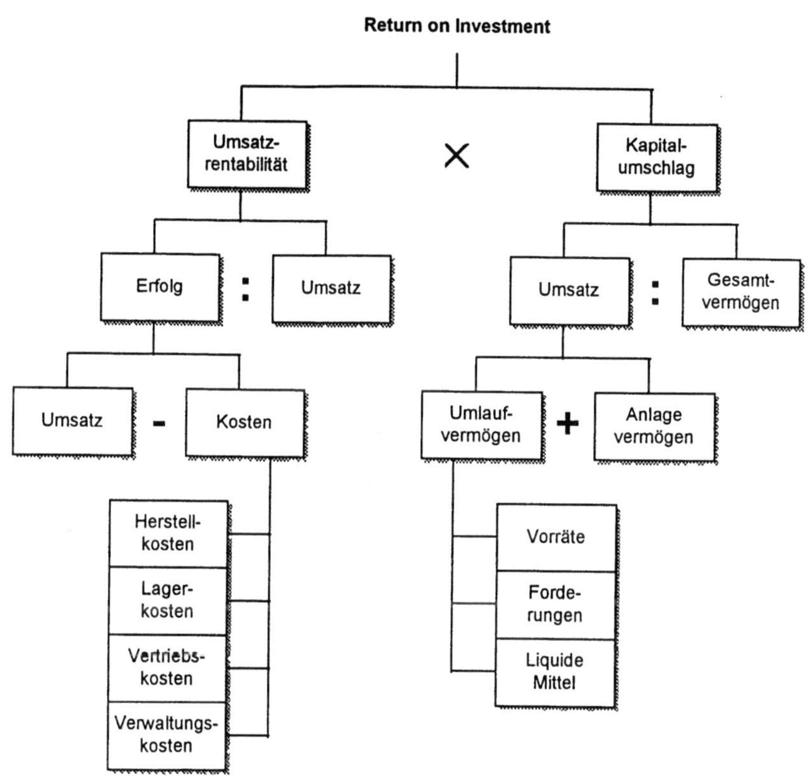

Abb. A2.1: Rechentechnisch-verknüpftes Kennzahlensystem [SIE-92]

Anhang 2.2   Kennzahlensystem nach SCHOTT als Ordnungssystem

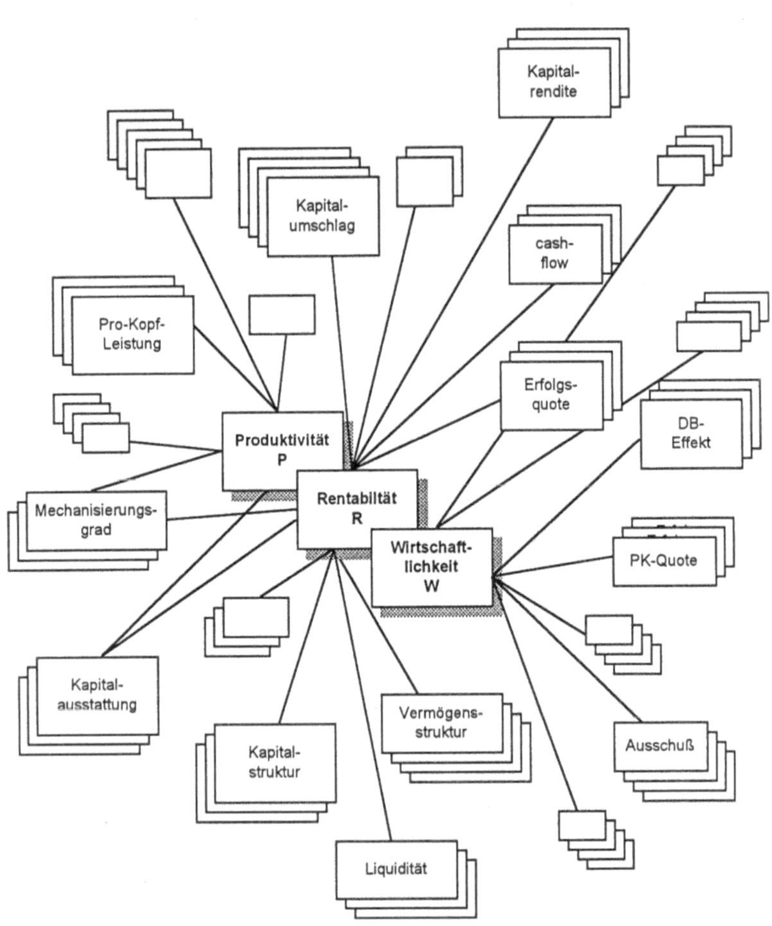

Abb. A2.2: Kennzahlensystem nach SCHOTT [SCH-88b]

Anhang 3

Anhang 3.1   Benchmarking

Der Begriff „Benchmarking" stammt ursprünglich aus der Landvermessung, bei der die Benchmarks[1] als verläßliche Ausgangswerte bzw. Bezugspunkte dienten, um Höhenunterschiede zu messen. Weiterhin wird in der Computerindustrie mit Benchmarking ein Prozeß zur Leistungsmessung unterschiedlicher Soft- und Hardwaresysteme bezeichnet [CAM-89]. In die Unternehmensführung wurde der Begriff Benchmarking Ende der 70er Jahre durch das Unternehmen *Xerox* eingeführt,[2] das die folgende Definition für das Benchmarking aus der Praxis ableitete [CAM-94]:

„Benchmarking ist der kontinuierliche Prozeß, Produkte, Dienstleistungen und Praktiken zu messen gegen den stärksten Mitbewerber oder die Firmen, die als Industrieführer angesehen werden."

Das übergeordnete Ziel des Benchmarkings besteht in einer Verbesserung der Wettbewerbsfähigkeit durch das kontinuierliche Bestreben, die jeweils besten verfügbaren Praktiken und Methoden zu entdecken, zu analysieren und diese darauf im eigenen Unternehmen umzusetzen und laufend zu verbessern [LAM-93]. Im Vergleich zur Konkurrenzanalyse stehen beim Benchmarking nicht nur unmittelbare Konkurrenten im Zentrum der Betrachtung, sondern es werden auch Unternehmen anderer Branchen in die Untersuchungen miteinbezogen [CAM-92]. Dies ist damit zu erklären, daß bestimmte Funktionen anderer Branchen von erheblich größerer Bedeutung und deshalb auch wesentlich weiter entwickelt sind [PRY-89].

Die Anwendung des Benchmarking kann in vielfältigen Ausprägungen geschehen. Es sollen daher die wichtigsten Formen erläutert werden (<u>Abb. A3 1</u>).

Hinsichtlich des Betrachtungsobjektes kann eine Unterscheidung zwischen Produkt, Prozeß und Funktion vorgenommen werden, wobei unter letzterer auch Objekte, wie Methoden oder Strategien, fallen. Im Rahmen des Prozeßmanagements sind insbesondere die Objekte Produkt und Prozeß von Interesse. Das Benchmarking von Produkten zählt zu der ersten Benchmarkinggeneration [WAT-93] und ist mit dem „reverse product engineering" gleichzusetzen [KLE-94, PAR-94] Das Benchmarking von Prozessen kann im Rahmen eines Prozeßmanagements als Instrument zur Prozeßkontrolle und -verbesserung eingesetzt werden [GAI-94],

---

[1] Wörtlich übersetzt Höhenmarken oder Lattenpunkte [KRO-92]

[2] Das Unternehmen hatte aufgrund erheblicher Kostennachteile massiv Marktanteile verloren und verankerte das erste für das gesamte Unternehmen durchgangige Benchmarking-Konzept, wobei sowohl das Produkt als auch die Organisation der Konkurrenz analysiert wurden [HER-92]

weil es die traditionell ergebnisorientierte und funktionsbezogene Sichtweise zu Gunsten einer dynamischen und funktionsübergreifenden Sichtweise aufbricht [LAM-93].

Benchmarking-merkmale	Merkmalsausprägungen			
1 Objekt	Produkt	Funktion		Prozeß
2 Zielgröße	Zeit	Kosten	Qualität	Kundenzu-friedenheit
3 Vergleichs-ebene	intern	wettbewerbs-orientiert	funktional	generisch
4 Planungs-stufe	operativ		strategisch	
5 Durchführung	offen		verdeckt	
6 Informations-austausch	direkt		über Dritte	

Abb. A3.1: Formen des Benchmarking

Neben den Objekten lassen sich auch Benchmarkingformen in Abhängigkeit der zu verbessernden Zielgrößen bilden. Dabei unterscheidet man zwischen den Größen Zeit, Kosten und Qualität sowie der Kundenzufriedenheit [HO.HE-92], die das vorrangige Ziel jeglicher Qualitätsbemühungen darstellt [FRE-93]. Um diese vier Zielgrößen durch Benchmarking zu verbessern, bedarf es der Identifikation von Erfolgsfaktoren, die für das eigene Unternehmen zu bestimmen und mit dem Bencharkingpartner zu vergleichen sind.

Bei der Auswahl der Benchmarkingpartner kann zwischen dem internen Benchmarking und den externen Benchmarkingarten wettbewerbsorientiert, funktional und generisch unterschieden werden, wobei in der Literatur das funktionale Benchmarking manchmal auch das generische Benchmarking umfaßt [CAM-94, KA.ÖS-94, RIC-95b, ZA.LE-94].

Die Wahl der Vergleichsunternehmen hängt stark davon ab, ob ein offenes oder ein verdecktes Benchmarking durchgeführt werden soll. Der offene oder kooperative Vergleich, entweder direkt oder über unabhängige Dritte, wird meist mit Nicht-Konkurrenten durchgeführt und ermöglicht einen Zugriff auf Informationen, die ansonsten nicht erhältlich sind. Das verdeckte Benchmarking hingegen wird gegenüber der direkten Konkurrenz oder bei Unternehmen, die davor Angst haben, ihre Daten preiszugeben, genutzt. Hierbei erfolgt die Datenbeschaffung auf Basis von Veröffentlichungen und Statistiken bzw. aufgrund des Branchen-Know-hows des Benchmarking-Teams.

Bei der Benchmarking-Durchführung[1] analysiert das Benchmarking-Team die Kernkompetenzen, Erfolgsfaktoren sowie Zeit-, Qualitäts- und Kostentreiber in bezug auf das Benchmarking-Objekt und erfaßt diese quantitativ und qualitativ in relevanten Kennzahlen bzw. Indikatoren [BUR-95]. Es wird jedoch nicht nur die Leistungslücke gegenüber dem Vergleichsunternehmen mit Hilfe der Kennzahlen analysiert, sondern es werden gleichzeitig die für die Lücke relevanten Erfolgsfaktoren identifiziert. Es ist damit in der Lage, Maßnahmenpläne aufzustellen, wobei sowohl sprunghafte Änderungen als auch kontinuierliche Verbesserungen der Produkte, Verfahren oder Prozesse angestrebt werden. Durch Übernehmen der beim Benchmarking entdeckten Praktiken wird man jedoch meistens in die Lage versetzt, selbst sprunghaft höhere Leistungsstandards zu erreichen [RIC-95a]. Abschließend werden bei einem Benchmarking-Durchlauf anspruchsvolle und realistische Ziele formuliert [WIL-95b]

Anhang 3.2 Kundenzufriedenheitsanalyse

Zufriedene Kunden werden zunehmend wichtiger, da im allgemeinen 70% des Umsatzes auf Wiederholungskäufer entfallen [GRI-95]. Letztendlich relevanter Qualitätsmaßstab aller Qualitätsbemühungen ist die Kundenzufriedenheit, die in den Zielsystemen vieler Unternehmen eine führende Stelle einnimmt [HOM-95]. So beziehen sich beim bereits erwähnten Malcolm Baldrige National Quality Award des National Institute of Standards and Technology fast ein Drittel der vergebenen Punkte auf die Kundenzufriedenheit [GRI-95]. Eine systematische Analyse der Kundenzufriedenheit wird jedoch bei den meisten Unternehmen bislang nicht praktiziert [HOM-95].[2] Neben der Kundenzufriedenheit des externen Kunden gewinnt die Kundenzufriedenheitsanalyse im Rahmen von Prozeßoptimierungsmaßnahmen zunehmend an Bedeutung.

Die Kundenzufriedenheit ist das Ergebnis eines komplexen Informationsverarbeitungsprozesses, bei dem mit Hilfe eines Soll-Ist-Vergleichs eine Bewertung aus Kundensicht erfolgt. Die wahrgenommene subjektive Situation aufgrund eigener oder fremder Erfahrungen (= Ist-Wert) wird permanent mit den Erwartungen bzw. dem Anspruchsniveau des Kunden (= Soll-Wert) verglichen [LI.SC-91]. Bei der Analyse der Kundenzufriedenheit dürfen nicht nur Produktmerkmale abgefragt werden, sondern es muß die gesamte Wahrnehmungswelt, z.B. die Reaktion auf Reklamationen, des Kunden berücksichtigt werden [LAN-95].

---

[1] Ausführliche Beschreibung der Methode erfolgt beispielsweise bei CAMP [CAM-94]

[2] Nach einer Studie mit dem VDI haben 28 % der befragten Unternehmen bereits eine systematische, direkte Befragung der Kunden vorgenommen (Anteil des Maschinen- und Anlagenbaus 50%, Anteil Unternehmen mit 1-500 Mitarbeiter 66%)

Das Messen der Kundenzufriedenheit hat vornehmlich das Ziel, Schwächen in der Kundenarbeit aufzudecken, um diese gezielt abzubauen [LAN-95]. Die Messung der Kundenzufriedenheit sollte die folgenden Fragen beantworten [HO.RU.95]:

- Wie zufrieden sind die Kunden insgesamt und wie zufrieden sind sie mit den einzelnen Leistungskomponenten?

- Wovon hängt ihre Zufriedenheit stark oder weniger stark ab?

- Wo liegen die Ansatzpunkte, um die Kunden zufrieden zu machen?

Die Ermittlung der für die Kundenzufriedenheitsanalyse relevanten Qualitätsmerkmerkmale erfolgt i.d.R. in Form eines Experten-Workshops, der ggf. durch spezielle Techniken, wie beispielsweise die Kontaktpunkt-Analyse nach STAUSS oder das „Blue Printing", unterstützt werden kann.[1]

Die Ermittlung der Kundenzufriedenheit kann entweder durch Beobachtung oder Befragung erfolgen, wobei zwischen den Befragungstechniken telefonisch, schriftlich oder persönliches Interview unterschieden werden kann [HO.RU-95].

Anhang 3.3 Prozeßanalyse

Die Prozeßanalyse ist eine Methode zur detaillierten Erfassung der Ist-Situation eines Prozesses [HOL-91]. Sie setzt die strukturellen Voraussetzungen für die nachfolgende Organisationsgestaltung und vollzieht sich in Anlehung an GAITANIDES in den folgenden Schritten [GAI-83]:

- Ausgrenzung des organisatorischen Bereichs der Prozeßgestaltung
- Zerlegung in Teilprozesse
- Festlegung der Aufeinanderfolge von Teilprozessen
- Analyse der Teilprozesse

Wesentliche Tätigkeiten der Prozeßanalyse sind die Dekomposition des Gesamtprozesses in die einzelnen Teilprozesse und Aktivitäten sowie die Analyse der Teilprozesse und Aktivitäten.

Bei der Analyse der Teilprozesse und Tätigkeiten sind in Anlehung an FRIES im wesentlichen folgende Fragestellungen zu berücksichtigen [FRI-94]:

- Informations- und Materialflußschnittstellen zwischen den einzelnen Tätigkeiten,
- Sinn und Notwendigkeit der Tätigkeiten,
- Benutzte Hilfsmittel und Methoden,

---

[1] Vgl. hierzu beispielsweise REINER [REI-93]

- Ausführende und beteiligte Funktionen,
- Prozeßergebnisse und Probleme sowie
- evtl. Ressourcenverbräuche (Zeit, Personal, Kosten).

Die Ergebnisse der Prozeßanalyse werden vor allem in graphischer Form dokumentiert, um für alle Beteiligte eine schnell verständliche und einfache Kommunikationsgrundlage zu schaffen. Die veschiedensten Dokumentationsmöglichkeiten können dabei zum Einsatz kommen,[1] wobei meistens das Flußdiagramm Verwendung findet.

Basierend auf den Prozeßunterlagen und den Analyseergebnissen hat das Prozeßteam die Möglichkeit, Probleme und Optimierungspunkte zu identifizieren, sie zu priorisieren und mit Hilfe von Techniken des Qualitätsmanagemements ihre Ursachen festzustellen und zu beseitigen [KA MU-91].

Anhang 3.4 Prozeßauditierung

Ein Qualitätsaudit ist nach DIN EN ISO 8402 eine „systematische und unabhängige Untersuchung, um festzustellen, ob die qualitätsbezogenen Tätigkeiten und damit zusammenhängenden Ergebnisse den geplanten Anforderungen entsprechen, und ob diese Anordnungen tatsächlich verwirklicht und geeignet sind, die Ziele zu erreichen". Das Qualitätsaudit wird typischerweise auf ein Qualitätsmanagementsystem, auf Prozesse oder auch Produkte angewendet [8402].

Die Auditierung ist nicht nur eine Methode zur Untersuchung der Wirksamkeit von QM-Systemen, sondern läßt sich zu einem Instrument für das Prozeßcontrolling ausbauen. Dies hat insofern Auswirkungen auf die Aufgabenstellung, als zusätzlich zur Ausrichtung auf qualitätsbezogene Aspekte, wie z.B. die Festlegung von Kompetenzen und Verantwortlichkeiten, weitere controllingrelevante Kriterien einbezogen werden müssen [WIL-95b].

Bei Audits wird der Erfüllungsgrad hinsichtlich der Auditkriterien ermittelt [WIL-96], indem die Aktivitäten im Unternehmen mit dem festgelegten Anforderungsprofil objektiv und unparteiisch auf ihre Wirksamkeit untersucht, indem

- Schwachstellen aufgezeigt,
- Verbesserungsmaßnahmen angeregt und
- die Wirksamkeit der eingeleiteten Maßnahmen überwacht werden.

Der Ablauf eines Audits kann in drei Phasen unterteilt werden

- die Vorbereitungs- und Planungsphase, in der die Zuständigkeiten und der Auditablauf ge-

---

[1] Vgl hierzu die Vorstellung der gebrauchlichsten Dokumentationsmoglichkeiten bei HORNUNG, STAIGER, WIßLER [HOR-96]

plant werden,

- die Durchführungsphase, in der das Audit bzgl. des betrachteten Prozesses von unabhängigen Auditoren durchgeführt wird [WIT-94] und
- die Abschlußphase, in der die Ergebnisse vorgestellt und diskutiert sowie Korrekturmaßnahmen festgelegt werden.

Die Auditierung von Prozessen schafft Transparenz hinsichtlich Kosten, Qualität, Zeitverhalten sowie Kundenzufriedenheit und deckt Verbesserungspotentiale auf. Die häufigste und wirkungsvollste Ablaufform ist die gegenseitige Auditierung, wobei die Selbstauditierung auch möglich ist.

Anhang 3.5   Prozeßkostenrechnung

Bedingt durch gesättigte Märkte, steigende Kundenansprüche und einen zunehmenden Wettbewerbsdruck sowie steigende Bedeutung von Forschungs-, Entwicklungs- und Konstruktionsaktivitäten, die im Anlagenbau ohnehin von herausragender Bedeutung sind, steigen die Gemeinkosten der Unternehmen sowohl absolut als auch relativ im Vergleich zu den Einzelkosten. Die Gemeinkosten stellen ein bedeutendes Rationalisierungspotential dar, können aber einer Rationalisierung nur schwer zugänglich gemacht werden, da in den indirekten oder Gemeinkostenbereichen häufig keine besonders transparenten Strukturen vorliegen [GÖ.ME-93]. MILLER und VOLLMANN wiesen 1985 auf diese Problematik hin [MI VO-85] und gaben den Anstoß für die Entwicklung der Prozeßkostenrechnung. COOPER, JOHNSON und KAPLAN verfeinerten diesen Ansatz in den folgenden Jahren in Richtung auf eine strategische Kalkulation, das „Activity-Based-Costing" oder „Transaction Costing" [CO.KA-88, JO.KA-87]. Der Begriff „Prozeßkostenrechnung" wurde von HORVÁTH und MAYER geprägt, die 1989 eine prozeßorientierte Rechnung vorstellten [HO.MA-89], die auf den Gedanken von COOPER, JOHNSON und KAPLAN basiert.

Die Prozeßkostenrechnung wird als eine Methodik verstanden, mit deren Hilfe die Kosten der indirekten Bereiche besser geplant und gesteuert bzw. auf das Produkt verrechnet werden können [MAY-91], da die „traditionelle" Kostenrechnung hierfür nur zum Teil brauchbare Lösungsvorschläge bietet und auf den Produktionsbereich ausgerichtet ist [GÖ.ME-93]. Die Prozeßkostenrechnung stellt jedoch kein völlig neues Kostenrechnungssystem dar, sondern ist eine sinnvolle Ergänzung derselben [LA.MÜ-93] und kann nur auf repetitive und strukturierte Abläufe angewandt werden [MAY-91]. Der Grundgedanke der Prozeßkostenrechnung besteht darin, die Leistungen der indirekten Bereiche in Prozesse zu zerlegen und diesen die entsprechenden Kosten zuzuordnen. Es ist allerdings nicht zielführend, die Prozeßkostenrechnung in allen Unternehmensbereichen einzusetzen, sondern es sind diejenigen Bereiche auszuwählen, denen die traditionelle Kostenrechnung nicht in ausreichendem Maße gerecht wird [KUN-93].

Die Ermittlung der Prozeßkosten erfolgt nach HORVÁTH/MAYER mit Hilfe der folgenden Schritte [MAY-91]:[1]

- Bildung von Hypothesen über Hauptprozesse und Cost-Driver
- Tätigkeitsanalyse der Kostenstellen und Ableitung von Teilprozessen und Maßgrößen
- Kapazitäts- und Kostenzuordnung
- Verdichtung zu endgültigen Hauptprozessen, Ermitteln von Kostensätzen

Ausgangspunkt für die Anwendung der Prozeßkostenrechnung ist die Identifikation der Haupteinflußfaktoren der Kostenentstehung in den indirekten Bereichen. Diese Kosteneinflußgrößen werden Cost Driver oder Kostentreiber genannt und in den meisten Fällen wird das Gemeinkostenvolumen durch 7 bis 10 dieser Cost Driver bestimmt. Beispiele für Cost Driver sind beispielsweise die Anzahl der Produktvarianten oder die Anzahl der Produktänderungen. Zielsetzung der Prozeßkostenrechnung ist in diesen Fallen, basierend auf den Kostentreibern, die Prozeßkosten zu ermitteln, die durch die Betreuung einer Variante oder die Durchführung einer Produktänderung verursacht werden [MAY-91]. Dadurch wird eine größere Kostentransparenz in den Gemeinkostenbereichen geschaffen, wodurch ein stärkeres Kostenbewußtsein nicht nur bei den Verantwortlichen erzeugt wird Neben der dadurch erzielten Optimierung des Ressourceneinsatzes in den Gemeinkostenbereichen wird die Prozeßkostenrechnung zur Verbesserung der Produktkalkulation eingesetzt. Dadurch kann die Prozeßkostenrechnung als strategisches Kontroll- und Entscheidungsinstrument herangezogen werden [LA.MÜ-93].

Anhang 3.6   Prozeß-Wert-Analyse

Zur Untersuchung, inwieweit die im Unternehmen ablaufenden Prozesse zu der vom Kunden gewünschten Wertschöpfung beitragen oder nicht, dient die Prozeß-Wert-Analyse oder Process Value Analysis [BEI-90].

Bei der Analyse der Prozesse steht die Beantwortung der folgenden drei Fragen im Vordergrund [SUZ-89]:

- Welche Prozesse erhohen die Wertschöpfung am Produkt?
- Welche Prozesse führen lediglich zu Kostensteigerungen?
- Welche Prozesse sind erforderlich, um den Kunden zufriedenstellen?

---

[1] Für die Erlauterng der einzelnen Schntte soll auf die entsprechenden Veroffentlchungen verwiesen werden Z B KIENINGER [KIE-93a], MAYER [MAY-91], STRECKER [STR-91]

Die Fragestellung macht deutlich, daß die Anwendung der Prozeß-Wert-Analyse nur für operative Prozesse mit meßbarer Wertschöpfung geeignet ist und bei dispositiven Prozessen zu falschen Aussagen führen würde.[1]

Für die Betrachtung von operativen Prozessen führt die Prozeß-Wert-Analyse zu folgender Klassifikation der Teilprozesse:

- Wertschöpfungsbezogene Teilprozesse („value activities") die dazu dienen, die Produkte kundengerecht zu gestalten, z.B. Materialbereitstellung, Montage, Qualitätsprüfung. Diese Aktivitäten beeinflussen die zu verteidigende Wettbewerbsposition eines Unternehmens am stärksten. Sie sind damit in ihrer Bedeutung für die nachhaltige Erfolgssicherung als „kritisch" zu beurteilen [HE.MO-89].

- Im Gegensatz dazu, werden die nicht-wertschöpfungbezogenen Teilprozesse („non value activities") identifiziert, die keine Erhöhung des Kundennutzens bewirken. Diesen weisen vielmehr auf einen ineffizienten Einsatz der Ressourcen hin, z.B. aufgrund von Reklamationen, Reparaturen und Nacharbeiten [JOH-88].

Durch diese Ergebnisse unterstützt die Prozeß-Wert-Analyse eine verbesserte Gestaltung der bestehenden Prozesse innerhalb der Wertschöpfungskette eines Unternehmens. Sie kann Ansatzpunkte für notwendige Maßnahmen zur Effizienzsteigerung und Rationalisierung aufzeigen [FIS-93].

Anhang 3.7   Prozeßzeitenmanagement

KIENINGER stellte die Methode Prozeßzeitenmanagement vor, die sich stark an der Prozeßkostenrechnung orientiert und deren Kostenkonzept analog auf Durchlaufzeiten überträgt. Gegenstand des Prozeßzeitenmanagements ist daher die Erarbeitung und zeitliche Bewertung von Prozessen sowie die Erarbeitung von Maßnahmen zur Reduzierung der Durchlaufzeiten [KIE-94].

Die Durchführung des Prozeßzeitenmanagements erfolgt durch ein interdisziplinäres Team und kann in die fünf folgenden Schritte untergliedert werden [KIE-94]:

- Prozesse erarbeiten, wobei ggf. auf die Ergebnisse der Prozeßkostenanalyse aufgesetzt werden kann.

- Prozeßzeiten ermitteln, d.h. sowohl die Ermittlung der Durchlaufzeit insgesamt als auch ihre Zusammensetzung mit den einzelnen Prozessen.

- Zeitfresser identifizieren, in dem mit Unterstützung von Kreativitätstechniken die wesent-

---

[1] Vgl. hierzu Kap 3.1 1

lichen Zeitfresser im Gesamtprozeß identifiziert werden.

- Zeitsenkungspotentiale ausschöpfen, d.h. die Erarbeitung von Lösungansätzen zur Erreichung der Zeitziele unter den gegebenen Randbedingungen. Die Realisierung drastischer
Zeitsenkungspotentiale kann teilweise die Bereitschaft zu tiefgreifenden ablauf- und auf-
bauorganisatorischen Veränderungen bedingen.

- Umsetzungsschritte definieren, durch eine eindeutige Fixierung der beschlossenen Maßnahmen mit Verantwortlichkeiten und Terminen.

Anhang 3.8   Qualitätskostenrechnung

Qualitätsbezogene Kosten werden nach DIN EN ISO 8201 definiert als [8402]:

„Kosten, die durch das Sicherstellen zufriedenstellender Qualität und durch das Schaffen von
Vertrauen, daß die Qualitätsforderungen erfüllt werden, entstehen, sowie Verluste infolge des
Nichterreichens zufriedenstellender Qualitat."

Die Gliederung der qualitätsbezogenen Kosten wird in DIN 55350-11 vorgenommen [55350].
Laut dieser Norm ist es international üblich, Qualitätskostenelemente in drei Gruppen zusammenzufassen:

- Fehlerverhütungskosten,
- Prüfkosten und
- Fehlerkosten.

Fehlerverhütungskosten sind Kosten, die durch Vorbeugungs- und Korrekturmaßnahmen im
Rahmen des Qualitätsmanagements in allen Bereichen der Organisation verursacht sind.

Prufkosten sind Kosten, die durch alle planmäßigen Qualitätsprüfungen verursacht sind. Aus-
genommen sind Wiederholungsprüfungen, sowie nicht planmäßige Sortier- und Qualitätsprüfungen.

Fehlerkosten sind Kosten, die durch die Nichterfullung von Einzelforderungen im Rahmen
von Qualitatsforderungen verursacht sind Sie werden nach dem Ort der Feststellung der
Fehler unterteilt in interne und externe Fehlerkosten

Diese Art der Qualitätsbewertung muß sich seit Jahren mit einer berechtigten Kritik auseinan-
dersetzen Im folgenden werden die wesentlichen Aspekte der Kritik angesprochen.

- MASING bezeichnet den Begriff „Qualitätskosten" als unselig und in höchstem Maß un-
zweckmäßig, da er gedanklich eine falsche Weiche stellt [MAS-88], wobei er in seiner Argumentation von der betriebswirtschaftlichen Definition des Begriffs Kosten ausgeht

[WÖH-90] und der Problematik, daß die Qualität neben dem Produkt gesehen wird, wie beispielsweise Verpackung oder Transport.

- Die Fehlerverhütungkosten können nicht sinnvoll aus dem Gesamtaufwand ausgegrenzt werden [MAS-93].

- Der Kostenblock der Prüfkosten ist undifferenziert aus verschiedenen Kostengrößen zusammengesetzt [MAS-93, WIL-92].

- Unter dem Begriff der „Qualitätskosten" werden Kosten für Qualität und Kosten für Nicht-Qualität summiert. Diese Unterbegriffe dürfen weder aus logischen noch aus fachwissenschaftlichen Gründen unter dem Oberbegriff summiert werden [BLE-88].

- Die klassiche Dreiteilung der Qualitätskosten ist zu sehr technisch orientiert, was dazu führt, daß die Berücksichtigung eines umfassenden Qualitätsdenkens fehlt [DIE-90].

- Die Optimierung der „Qualitätskosten" lenkt vom tatsächlichen Einsparungspotential, dem Fehlleistungsaufwand, ab.

MASING liefert einen möglichen Ansatz zur Bewältigung dieser Problematik, indem er den Begriff „Fehlleistungsaufwand" anführt und die Unternehmen aufruft, sich verstärkt auf die Ermittlung und Analyse des Fehlleistungsaufwandes zu konzentrieren [MAS-93]. Es soll daher im folgenden ein Ansatz zur Bewertung des Fehlleistungsaufwandes skizziert werden, mit dessen Hilfe die Minimierung des Fehlleistungsaufwandes zu einer Optimierung der Produktqualität und der Unternehmensprozesse führt.

Ausgehend vom traditionellen Qualitätskostensystem wird eine neue Gliederung der qualitätsbezogenen Kosten vorgenommen. Die Fehlerverhütungs-, Prüf- und Fehlerkosten werden dabei in Kosten der Übereinstimmung und Fehlleistungsaufwand überführt. Die grundsätzlichen Überlegungen hierzu sind in Abb. A3.2 zusammengefaßt und beschreiben den Ansatz von WILDEMANN [KAN-94, WIL-92]. WILDEMANN schlägt vor, die beschriebene Dreiteilung der Qualitätskosten in die zwei Kategorien „Kosten der Übereinstimmung" und „Fehlleistungsaufwand" zu überführen. Alle Aufwendungen, die für die Behebung von Abweichungen von den Anforderungen entstehen und vermeidbar sind, werden dem Fehlleistungsaufwand zugeordnet. Als Kosten der Übereinstimmung werden die Kosten bezeichnet, welche für die Erfüllung von Anforderungen des Prozeßumfeldes sorgen und eine einwandfreie Arbeit garantieren [KAN-94]. Zu dieser Kostengruppe gehören alle Kosten für Maßnahmen, die mit dem Ziel anfallen, die Fähigkeit zur Erzeugung fehlerfreier Erzeugnisse zu schaffen und zu erhalten. Die Kosten der Übereinstimmung werden nicht separat ermittelt, sondern sind integraler Bestandteil der Herstellkosten.

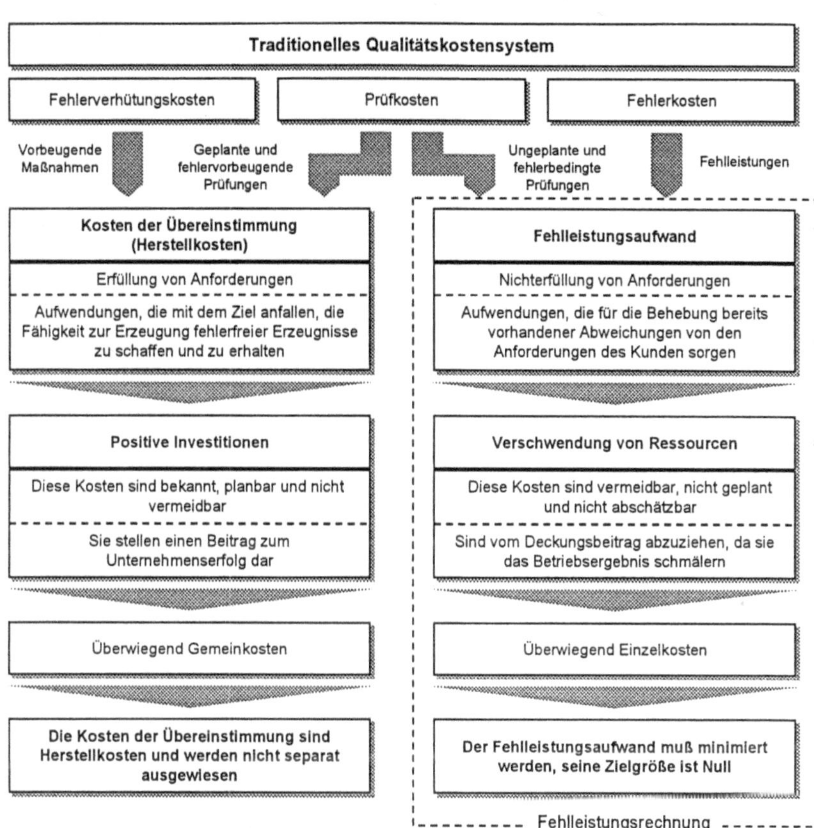

Abb. A3.2: Ableitung des Fehlleistungsaufwandes

Anhang 4

Charakterisierung der Hauptprozesse

Prozeßbezeichnung	Projektsteuerung
Aufgabe des Prozeß-systems	Steuerung der Aktivitäten eines Projektes, um die Projektziele umzusetzen. Dies umfaßt die folgenden Aufgaben - Regelmäßiges Transparentmachen der Projektsituation durch eine geeignete Informationsbeschaffung, - Vergleich der Ist-Situation mit den Planvorgaben - Bei Zielabweichungen Festlegung von Maßnahmen - Überwachung der Maßnahmenumsetzung
Prozeßinput	Projektplanvorgaben: Angebot, Auftragsbestätigung, Technische Spezifikation, Kalkulation, Meilensteinpläne
Prozeßoutput	Erfüllung der Planvorgaben
Prozeßverant-wortlicher	Projektleiter
Typische Probleme	- Unrealistische Planvorgaben - Keine ausreichende Risikoanalyse in der Planungsphase - Probleme werden von den Projektbeteiligten zu spät signalisiert - Zielkonflikte mit anderen Projekten
Prozeß-Kennzahlen	Kostenabweichung = ((Ist-Kosten - Soll-Kosten) / Soll-Kosten) x 100 % Terminabweichung = ((benötigte Tage - geplante Tage) / geplante Tage) x 100 % Projektdeckungsbeitrag Kundenzufriedenheit

Tabelle A4.1: Charakterisierung des Hauptprozesses 'Projektsteuerung'

Prozeßezeichnung	Design (Entwicklung und Konstruktion)
Aufgabe des Prozeßsystems	Zweckgerichtetes Auswerten und Anwenden von Forschungsergebnissen und Erfahrungen, wobei Stoffe, grundsätzliche Lösungen, technische Erzeugnisse oder Programme erarbeitet werden können [VDI-2221]. Im Anlagenbau wird vor allem die Erarbeitung der elektrischen Steuerung als ´Entwicklung´ bzw. ´Elektro-Entwicklung´ bezeichnet. Wohingegen das Konstruieren die Gesamtheit aller Tätigkeiten umfaßt, mit denen ausgehend von einer Aufgabenstellung, die zur Herstellung und Nutzung eines Produktes notwendigen Informationen erarbeitet werden sowie die Produktdokumentation festgelegt wird. Diese Tätigkeiten schließen die vormaterielle Zusammensetzung der einzelnen Funktionen und Teile eines Produkts, den Aubau zu einem Ganzen und das Festlegen aller Einzelheiten ein [VDI-2221]. Wie in Kap. 2.1 beschrieben kann zwischen vier prinzipiellen Ausprägungen des Designprozesses unterschieden werden [VDI-2210]: • der Anpassungskonstruktion, • der Neukonstruktion, • der Variantenkonstruktion sowie • der Konstruktion nach festem Prinzip. Der Designprozeß setzt auf der technischen Spezifikation auf, die beim Akquisitionsprozeß erarbeitet wurde und endet mit der Freigabe aller technischen Konstruktionsunterlagen.
Prozeßinput	Technische Spezifikation, die beim Akquisitionsprozeß erarbeitet wird, Angebot, Werksnormen (kundenspezifisch) und Zeitvorgaben
Prozeßoutput	Anpassungskonstruktionen, Neukonstruktionen, Entwicklungskonstruktionen, Projektplan, Zeichnungen, Stücklisten, Prozeß- und Verfahrensanweisungen, Arbeitspläne, Prüfpläne, Protokolle, Betriebs- und Wartungsanleitungen, Warnhinweise
Prozeßverantwortlicher	Leiter der Konstruktion
Typische Probleme des Prozesses	• Erfahrungswissen: Erfahrungswissen wird nicht verständlich vermittelt, der Know-how-Transfer funkitoniert nicht • Sorgfältigkeit: Arbeiten sind nicht nachvollziehbar, Abläufe nach DIN ISO 9001 werden nicht eingehalten, mangelndes Terminbewußtsein • Kundenabsprachen: Offene Punkte, Nur mündliche Vereinbarungen zu wenig Kommunikation mit dem Kunden • Lieferantenunterlagen: Nicht aktuell, nicht vollständig (nach Vernichtung alter Unterlagen) • Projektunterlagen: Mangelndes Wissen um ähnliche Projekte, Projektunterlagen sind nicht auffindbar, nicht vollständig und werden nicht korrekt abgelegt • Angebot/Lastenheft: Entwicklungsvorgaben sind z.T. nicht eindeutig, Informationen über bereits entwickelte Anlagen werden nicht genutzt, mangelhafter Informationsfluß zwischen Kunde und Design • Lasten- und Pflichtenhefte als Konstruktionsvorgabe sind unvollständig. • Verbesserungsvorschläge und Änderungen aus der Fertigung oder Montage werden nicht in Originalzeichnung eingetragen oder nicht berücksichtigt, so daß beim nächsten Auftrag wieder die selben Probleme auftreten. • Im Sinne eines präventiven Qualitätsmanagements wird zu wenig Zeit in

	der Konstruktions- und Versuchsphase verwendet. Der Aufwand zur Fehlerbeseitigung potenziert sich jedoch in späteren Phasen. • Falsche Zeichnungen als Vorlage werden herausgesucht. • Dokumentation sowie Kennzeichnung der Dokumente, insbesondere bei Änderungen häufig nicht konsequent durchgeführt.
Prozeß-Kennzahlen	Designkostenabweichung Anzahl der Änderungen nach Freigabe Eigenentwicklungs-/Konstruktionsanteil Anzahl der Neukonstruktionen Anzahl fehlerhafter Neukonstruktionen Anzahl überarbeiteter Konstruktionen Anzahl fehlerhafter, überarbeiteter Konstruktionen Anzahl unvollständiger Konstruktionszeichnungen Zeit zur Fehlerbehebung Anzahl Fehler in der Dokumentation Anzahl erneuter Fehler bei Korrekturen Zeitpunkt der Fehlerentdeckung Anzahl fehlerhafter Informationen Durchschnittlicher Zeitbedarf für Konstruktion Anzahl der Zeitüberschreitungen Anzahl der Änderungen im Designprozeß Anzahl berücksichtigter Vorschriften Aufwand für Fehlerbeseitigung Anzahl berücksichtigter Kundenwünsche Anzahl berücksichtigter Kundenbeschwerden Innovationsrate Eigenentwicklungs-/Konstruktionsanteil

Tabelle A4 2: Charakterisierung des Hauptprozesses 'Design'

Prozeßbezeichnung	**Beschaffung**
Aufgabe des Prozeß- systems	Verfügbarmachung von benötigten, nicht vom Unternehmen selbst produzierten Verbrauchsgütern (Roh-, Hilfs- und Betriebsstoffe, Kaufteile sowie Energie), Gebrauchsgütern (Anlagen, Werkzeuge) sowie Dienstleistungen aus den Beschaffungsmärkten für Bedarfsträger im Unternehmen. Für die Bedarfsermittlung und somit den Einstieg in den Beschaffungsprozeß gibt es drei prinzipielle Möglichkeiten: • die Identifikation der Langläufer in einem möglichst frühen Projektstadium, • die reguläre Beschaffung aufgrund der Stücklisteninformationen sowie • die Bestellung mit einem Bedarfsmeldeformular in allen Projektstadien.
Prozeßinput	Materialanforderungen, Bestellung, Stücklisten, Zeichnungen, Spezifikationen
Prozeßoutput	Anlagenkomponenten, Einzelteile, Werkzeuge, Transportmittel, sonstige Materialien, Lieferantenaudit, Prüfprotokolle und -entscheid sowie Kennzeichnung bei der Wareneingangsprüfung, Lieferantenliste
Prozeßverant- wortlicher	Leiter des Einkaufs (evtl. Materialwirtschaft)
Typische Probleme des Prozesses	• Wechselnde oder nur schwer erreichbare Ansprechpartner beim Lieferanten. • Mangelnde Liefertermintreue der Lieferanten. • Unzureichende oder nicht vorhandeneWareneingangskontrolle, so daß Unterschiede in den Chargen, fehlerhafte oder falsche Lieferungen erst viel zu spät entdeckt werden. • Falsche Kennzeichnung des Wareneingangs und des Outputs. • Lieferantenbewertung und Bewertung der Produkte ist aufwendig. • Liste der zugelassenen Lieferanten wird zum Teil. nicht konsequent gepflegt.
Prozeßkennzahlen	Anzahl und Umfang der Lieferantenbeurteilung Anzahl der Aufträge/Bestellungen Anzahl fehlerhafter Lieferungen Anzahl Retouren Anzahl fehlerhafter Lieferscheine Anzahl der Terminüberschreitungen Anzahl fehlerhafter Informationen Anzahl fehlerhafter Kennzeichnungen Durchschnittliche Zeitdauer zwischen Bestellung und Lieferung Anzahl durchgeführter Wareneingangskontrollen Art der Wareneingangskontrolle Anteil 100% Qualitätsüberprüfung Anzahl Toleranzabweichungen Bexchaffungskostenabweichung (Personal)

Tabelle A4.3: Charakterisierung des Hauptprozesses 'Beschaffung'

Prozeßbezeichnung	**Fertigungsprozeß**
Aufgabe des Prozeß-systems	Planmäßiger Ablauf von Arbeitsgängen, bei denen Material mittels physikalischer und/oder chemischer Einwirkung auf einen vorausbestimmten Endzustand gebracht wird. Der Fertigungsprozeß umfaßt die Gesamtheit aller auf einen Arbeitsgegenstand bezogenen und aufeinanderfolgenden Fertigungsschritte, die auf die Herstellung von Teilen, Baugruppen oder Erzeugnissen gerichtet sind [*VDI-1992*]. Die Abgrenzung der Teilefertigung von der Montage erfolgt in Anlehnung an die Begriffsdefinition der VDI-Richtlinie 2815 [VDI2815]. In der (Teile-) Fertigung erfolgt die Herstellung von Einzelteilen für die Montage oder für die Lieferung an Kunden. In der Montage wird der Zusammenbau der Einzelteile zu Baugruppen oder Produkten vorgenommen. Demzufolge geht der Montage immer die Fertigung voraus, sei es im eigenen Unternehmen oder beim Lieferanten. Aufgrund der angewandten Fertigungsverfahren ergeben sich die hauptsächlichen Unterschiede zwischen Teilefertigung und Montage. Während in der (Teile-) Fertigung die Fertigungsverfahren Urformen, Umformen, Trennen, Beschichten, Stoffeigenschaften ändern zur Anwendung kommen, wird in der Montage lediglich das Fertigungsverfahren Fügen angewandt [8580]. Zur Erfüllung dieser Hauptaufgaben sind noch die Nebenaufgaben Handhaben, Kontrollieren, Transportieren und Lagern notwendig [WAR-93].
Prozeßinput	Zeichnungen, Arbeitspläne, Fehlerberichte, Lasten- und Pflichtenheft, Produktionsauftrag evtl. mit integriertem Prüfplan, Warenbegleitschein, Wartungs- und Inspektionspläne
Prozeßoutput	Prüfprotokolle, Fehlersammelkarten, Qualitätsregelkarten, Produktionsauftrag, Warenbegleitschein, Kennzeichnungen zur Identifikation der Produkte, Produktfreigabe, fehlerfreies Produkt, fehlerhaftes Produkt, Abfall
Prozeßverant-wortlicher	Fertigungsleiter
Typische Probleme des Prozesses	• Keine festgelegten Reinigungsintervalle an Maschinen und auf dem Boden, was zu Unfällen und Verschmutzung der Produkte führt. • Unsystematische Instandhaltung der Produktionsmittel (zu hohe Ausfallwahrscheinlkeit). • Nach Bearbeitung lange kein Weitertransport, d.h. zu hohe Liegezeiten an Maschinen (Verschmutzung, Verwechslung, Beschädigung). • Allgemein zu wenig Platz in der Fertigung (Transportwege). • Ausschuß bleibt oft an Maschinen stehen (Verwechslungsgefahr, Platzprobleme). • Zu wenig Selbst- und Zwischenprüfungen, häufig nur Endkontrolle. • Mangelnde Produktidentifikation (Auftragsstatus nicht ersichtlich bzw. Rückverfolgbarkeit sowie Lenkung fehlerhafter Produkte und Korrekturmaßnahmen nur unter erschwerten Bedingungen). • Mängel werden zu spät erkannt. • Keine detaillierte Weitergabe von Informationen über Mängel. • Mitarbeiter oft nicht über Ablauf in anderen Prozessen informiert. • Prüfstatus oft nicht eindeutig erkennbar. • Kennzeichnung der Produkte und/oder Arbeitspapiere bezüglich durchgeführter Arbeitsschritte.

Prozeß-Kennzahlen	Ausschuß
	Nacharbeit
	Zeit für Nacharbeit
	Maschinennutzungsgrad
	Ausfallzeit der Anlagen/Maschinen
	Anzahl mangelhafter Werkzeuge
	Mangelhafte Energiezufuhr
	Anzahl fehlerhafter Informationen
	Gesamtdurchlaufzeiten
	Anzahl falscher Produktmengen
	Liegezeiten während der Fertigung
	Anzahl fehlerhafter interner Transporte
	Anzahl der Einlagerungen
	Anzahl fehlerhafter Einlagerungen
	Anzahl erst später entdeckter Fehler
	Durchschnittlicher Lagerbestand
	Durchschnittliche Einlagerungszeit
	Anzahl der Terminüberschreitungen
	Anzahl der Qualitätsüberprüfung
	Art der Qualitätsüberprüfung
	Anzahl Qualitätsüberprüfungen
	Anteil 100% Qualitätsüberprüfung
	Prüfzeitanteil

Tabelle A4.4: Charakterisierung des Hauptprozesses 'Fertigung'

Prozeßbezeichnung	Montage (Vor-, intern/extern)
Aufgabe des Prozeß-systems	Die Aufgaben der Montage ergeben sich aus der Fordung, bestimmte Teilsysteme eines Produktes zu einem System höhrerer Komplexität und vorgegebener Funktionen zusammenzubauen. Dabei kann ein Teilsystem eines Produktes entweder aus einem Einzelteil, einem formlosen Stoff oder aus einer Baugruppe bestehen [WA.LÖ-77]. Dabei werden bestimmte Teilsysteme eines Produktes zu einem System höhrerer Komplexität und vorgegebener Funktionen zusammengebaut. Ein Teilsystem eines Produktes kann entweder aus einem Einzelteil, einem formlosen Stoff oder aus einer Baugruppe bestehen. Die Abbildung zeigt einige Stufen und die einhergehende Komplexitätserhöhung bei der Montage. 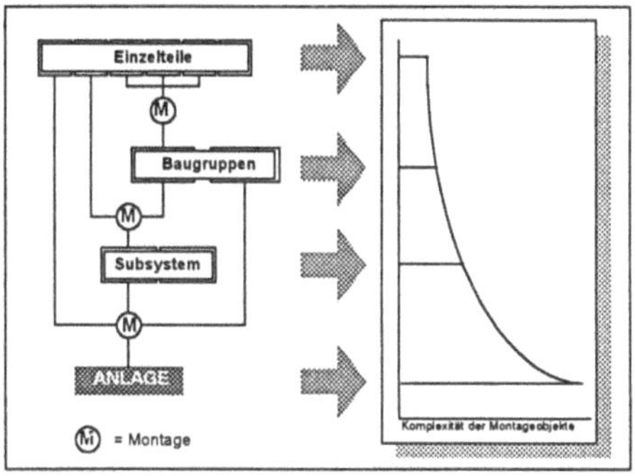 Einzelteile (M) Baugruppen (M) Subsystem (M) ANLAGE (M) = Montage Komplexität der Montageobjekte Stufen in der Montage (in Anlehnung an[MIE-76]) Im Rahmen der Projektabwicklung muß zwischen den drei prinzipiellen Montageprozessen unterschieden werden: • **Vormontage:** Zusammenfügen der Einzelteile oder Baugruppen zu einer Baupgruppe höherer Konmplexität. Ergebnis: Baugruppen, Subsysteme • **Montage (intern):** Zusammenfügen der Baugruppen und Subsysteme im Unternehmen. Ergebnis: Anlage im Unternehmen • **Montage (extern):** Zusammenfügen der Baugruppen und Subsysteme beim Kunden (auch: Baustellenmontage). Ergebnis: Anlage beim Kunden
Prozeßinput	Projektvorinformationen, Stücklisten, Konstruktionszeichnungen, Musterteile, Zeitplan, Gebäude-/Geländeplan, Änderungen, Teile/Baugruppen, Arbeitspläne, Lasten- und Pflichtenheft, Produktionsauftrag, Warenbegleitscheine, Produktfreigabe, Warnhinweise
Prozeßoutput	Prüfprotokolle, Fehlersammelkarten, Produktionsauftrag, Warenbegleitschein, Kennzeichnungen zur Identifikation der Produkte, Produktfreigabe, Lieferumfangsliste, Fehlerprotokoll, fertige Baugruppen, Subsysteme und Anlagen
Prozeßverant-wortlicher	Leiter der Montage
Typische Probleme des Prozesses	• Unvollständige, falsche oder fehlerhafte Dokumente (z.B. Zeichnungssätze), was zu zahlreiche Nachfragen notwendig macht. • Montage kann nicht termingerecht begonnen werden, da Fertigteile noch nicht verfügbar sind. • Qualität der Produkte aus Fertigungsprozeß mangelhaft. • Transport zwischen einzelnen Arbeitsplätzen.

	• Qualitätsüberprüfungen oft nicht ausreichend. • Freigabekennzeichnung an Teilen oder Begleitpapieren fehlen (Nachfragen). • Termindruck.
Prozeß-Kennzahlen	Ausschuß Nacharbeit Zeit für Nacharbeit Anzahl fehlerhafter Montagebauteile Maschinennutzungsgrad Anzahl mangelhafter Werkzeuge Mangelhafte Energiezufuhr Anzahl fehlerhafter Informationen Anzahl falscher Produktgruppenmengen Anzahl der Terminüberschreitungen Anzahl erst später entdeckter Fehler Anzahl der Qualitätsüberprüfungen Art der Qualitätsüberprüfung Montagekostenabweichung (Prozeß bzw. Personal)

Tabelle A4.5. Charakterisierung der Hauptprozesse 'Vormontage', 'Montage intern/extern'

Prozeßbezeichnung	Dokumentation
Aufgabe des Prozeß-systems	Die Dokumentation der Anlage gewinnt zunehmend an Bedeutung. Zum Dokumentationsprozeß gehört jede Art der Erstellung von Dokumenten, die mit der Anlage dem Kunden übergeben werder. Zu einer kompletten Dokumentation gehören folgende Unterlagen [KRÜ-95]: • Schemate verschiedener Art • Betreibsanweisungen, Bedienungsanleitungen, Sicherheitsanweisungen • Zeichnungen • Listen verschidenster Art • Zeugnisse, Prüfergebnisse • Instandhaltungsanleitungen • Wartungs-/Inspektionslisten (W+I-Listen) • Ersastzteillisten • Sonstige Unterlagen Die Dokumentationserstellung beginnt beim Designprozeß bei der Erstellung von Zeichnungen und sollte bei der Inbetriebnahme abgeschlossen sein.
Prozeßinput	Pflichten- /Lastenheft, alle Ergebnisse des Designprozesses, Wareneingangsprüfzeugnisse, sonstige Produktzeugnisse
Prozeßoutput	Siehe: Aufgaben
Prozeßverant-wortlicher	Leiter Dokumentation (häufig: Leiter Konstruktion oder Qualitätssicherung)
Typische Probleme des Prozesses	Zu späte Zurverfügstellung der Designergebnisse Keine vollständigen Informationen über alle Änderungen
Prozeß-Kennzahlen	Vollständigkeit der Unterlagen Verständlichkeit der Dokumentation

Tabelle A4.6: Charakterisierung des Hauptprozesses 'Dokumentation'

Prozeßbezeichnung	**Inbetriebnahme** (intern / Kunden-)
Aufgabe des Prozeß-systems	Nach Abschluß der Montagetätigkeiten erfolgt die Inbetriebnahme, die nach SOSSENHEIMER wie folgt definiert wird [SOS-89]: Die Inbetriebnahme hat die Aufgaben • die montierten Produkte termingerecht in Funktionsbereitschaft zu versetzen, • ihre Funktionsbereitschaft zu überprüfen und • falls diese Funktionsbereitschaft nicht vorliegt oder gesichert ist, sie herzustellen. Zur Inbetriebnahme zählen alle Tätigkeiten beim Hersteller (interne Inbetriebnahme) und Anwender (Kundeninbetriebnahme), die zum Ingangsetzen und zur Prüfung der korrekten Funktion von zuvor montierten und auf vorschriftsmäßige Montage kontrollierten Baugruppen, Maschinen oder komplexe Anlagen zu zählen sind. Das stufenweise Anfahren der Anlage, kann in die folgenden Phasen unterteilt werden [VDI-91a]: • die Inbetriebnahme der einzelnen Anlagekomponenten, • die Inbetriebnahme der gesamten Anlage ohne Belastung sowie • die Inbetriebnahme unter Belastung (Probelauf). Der Inbetriebnahmeprozeß beinhaltet alle aufeinander abgestimmten Vorbereitungsaufgaben, die zu einer funktionsfähigen Anlage führen.
Prozeßinput	Zeichnungen, Arbeitspläne, Lasten- und Pflichtenheft, Produktionsauftrag, Warenbegleitschein, Produktfreigabe, Anleitung zur Inbetriebnahme, Warnhinweise, Produktteile und -gruppen
Prozeßoutput	Prüfprotokolle, Fehlersammelkarten, Produktionsauftrag, Warenbegleitschein, Kennzeichnungen zur Identifikation der Produkte, Produktfreigabe, Lieferumfangsliste, Inbetriebnahmeprotokoll, Fehlerprotokoll, fertige Produkte und Produktgruppen, mangelhafte Produkte, Abfall
Prozeßverant-wortlicher	Leiter der Montage
Typische Probleme des Prozesses	• Unvollständige, falsche oder fehlerhafte Dokumente (z.B. Zeichnungssätze), was zahlreiche Nachfragen notwendig macht. • Montage kann nicht termingerecht begonnen werden, da Fertigteile noch nicht verfügbar sind. • Qualität der Produkte aus Fertigungsprozeß mangelhaft. • Transport zwischen einzelnen Arbeitsplätzen. • Qualitätsüberprüfungen oft nicht ausreichend. • Freigabekennzeichnung an Teilen oder Begleitpapieren fehlen (Nachfragen). • Termindruck

Prozeß-Kennzahlen	Ausschuß
	Nacharbeit
	Zeit für Nacharbeit
	Anzahl fehlerhafter Montagebauteile
	Maschinennutzungsgrad
	Ausfallzeit der Anlagen/Maschinen
	Anzahl mangelhafter Werkzeuge
	Mangelhafte Energiezufuhr
	Anzahl fehlerhafter Informationen
	Anzahl falscher Produktgruppenmengen
	Anzahl der Terminüberschreitungen
	Anzahl erst später entdeckter Fehler
	Anzahl der Qualitätsüberprüfungen
	Art der Qualitätsüberprüfung
	Inbetriebnahmekostenabweichung (Prozeß bzw. Personal)

Tabelle A4.7: Charakterisierung der Hauptprozesse 'Inbetriebnahme intern' und 'Kundeninbetriebnahme'

Prozeßbezeichnung	Abnahme und Zulassungen
Aufgabe des Prozeß-systems	Bei der Abnahme wird überprüft, ob die Anlage ihre Spezifikation erfüllt. Bei der Kundenabnahme werden die Anforderungen des Kunden durch diesen überprüft. Während sich Abnahmen auf Anforderungen des Kunden (ggf. noch interne Anforderungen des Anlagenbauers) beziehen, werden bei Zulassungen überprüft, ob die Anlage gesetzlichen Vorschriften entspricht.
Prozeßinput	Anlage, Spezifikation, gesetzliche Vorschriften
Prozeßoutput	Abnahmeprotokoll, Zeugnisse
Prozeßverant-wortlicher	Projektleiter (bei internen Abnahmen: evtl. Montageleiter)
Typische Probleme des Prozesses	- Anlage erfüllt nicht die Spezifikation
Prozeß-Kennzahlen	Anzahl der Beanstandungen (möglichst gewichtet)

Tabelle A4.8: Charakterisierung des Hauptprozesses 'Abnahme und Zulassungen'

Anhang 5

Anhang 5.1   Prozeßqualifikationsmodell nach HARRINGTON

Stufe	Status	Beschreibung
6	Nicht definiert	Der Prozeß wurde bislang noch nicht schriftlich festgelegt
5	definiert	Der Prozeß ist schriftlich dokumentiert ,ein Prozeßverantwortlicher ist bestimmt, es besteht die Möglichkeit, Messungen vorzunehmen
4	effektiv	Der Prozeß ist leistungsfähig, wesentliche Änderungen sind im Gange
3	effizient	Der Prozeß ist wirtschaftlich und wettbewerbsfähig, bedeutende Kosten- und Durchlaufzeitverbesserungen wurden erzielt
2	fehlerfrei	Der Prozeß ist in höchstem Maße effizient und effektiv, er erfüllt den Leistungsstand Null Fehler
1	weltklasse	Der Prozeß ist weltweit unerreicht, er dient anderen Unternehmungen als Beispiel

Abb. A5.1. Prozeßqualifikationsmodell (in Anlehung an [KRU-93, HAR-91])

Anhang 5.2 Schnittstelle Betriebliches Rechnungswesen - Fehlleistungsrechnung

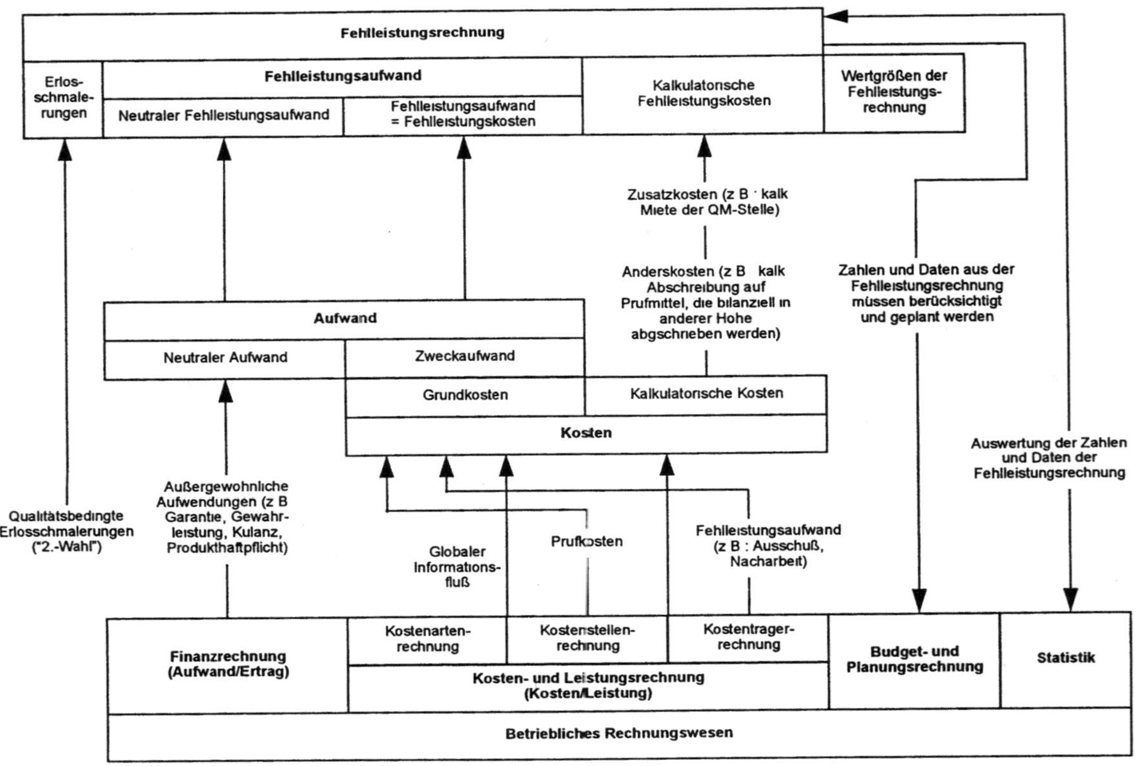

Abb. A5.2: Schnittstelle der Fehlleistungsrechnung zum betrieblichen Rechnungswesen

Anhang 5.4-1 Punkteskala zur qualitativen Bewertung von Fehlleistungen

Auswirkung der Fehlleistungen auf den aktuellen Prozeß bzw. auf die nachfolgenden Prozesse	
Unwahrscheinlich Es ist unwahrscheinlich, daß die Fehlleistung irgendeine wahrnehmbare Auswirkung auf den aktuellen Prozeß haben wird. In den nachfolgenden Prozessen ist die Fehlleistung wahrscheinlich nicht wahrnehmbar.	1
Geringfügig Die Fehlleistung ist unbedeutend und der aktuelle Prozeß wird nur geringfügig beeinträchtigt. Die nachfolgenden Prozesse werden, falls sie überhaupt beeinträchtigt werden, ebenfalls nur geringfügig beeinträchtigt.	2-3
Mittelschwer Mittelschwere Fehlleistung, die den aktuellen Prozeß beeinträchtigt. Die nachfolgenden Prozesse werden ebenfalls beeinträchtigt. Oder: Die nachfolgenden Prozesse werden nicht beeinträchtigt, aber der aktuelle Prozeß wird erheblich beeinträchtigt.	4-6
Schwer Schwere Fehlleistung, die den aktuellen Prozeß erheblich beeinträchtigt. Die nachfolgenden Prozesse werden ebenfalls erheblich beeinträchtigt. Die Arbeitssicherheit oder eine Nichtübereinstimmung mit den Gesetzen ist hier nicht angesprochen.	7-8
Äußerst schwierig Äußerst schwerwiegende Fehlleistung, die zum Stillstand des aktuellen Prozesses und zu einer erheblichen Beeinträchtigung der nachfolgenden Prozesse führt. Möglicherweise wird die Arbeitssicherheit und/oder die Einhaltung gesetzlicher Vorschriften beeinträchtigt.	9-10

Abb. A5.4-1: Bewertung von Fehlleistungen bzgl. des Prozesses

Anhang 5.3   Formblatt zur Bewertung der Fehlleistungen

Formblatt: Bewertung der Fehlleistung				Fehlleistungsaufwand	Nicht-monetäre Bewertung der Fehlleistung
Seite ___ von Seiten ___	Erstellt von ___	Datum ___		Bewertung in DM	Bewertung in verbaler Form und mittels Punkteverteilung
		Genehmigt ___		Extern / Intern	unbedeutend — gravierend
Fehler-Nr.	Fehler/Problem	Fehler	Diskussion und Bewertung der Fehlleistung		1 2 3 4 5 6 7 8 9 10

Abb. A5.3. Formblatt zur Bewertung der Fehlleistung

Auswirkung der Fehlleistung auf den Kunden	
Unwahrscheinlich Es ist unwahrscheinlich, daß die Fehlleistung irgendeine wahrnehmbare Auswirkung auf das Verhalten des Systems haben könnte. Der Kunde wird die Fehlleistung wahrscheinlich nicht bemerken.	1
Geringfügig Die Fehlleistung ist unbedeutend und der Kunde wird nur geringfügig belästigt. Der Kunde wird wahrscheinlich nur eine geringe Beeinträchtigung des Systems bemerken.	2-3
Mittelschwer Mittelschwere Fehlleistung, die Unzufriedenheit beim Kunden auslöst. Der Kunde fühlt sich durch die Fehlleistung belästigt oder ist verärgert. Der Kunde wird Beeinträchtigungen des Systems bemerken.	4-6
Schwer Schwere Fehlleistung, löst Verärgerung des Kunden aufgrund des Fehlers und der aus ihm resultierenden Folgen aus. Die Systemsicherheit oder eine Nicht-übereinstimmung mit den Gesetzen ist hier nicht angesprochen.	7-8
Äußerst schwierig Äußerst schwerwiegende Fehlleistung, die zum Ausfall des Systems führt oder möglicherweise die Sicherheit und/oder die Einhaltung gesetzlicher Vorschriften beeinträchtigt.	9-10

Abb. A5.4-2: Fehlleistungsbewertung in Bezug auf den externen Kunden

Anhang 6.1 Referenz-Ishikawa für den Projektsteuerungsprozeß

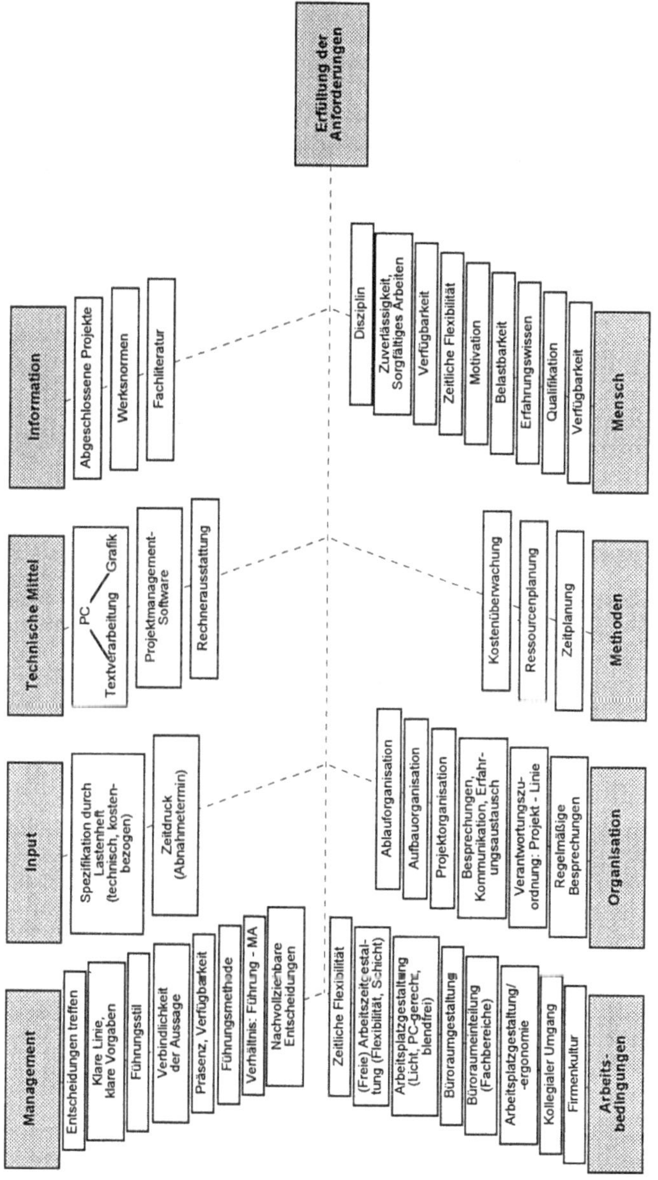

Abb. A6.1: Referenz-Ishikawa für den Projektsteuerungsprozeß

Anhang 6.2   Referenz-Ishikawa für den Designprozeß (mechanisch)

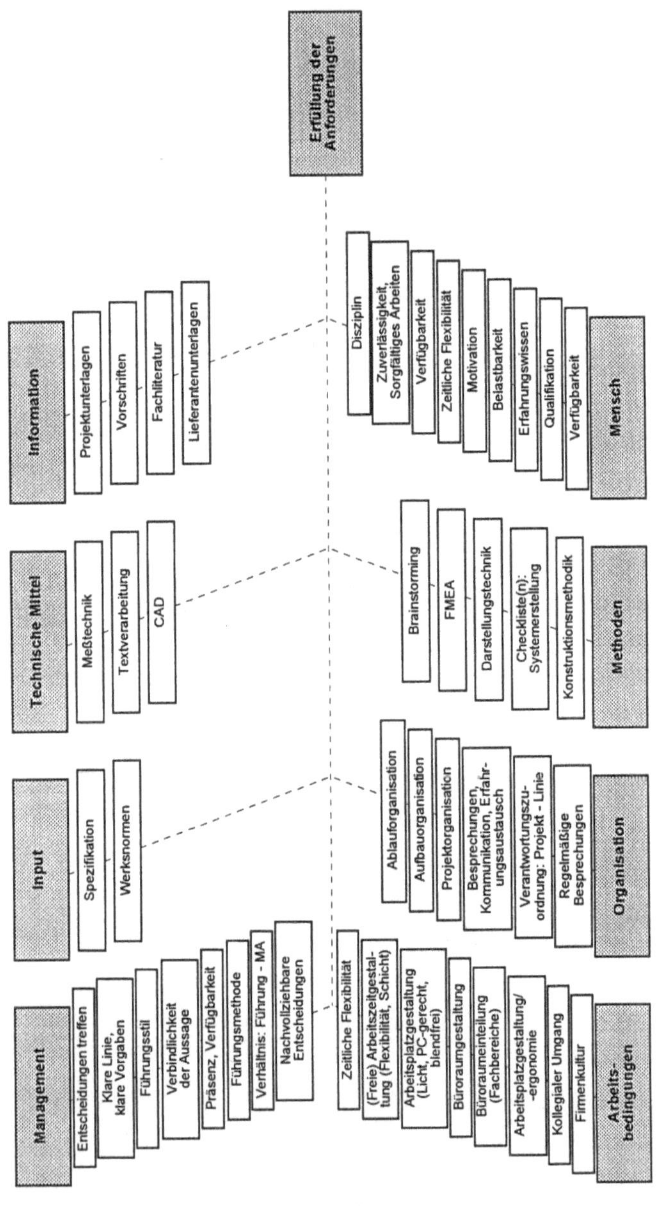

Abb. A6.2: Referenz-Ishikawa für den Designprozeß (mechanisch)

Anhang 6.3   Referenz-Ishikawa für den Designprozeß (elektrisch)

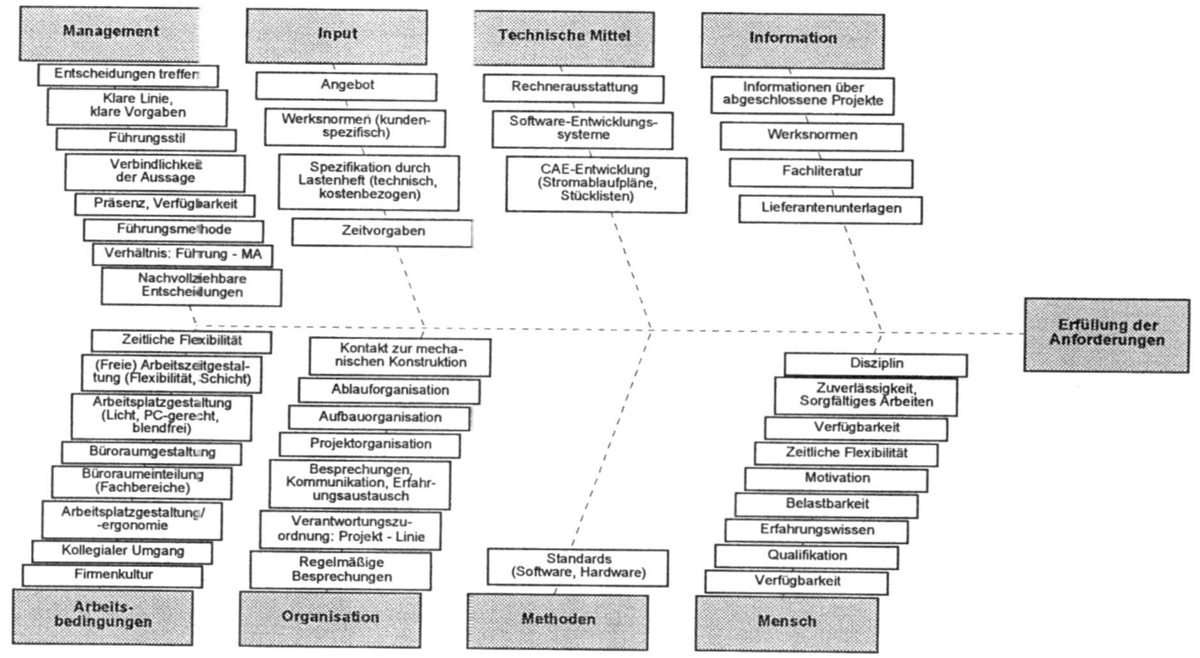

Abb. A6.3: Referenz-Ishikawa für den Designprozeß (elektrisch)

Anhang 6.4   Referenz-Ishikawa für den Beschaffungsprozeß

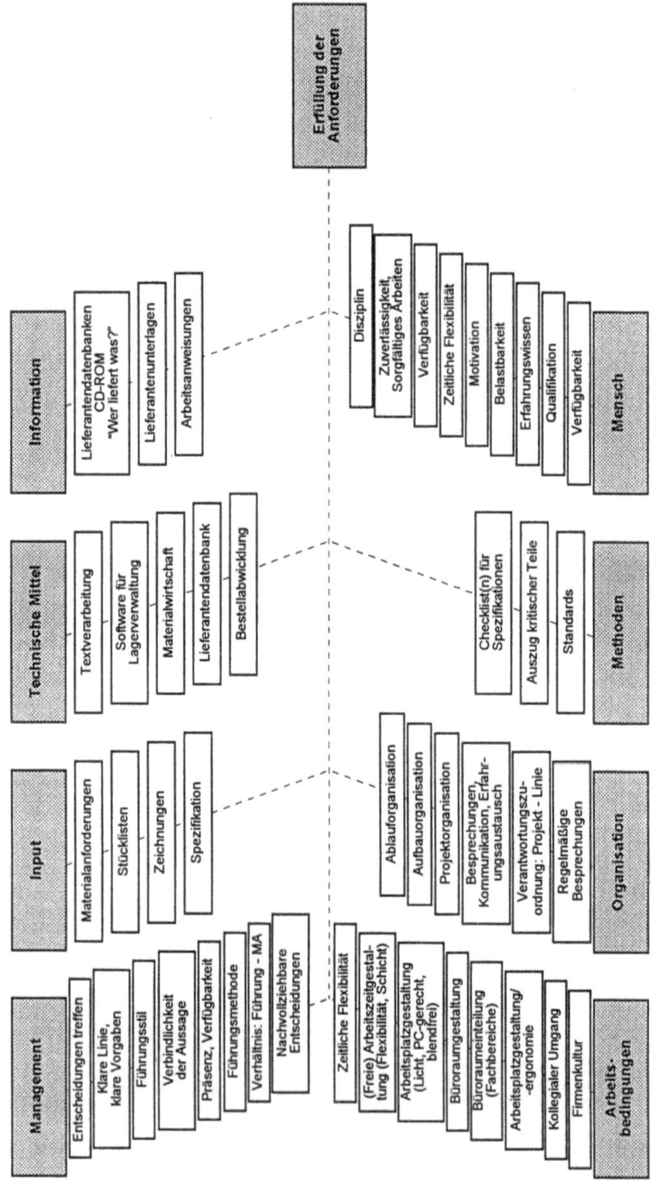

Abb. A6.4: Referenz-Ishikawa für den Beschaffungsprozeß

Anhang 6.5   Referenz-Ishikawa für den Montageprozeß

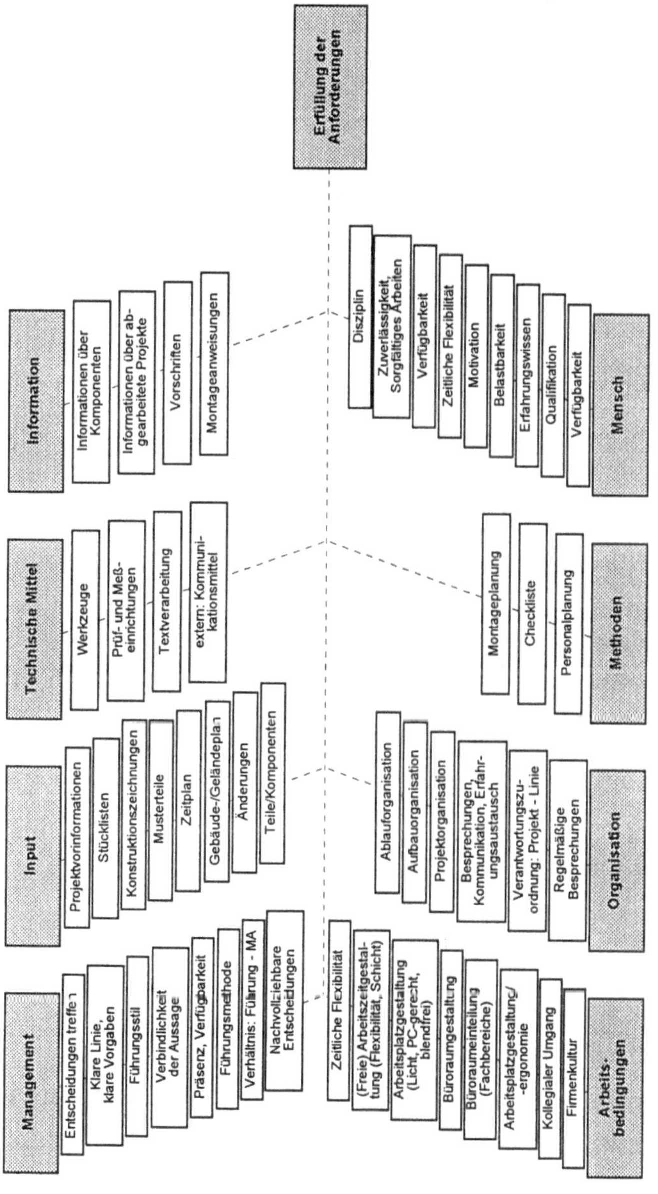

Abb. A6 5. Referenz-Ishikawa für den Montageprozeß

Anhang 7.1 Ermittlung der relevanten Einflußgrößen mit Hilfe der Nutzwertanalyse

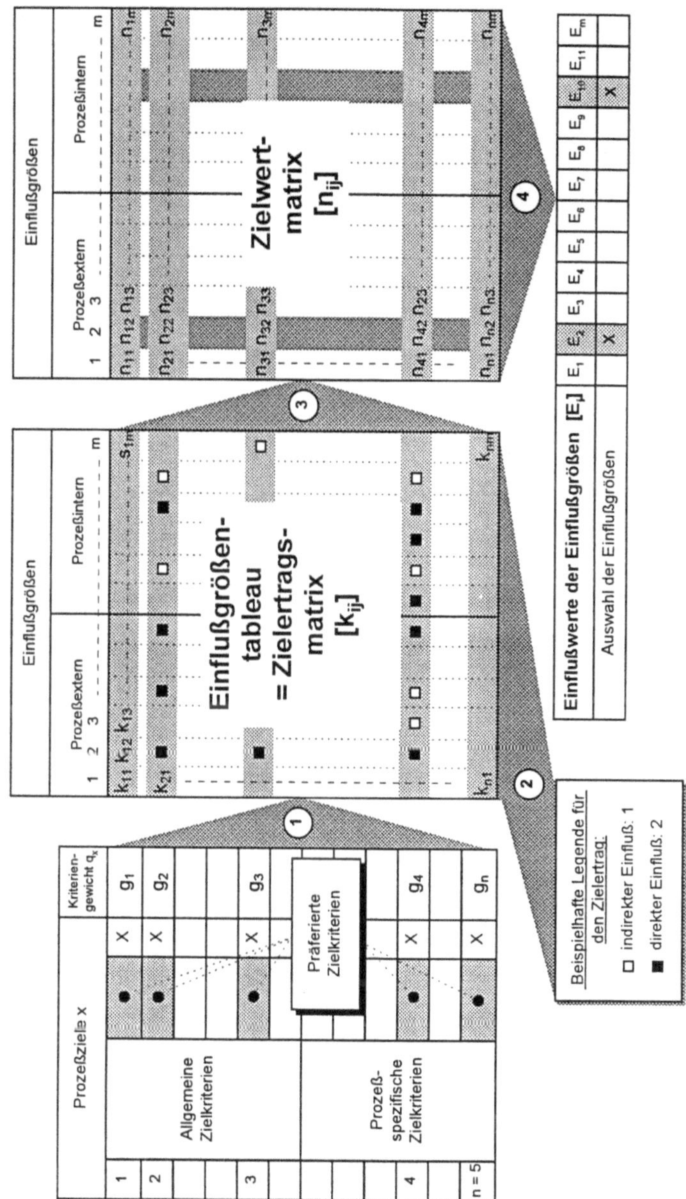

Abb. A7.1: Ermittlung der relevanten Einflußgrößen mit Hilfe der Nutzwertanalyse

Anhang 7.2   Prozeß-Regelungsblatt für das Prozeßteam

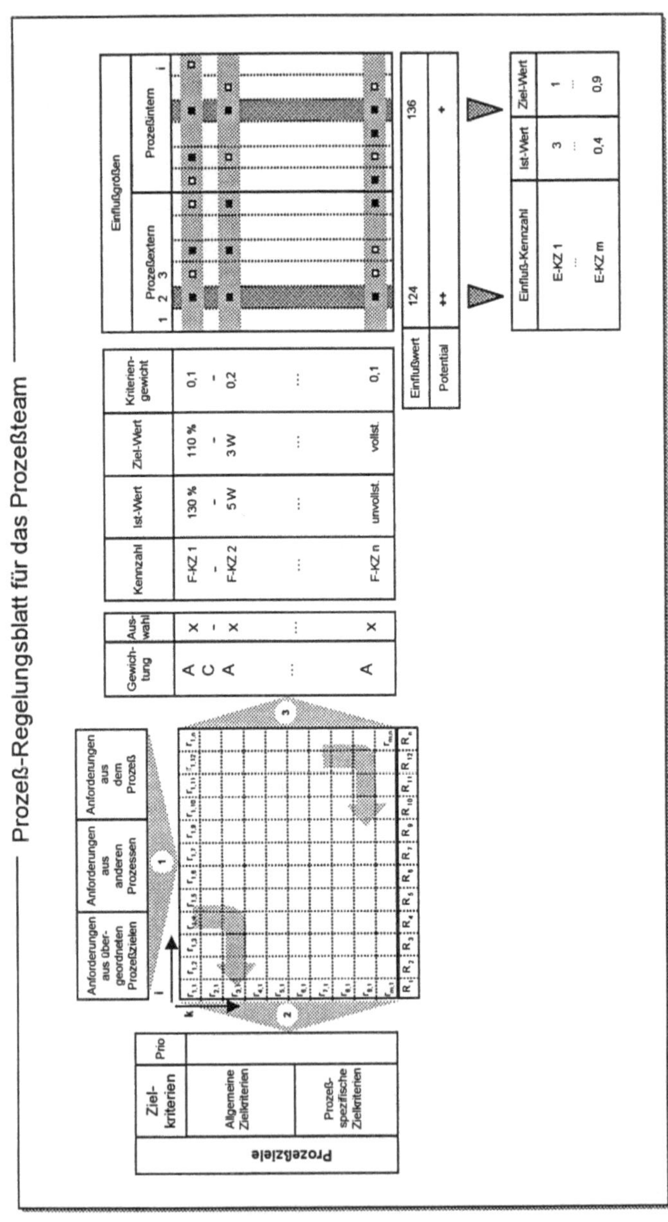

Abb. A7.2: Prozeß-Regelungsblatt für das Prozeßteam

Anhang 7.3   Alternative Darstellungsformen Prozeß-Regelungs-Element PRE

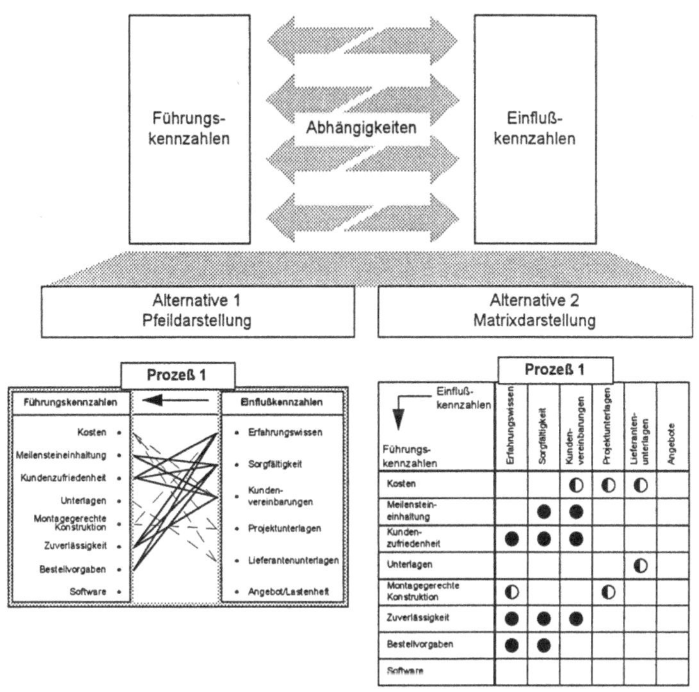

Alternative 2 – Matrixdarstellung – Prozeß 1:

Einfluß-kennzahlen / Führungs-kennzahlen	Erfahrungswissen	Sorgfältigkeit	Kunden-vereinbarungen	Projektunterlagen	Lieferanten-unterlagen	Angebote
Kosten			◑	◑	◑	
Meilenstein-einhaltung		●	●			
Kunden-zufriedenheit	●	●	●			
Unterlagen					◑	
Montagegerechte Konstruktion	◑			◑		
Zuverlässigkeit	●	●	●			
Bestellvorgaben	●	●				
Software						

Anhang 8

Anhang 8.1   Unternehmensziele

	Ziele der Unternehmensleitung		Priorität A	Priorität B	Priorität C	Übergeordnetes Prozeßziel	Relevant für Projektabwicklungs-prozeß
Unternehmens-bezogene Ziele	Finanzielle Erfolgsziele	Kapitalrendite		●			
		cashflow		●			
		Gewinn pro Kunde			●		
		Deckungsbeitrag (Produktbereich)		●			
	Mitarbeiterziele	Homogene Altersstruktur		●			
		Hohe Qualifikation			●		
		Gute Zusammenarbeit		●			x
		Hohes Kostenbewußtsein	●			x	x
	Projekt-/Prozeßziele	Deckungsbeitrag (Projekt)	●			x	x
		Termintreue	●			x	x
		Kurze Durchlaufzeiten		●		x	x
		Niedrige Kosten		●		x	x
		Fertigungs-/Montagegerechte Produkte konstruieren		●		x	x
	Umweltziele	Hohes Umweltbewußtsein		●			
		Soziales Engagement			●		
		Hohe Arbeitsplatzsicherheit		●			
	Managementziele	Zertifizierung/Aufrechterhaltung QM-System nach DIN EN ISO 9001	●				
		Steuerung durch geeignete Controllinginstrumente (Soll-Ist-Vergleich)	●				x
Absatzmarkt-bezogene Ziele	Strategische Stoßrichtung (Produkt)	Angebot verbessern - neue Anwendungen - neue Märkte weltweit	●			x	
		Einholen von Auszeichnungen			●	x	
		Neuentwicklungen patentieren		●			
		Verkauf und Vertrieb nur von IEF-Produkten		●		x	
		Recyclingfähige Produkte herstellen				x	
		Qualitätsführerschaft: Hoher Nutzungswert, niedrige Nutzungskosten: *Siehe 'Erfolgskritische Qualitätsmerkmale'*				x	x
	Wettbewerbsziele	Verbesserte Wettbewerbsposition	●			x	
		Regelmäßige Wettbewerbsvergleiche durchführen			●	x	
	Kundenbezogene Ziele	Hohe Kundenzufriedenheit	●			x	x
		Potentiale bei Altkunden nutzen		●		x	
		Intensive Betreuung der Kunden		●		x	
		Starkere Einbeziehung der Kunden		●		x	
Beschaffungs-marktbezogene Ziele	Produktziele	Qualitätsstandards definieren		●		x	
	Lieferantenziele	Lieferantenbewertung einführen, durchführen			●	x	
		Intensive Zusammenarbeit mit Komponentenlieferanten nach dem Prinzip der verlängerten Werkbank	●			x	x

Abb. A8.1: Unternehmensziele

Anhang 8.2 Erfolgskritische Qualitätsmerkmale

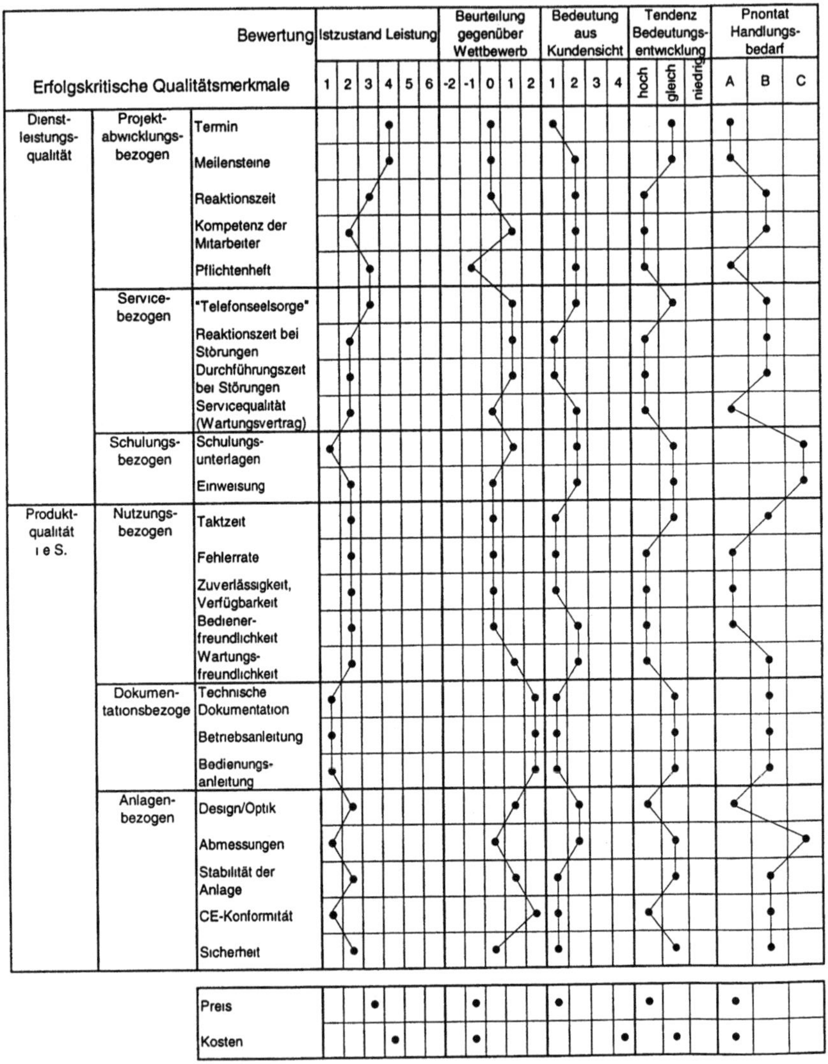

Abb. A8.2: Erfolgskritische Qualitätsmerkmale

Anhang 8.3   EPSM für die Projektabwicklung

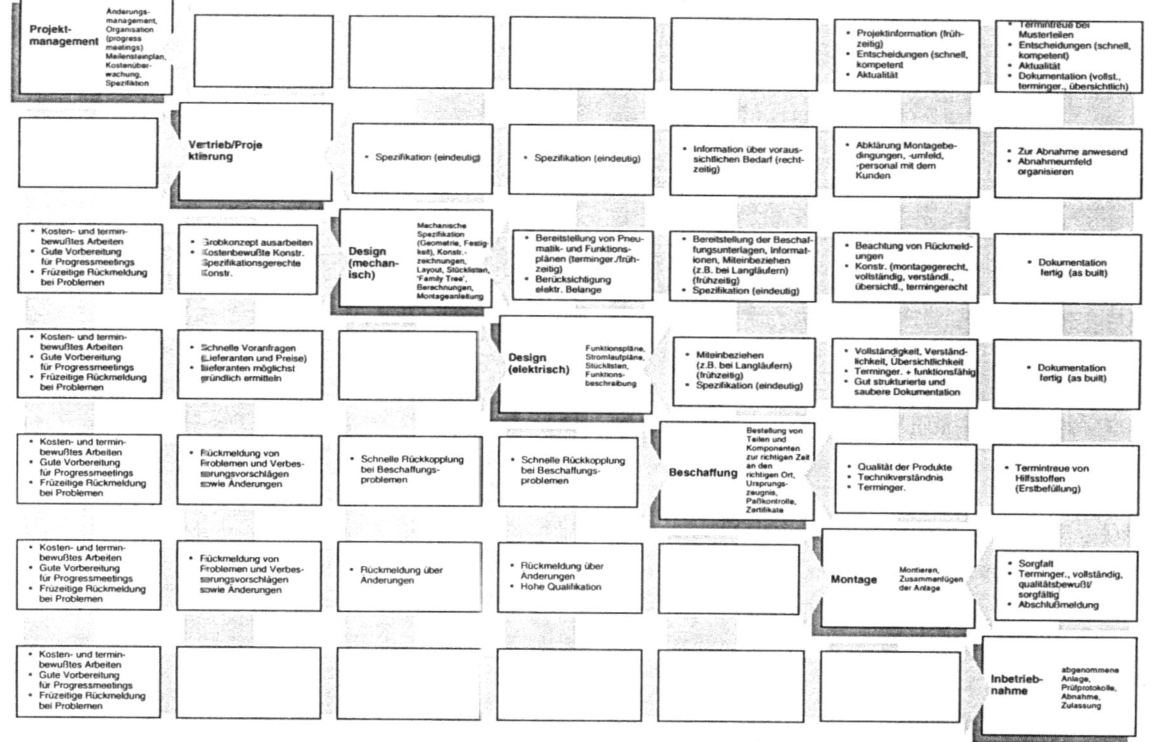

Abb. A8.3: EPSM für die Projektabwicklung

Anhang 8.4 Vollständigkeitsmatrix für den Designprozeß

I F E WERNER — Designprozeß

Spalten — Anforderungen aus übergeordneten Prozeßzielen (Einfluß des Designprozesses = 2):
C1 Terminverhaltung (Projekt) / Meilensteinplanung; C2 Pflichtenheft mit Risikoanalyse; C3 Servicequalität; C4 Fehlerrate der Anlage; C5 Zuverlässigkeit der Anlage; C6 Bedienerfreundlichkeit; C7 Design/Optik; C8 Kosten/Deckungsbeitrag; C9 Kundenzufriedenheit (extern); C10 Intensive Zusammenarbeit mit Lieferanten.

Spalten — Anforderungen aus anderen Prozessen:
C11 Kosten- und termingerechtes Arbeiten (PS); C12 Frühzeitige Rückmeldung bei möglichen Problemen (PS); C13 Frühzeitige Information über Langläufer (BE); C14 Eindeutig spezifizierte Bestellvorgaben (BE); C15 Frühzeitige/Termingerechte Bereitstellung der Beschaffungsunterlagen (BE); C16 Termingerechte Bereitstellung der freigegebenen Designergebnisse (MO); C17 Funktionsfähige, getestete Software (MO); C18 Vollständige Montageunterlagen (MO); C19 Verständliche, übersichtliche, gut strukturierte Montageunterlagen (MO); C20 Beachtung von Rückmeldungen (von früheren Projekten) (MO); C21 Montagegerechte Konstruktion (MO); C22 Technische Dokumentation as built (IN).

Spalten — Anforderungen aus dem Prozeß:
C23 Verminderung Risiko des Konstrukteurs; C24 Weniger Routineanteil des Konstrukteurs.

Teil 1 — Anforderungen aus übergeordneten Prozeßzielen

Prozeßziele / Zielkriterien	C1	C2	C3	C4	C5	C6	C7	C8	C9	C10
Einfluß des Designprozesses	2	2	2	2	2	2	2	2	2	2
Allgemeine Zielkriterien										
Meilensteineinhaltung	v	t							t	
Designzeit	t	t								
Design-Prozeßkosten		t						v		
Kundenzufriedenheit	t	t							v	
Vollständigkeit der Ergebnisse/Unterlagen										
Prozeß-spezifische Zielkriterien										
Pflichtenheft mit Risikoanalyse										
Servicequalität			v						t	
Fehlerrate				v						
Zuverlässigkeit										
Bedienerfreundlichkeit						v			t	
Design/Optik der Anlage							v		t	
Intensive Teamarbeit (intern/extern)										v
Rückkopplung bei Problemen										t
Frühzeitige Meldung von Langläufern	t									
Eindeutig spezifizierte Bestellvorgaben										
Funktionsfähige Software										
Verständliche, gut strukturierte Montageunterlagen										
Beachtung von Rückmeldungen (frühere Projekte)										
Technische Dokumentation as built									t	
Montagegerechte Konstruktion										
Verminderung Risiko des Konstrukteurs		t							t	
Weniger Routine-Arbeit des Konstrukteurs										
(Summe)	v	v	v	v	v	v	v	v	v	v

Teil 2 — Anforderungen aus anderen Prozessen

Zielkriterien	C11	C12	C13	C14	C15	C16	C17	C18	C19	C20	C21	C22
Einfluß des Designprozesses	PS	PS	BE	BE	BE	MO	MO	MO	MO	MO	MO	IN
Meilensteineinhaltung	v	t	t		v	v						
Designzeit		t										
Design-Prozeßkosten	v	t										
Kundenzufriedenheit												
Vollständigkeit der Ergebnisse/Unterlagen								v				
Pflichtenheft mit Risikoanalyse												
Servicequalität												
Fehlerrate												
Zuverlässigkeit												
Bedienerfreundlichkeit												
Design/Optik der Anlage												
Intensive Teamarbeit (intern/extern)												
Rückkopplung bei Problemen		v										
Frühzeitige Meldung von Langläufern		t	v									
Eindeutig spezifizierte Bestellvorgaben				v								
Funktionsfähige Software							v					
Verständliche, gut strukturierte Montageunterlagen									v			
Beachtung von Rückmeldungen (frühere Projekte)										v		
Technische Dokumentation as built												v
Montagegerechte Konstruktion											v	
Verminderung Risiko des Konstrukteurs												
Weniger Routine-Arbeit des Konstrukteurs												
(Summe)	v	v	v	v	v	v	v	v	v	v	v	v

Teil 3 — Anforderungen aus dem Prozeß; Gewicht; Auswahl

Zielkriterien	C23	C24	Gewicht	Auswahl
Meilensteineinhaltung			10	x
Designzeit			5	
Design-Prozeßkosten			10	x
Kundenzufriedenheit			10	x
Vollständigkeit der Ergebnisse/Unterlagen			7	x
Pflichtenheft mit Risikoanalyse			5	
Servicequalität			4	
Fehlerrate			5	
Zuverlässigkeit			10	x
Bedienerfreundlichkeit			3	
Design/Optik der Anlage			2	
Intensive Teamarbeit (intern/extern)			4	
Rückkopplung bei Problemen			5	
Frühzeitige Meldung von Langläufern			5	
Eindeutig spezifizierte Bestellvorgaben			10	x
Funktionsfähige Software			10	x
Verständliche, gut strukturierte Montageunterlagen			5	
Beachtung von Rückmeldungen (frühere Projekte)			4	
Technische Dokumentation as built			10	x
Montagegerechte Konstruktion			7	x
Verminderung Risiko des Konstrukteurs	v		5	
Weniger Routine-Arbeit des Konstrukteurs			2	
(Summe)	v	v		

Abb. A8.4: Vollständigkeitsmatrix des Designprozesses

Anhang 8.5 Einflußgrößentableau für den Designprozeß

			Prozeßspezifische Einflußgrößen										Allgemeine Einflußgrößen					
			Spezifikation Werksnormen		Projektunterlagen Vorschriften Fachliteratur Lieferanten-unterlagen		CAD Textverarbeitung Meßtechnik		Brainstorming Checkliste(n): Systemerstellung Konstruktions-methodik Darstellungstechnik FMEA		Qualifikation Motivation Erfahrungswissen Belastbarkeit Zeitl. Flexibilität Verfügbarkeit Sorgfältigkeit Disziplin		Firmenkultur Kollegialer Umgang Arbeitsplatz-gestaltung und -ergonomie Räumlichkeiten Zeitl. Flexiblität		Aufbauorganisation Ablauforganisation Projektorganisation Kommunikation		Führungsstil Führungsmethode Verhältnis: Führung- MA Nachvollziehbare Entscheidungen Verbindlichkeit der Aussagen	
Prozeßziele	Zielkriterien	Gewichtung 1-10	Input		Information		Technische Mittel		Methoden		Mensch		Arbeits-bedingungen		Organisation		Management	
allgemein	Designkosten	10	2	20	2	20	2	20	1	10	2	20	2	20	1	10	1	10
allgemein	Designzeit	10	2	20	1	10	2	20	1	10	2	20	2	20	1	10	1	10
allgemein	Meilensteineinhaltung	10	1	10	1	10	1	10	1	10	1	10	2	20	2	20	1	10
allgemein	Kundenzufriedenheit	10	2	20	1	10	2	20	1	10	2	20	1	10	1	10	2	20
allgemein	Vollständigkeit der Ergebnisse/Unterlagen	10	2	20	1	10	2	20	0	0	2	20	1	10	1	10	1	10
prozeßspezifisch	Verminderung Risiko des Konstrukteurs	10	1	10	2	20	2	20	1,5	15	2	20	1	10	1	10	1	10
prozeßspezifisch	Weniger Routine-Arbeit des Konstrukteurs	10	1	10	1	10	2	20	1	10	2	20	0	0	0	0	0	0
prozeßspezifisch	Teamarbeit	8	1	8	1	8	0	0	1	8	1	8	1	8	1	8	1	8
prozeßspezifisch	Montagegerechte Konstruktion	10	0	0	2	20	2	20	1,5	15	2	20	0	0	1	10	0	0
prozeßspezifisch	Fehlerrate	10	1	10	1	10	0	0	1	10	2	20	0	0	0	0	0	0
prozeßspezifisch	Zuverlässigkeit	10	1	10	1	10	0	0	1	10	2	20	0	0	0	0	0	0
prozeßspezifisch	Bedienerfreundlichkeit	10	1	10	2	20	0	0	1	10	2	20	0	0	0	0	0	0
prozeßspezifisch	Design/Optik	10	0	0	2	20	0	0	0	0	2	20	0	0	0	0	1	10
prozeßspezifisch	Frühzeitige Meldung von Langläufern	8	1	8	2	16	0	0	1	8	1	8	0	0	1	8	0	0
prozeßspezifisch	Rückkopplung bei Problemen	8	0	0	2	16	0	0	0	0	1	8	1	8	1	8	1	8
prozeßspezifisch	Intensive Zusammenarbeit bei Problemen	8	1	8	1	8	0	0	1	8	1	8	1	8	1	8	2	16
prozeßspezifisch	Eindeutig spezifizierte Bestellvorgaben	10	1	10	2	20	0	0	0	0	1	10	1	10	1	10	0	0
prozeßspezifisch	Funktionsfähige Software	10	1	10	2	20	2	20	1	10	2	20	1	10	0,5	5	0	0
prozeßspezifisch	Verständliche, gut strukturierte Montageunterlagen	10	0	0	2	20	2	20	0	0	2	20	0	0	1	10	0	0
prozeßspezifisch	Beachtung von Rückmeldungen (aus früheren Projekten)	8	1	8	1	8	1	8	0	0	2	16	0	0	0	0	1	8
prozeßspezifisch	Technische Dokumentation as built	10	0	0	2	20	2	20	0	0	2	20	0	0	0	0	0	0
prozeßspezifisch	Servicequalität	10	1	10	1	10	1	10	1	10	2	20	1	10	1	10	1	10
				202		316		228		154		368		144		147		130

Abb. A8.5: Einflußgrößentableau des Designprozesses

Anhang 8.6-1 Kritische Einflußgrößen auf den Designprozeß: Input

Input		Gewicht-ung 1-10	Zielbeitrag			
	Zielkriterien		Pflichtenheft/ Spezifikation	Angebot/ Lastenheft	Kunden-absprachen	Werksnormen
allgemein	Meilensteineinhaltung	10	10	20	20	10
	Kundenzufriedenheit (extern)	10	10	20	20	10
	Designkosten	7	14	14	14	7
prozeß-spezifisch	Zuverlässigkeit	10	0	0	20	20
	Eindeutig spezifizierte Bestellvorgaben	10	10	0	0	10
	Vollständigkeit der Ergebnisse/ Unterlagen; Techn. Doku as built	7	7	7	7	7
	Montagegerechte Konstruktion	7	0	0	7	0
	Funktionsfähige Software	7	7	7	14	14
			58	68	102	78
	Verbesserungspotential		0	2	2	1

Anhang 8.6-2 Kritische Einflußgrößen auf den Designprozeß: Information

Information		Gewicht-ung 1-10	Zielbeitrag			
	Zielkriterien		Projektunterlagen	Vorschriften IEF-Werksnormen	Fachliteratur	Lieferanten-unterlagen
allgemein	Meilensteineinhaltung	10	10	0	0	0
	Kundenzufriedenheit (extern)	10	10	20	10	10
	Designkosten	7	14	7	7	14
prozeß-spezifisch	Zuverlässigkeit	10	10	10	0	10
	Eindeutig spezifizierte Bestellvorgaben	10	10	20	0	20
	Vollständigkeit der Ergebnisse/ Unterlagen; Techn. Doku as built	7	0	0	0	14
	Montagegerechte Konstruktion	7	14	7	7	7
	Funktionsfähige Software	7	14	0	0	7
			82	64	24	82
	Verbesserungspotential		1	1	1	1

Prozeßziele

Anhang 8.6-3 Kritische Einflußgrößen auf den Designprozeß: Mensch

Mensch (1)

		Zielkriterien	Gewicht-ung 1-10	Zielbeitrag			
				Qualifikation	Motivation	Erfahrungswissen	Belastbarkeit
Prozeßziele	allgemein	Meilensteineinhaltung	10	20	20	20	20
		Kundenzufriedenheit (extern)	10	10	20	20	10
		Designkosten	7	14	14	14	7
	prozeß-spezifisch	Zuverlässigkeit	10	20	10	20	10
		Eindeutig spezifizierte Bestellvorgaben	10	10	10	20	10
		Vollständigkeit der Ergebnisse/ Unterlagen; Techn. Doku as built	7	7	14	14	7
		Montagegerechte Konstruktion	7	14	7	14	7
		Funktionsfähige Software	7	14	14	14	14
				109	109	136	85
		Verbesserungspotential		1	1	2	1

Mensch (2)

		Zielkriterien	Gewicht-ung 1-10	Zielbeitrag			
				Zeitl. Flexibilität	Verfügbarkeit	Sorgfältigkeit	Disziplin
Prozeßziele	allgemein	Meilensteineinhaltung	10	20	20	20	20
		Kundenzufriedenheit (extern)	10	10	20	20	20
		Designkosten	7	0	14	14	7
	prozeß-spezifisch	Zuverlässigkeit	10	0	10	20	10
		Eindeutig spezifizierte Bestellvorgaben	10	0	10	20	20
		Vollständigkeit der Ergebnisse/ Unterlagen; Techn. Doku as built	7	7	14	14	14
		Montagegerechte Konstruktion	7	0	7	14	14
		Funktionsfähige Software	7	0	14	14	14
				37	109	136	119
		Verbesserungspotential		1	1	1	0

Anhang 8.7   Gesamtes Kennzahlensystem: Projektabwicklung

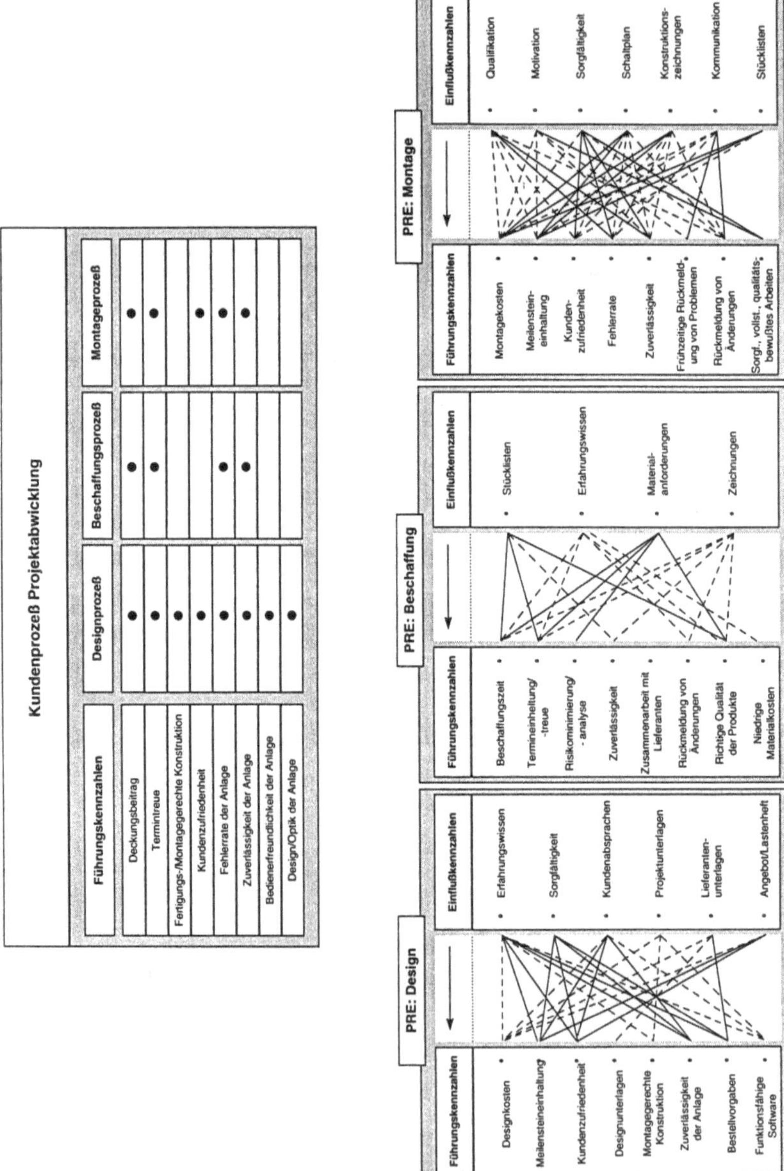

Abb. A8.7: Gesamtes prozeßorientieres Kennzahlensystem der Projektabwicklung

Lebenslauf

Persönliche Daten

Name	Thomas Jörg Staiger
Geburtsdatum	25. März 1967
Geburtsort	Waiblingen
Familienstand	verheiratet mit Ulrike Staiger, geb. Roth
Kinder	Katharina, Tim Jann

Schulausbildung

1973 - 1977	Grundschule in Beutelsbach
1977 - 1983	Reinhold-Nägele-Realschule in Weinstadt
1983 - 1986	Werner-Siemens-Schule in Stuttgart Technisches Gymnasium mit Schwerpunkt Elektrotechnik

Wehrdienst

1986 - 1987	Gebirgsartillerie in Kempten und Landsberg a. L.

Studium

1987 - 1992	Elektrotechnik an der Universität Stuttgart Fachrichtung Ingenieur-Informatik
Seit 1992	Betriebswirtschaftliches Zusatzstudium für Ingenieure an der FernUniversität Hagen

Berufstätigkeit

1992 -1997	Wissenschaftlicher Mitarbeiter am Institut für Industrielle Fertigung und Fabrikbetrieb IFF der Universität Stuttgart und am Fraunhofer-Institut für Produktionstechnik und Automatisierung IPA, Stuttgart

Institutsleitung:	Prof. Warnecke, Prof. Westkämper
Abteilung:	Qualitätsmanagement
Schwerpunkte:	QM-Systeme, Qualitätscontrolling, Projektmanagement, Prozeßmanagement

Seit 1997	Berater bei der Technologie Management Gruppe TMG, Stuttgart

MIX
Papier aus verantwortungsvollen Quellen
Paper from responsible sources
FSC® C105338

FSC
www.fsc.org

If you have any concerns about our products,
you can contact us on
ProductSafety@springernature.com

In case Publisher is established outside the EU,
the EU authorized representative is:
Springer Nature Customer Service Center GmbH
Europaplatz 3, 69115 Heidelberg, Germany

Printed by Libri Plureos GmbH
in Hamburg, Germany